机械时变不确定性设计

石博强　申焱华　著

科学出版社

北京

内 容 简 介

本书从时变不确定性角度，阐述机械时变可靠性设计理论和典型机械零部件的可靠性设计问题。

全书主要内容包括：可靠性的发展、设计方法研究现状和时变不确定性设计方法的基本思想，机械时变不确定性设计涉及的有关数学理论，机械时变不确定性设计理论，广义系统时变不确定性设计理论的框架和方法，圆柱螺旋弹簧时变不确定性设计，螺栓连接时变不确定性设计，V带传动时变不确定性设计，齿轮传动时变不确定性设计，轴的时变不确定性设计，轴承时变不确定性设计，制动器时变不确定性设计的基本方法等。

本书可作为研究生教材，也可作为本科生和工程技术人员的参考用书。

图书在版编目(CIP)数据

机械时变不确定性设计/石博强，申焱华著. —北京：科学出版社，2018.2

ISBN 978-7-03-056487-0

Ⅰ.①机… Ⅱ.①石… ②申… Ⅲ.①机械元件-时变系统 Ⅳ.①TH13

中国版本图书馆CIP数据核字(2018)第021661号

责任编辑：周 涵／责任校对：杨 然

责任印制：张 伟／封面设计：无极书装

科学出版社 出版

北京东黄城根北街16号

邮政编码：100717

http://www.sciencep.com

北京教图印刷有限公司 印刷

科学出版社发行 各地新华书店经销

*

2018年2月第 一 版 开本：720×1000 B5

2018年2月第一次印刷 印张：11 3/4

字数：237 000

定价：78.00元

(如有印装质量问题，我社负责调换)

前　言

当今科学和技术成果给出的启示是：一个机械系统 (或其他系统) 的未来常常既不是“完全不可预测”，也不是“尽在掌控之中”，而是部分确定、部分不确定的。机械系统，尤其是复杂的机械系统即是这样一个既确定又不确定的“组合体”。其所包含的这种“部分确定”与“部分不确定”的“多少”则取决于系统自身的机制和环境等诸多因素的影响以及各要素的复杂耦合作用。这种多因素的影响及其各参数的耦合作用从工程设计的角度看是怎样的呢？

对于多参数复杂机械系统的可靠性设计问题，通常仍然以传统的概率论与数理统计为基础，其思路是将机械系统的设计参数作为随机变量，根据其概率分布及其表达的函数关系，来决定系统在满足规定可靠度下的设计参数。在这种可靠性设计中，一般是将“时间”效应引起的不确定性，统一归于随机变量，即变量 (参数) 沿着时间坐标轴的随机演化被“压缩”成不随时间演化的“随机变量”。虽然这样处理较好地保持了数学的严密性，但同时“忽略”了设计参数的“时变性”。另外，若保持数学严密性的同时又要体现“时变性”，则要面对海量的数据需求以及“联合概率密度”计算等许多工程实际的“难题”。

我们知道，机械系统在其生命周期中是一个非常复杂的“演化”过程。从工程的角度，如何将这个不确定性过程表达、模型化并解析设计变量参数呢？另外，机械系统演化的随机性导致了机械系统特别是复杂机械系统未来的不确定性，那么人们会问：我们所设计的机械系统会按照预先路径走完它的生命历程吗？它的不确定性如何？或者在设计 (甚至制造) 阶段，我们能否给出它在将来任何“时刻”的可靠度？这都成为 (复杂) 机械系统从设计角度需要解答的问题。

本书正是针对以上问题，不刻意追求数学的严密，而是从工程角度，对机械 (系统) 进行设计方法的探讨，建立机械时变不确定性设计的理论，试图回答上述问题。

书中内容是我与合作者申焱华博士在国家自然科学基金资助项目 (51075029、59605002) 成果的基础上，进行理论深化、提炼与总结形成的机械时变不确定性设计理论的研究成果的总结，基于此理论的许多算例也是首次出现。申焱华老师为本书付出了许多心血，她的细致与智慧使本书较好地把握了工程应用性和理论严密性的平衡。闫永业在攻读博士学位期间付出了艰苦努力，为本书做出了早期贡献，同时也参与了第 1 章和第 3 章部分内容的撰写。博士生余国卿、段国晨和刘瑞月参与了第 5 章和第 9 章算例的计算与写作。高澜庆教授审阅了全部书稿。

全书共 11 章：第 1 章介绍可靠性的发展、设计方法研究现状和时变不确定性设计方法的基本思想；第 2 章是机械时变不确定性设计涉及的有关数学理论基础；第 3 章建立了机械时变不确定性设计理论，并讨论了机械时变不确定性计算的几种特殊情况；第 4 章则是从广义系统角度给出了时变不确定性设计理论的框架和方法，其中给出了系统的状态输出 (函数) 和许用状态输出 (函数) 概念、系统时变不确定性计算模型一般表达形式、系统时变不确定性设计的状态输出 —— 许用状态输出干涉模型、系统时变不确定性参数的意义及其计算等；第 5 章是圆柱螺旋弹簧时变不确定性设计；第 6 章为螺栓连接时变不确定性设计；第 7 章给出了 V 带传动时变不确定性设计；第 8 章是齿轮传动时变不确定性设计；第 9 章为轴的时变不确定性设计；第 10 章是轴承时变不确定性设计；第 11 章介绍制动器时变不确定性设计的基本方法；最后是全书的总结。

本书思想的雏形源于早年我在上学期间所敬仰的许多老师和学者的指导、启发及影响，他们包括高澜庆教授、蔡坪教授、吴兆汉教授、万耀青教授、雷天觉院士、杨叔子院士、王光远院士、高镇同院士、闻邦椿院士、谢友柏院士等；也有与同学好友当年交流的思想火花，包括王朝晖博士、李莉博士、马飞博士、吕峰博士和李英龙博士等。研究和写作期间，李杰、张义民、谢里阳、伊藤清 (Kiyoshi Itô)、Zadeh、James、Elsayed、Mandelbrot 等许多国内外学者的研究成果也给予我们重要启发。

特别感谢方湄教授、张文明教授、刘立教授和罗维东教授在研究过程中的支持与鼓励!

感谢我的研究生多年来同我一起经历了研究工作的苦与乐以及他们的努力带给我的美好回忆。

在办公室独自一人写下这些文字，已是满眼泪水。没有以上提到的这些人，甚至可能就没有本书的成稿。感谢他们给予的启发、影响、鞭策、鼓励与支持!

特别感谢国家自然科学基金委员会的大力支持!

本书还仅是对机械系统从不确定性角度进行设计的一种尝试，有许多问题仍需进一步探讨，加之我们水平所限，书中不当之处在所难免，恳请读者批评指正。

石博强

2014 年 7 月

(2017 年 1 月修订)

目　　录

第1章　绪　　论

可靠性定义为产品在规定的条件下和规定的时间 (间隔) 内，完成规定功能的能力。机械设计在满足产品功能需求的同时，还要求所设计的产品在其服役期间能够安全可靠地运行。机械结构的传统设计，主要从满足产品使用功能和保证强度等机械性能的要求出发，在产品设计中引入一个大于 1 的安全系数，赋予机械零件一定的强度储备，以此保证机械产品不会发生故障。

常规的机械零部件设计中，安全系数被定义为材料的强度除以零件中最薄弱环节上的最大应力，在极限应力状态下的安全系数由材料强度的最小值与工作应力的最大值给定。基于安全系数法的常规机械设计，由某一个根据实际使用经验规定的数值对设计结果进行处理。该机械设计方法简单易行，在早期的产品可靠性保障层面起到了很大的作用，目前，有些产品的初始设计也仍然采用此方法。

基于安全系数的机械设计方法将载荷、应力及几何尺寸等参数作为单一的确定性变量，计算中所用的力学模型中各参变量的函数关系，均是按此假定进行建立的。但机械产品结构所使用的材料，由于其强度值具有离散性，材料强度的最大值和最小值无明确的定量概念；同时，零部件薄弱环节上的最大工作应力在不同工况条件下也在变动，因此安全系数的定义具有某种不确定性，其概念本身包含着一些无法定量表示的影响因素。此外，该方法在具体零部件设计的应用中，对安全系数的取值，在很大程度上是由设计者的经验所决定的，不同的设计者由于经验的差异，其设计的结果有可能偏于保守，也有可能偏于危险，由此导致同一设计对象因设计者的不同，其计算结果迥异。

可以看到，安全系数将包含材料属性、载荷 (应力) 等的随机性利用一个数值进行了概括描述，其以静态设计的思维难以深入解释与度量机械产品在使用过程中的可靠性，无法精确反映机械产品的真实安全程度，同时，考虑到设计者人为带来的可靠性差异，因此需要采用新的途径去解决这个问题。

1.1　机械可靠性工程科学

可靠性数据具有随机性，其源于产品的特性及参数 (如强度、应力、物理变量、几何尺寸等) 具有固有的随机性，产品发生故障的时间与空间是随机的，同时载荷、工况、应力等运行环境及参数都是随时间变化的随机过程，因此需要在概率统计的基础上应用随机变量和随机过程对产品的故障、失效等进行描述。

"可靠性"一词最早于1816年由Samuel Taylor Coleridge提出。可靠性问题最早在第二次世界大战时提出，20世纪50年代初，可靠性工程在美国兴起。1957年美国电子设备可靠性顾问委员会(Advisory Group Electronic Equipment，AGREE)发布的《军用电子设备可靠性报告》，为可靠性学科的发展提出了初步的框架，是可靠性工程学的奠基性文件，也是可靠性学科发展的重要里程碑。此时，可靠性学科已经成为一门真正的独立的学科。

20世纪20年代随着汽车的普遍应用，"可靠性"这一概念开始应用于机械行业。30年代，Waldie Weibull通过研究结构强度和疲劳等问题，提出了日后广泛应用于机械工程的韦布尔分布。自40年代Freudenthal在国际上发表"结构的安全度"一文以来，可靠性问题开始引起学术界和工程界的普遍关注与重视。A. M. Freudenthal[1]提出将可靠性应用于结构工程领域，并基于安全系数和结构破坏概率之间的内在关系建立了结构可靠性分析的理想数学模型，即用于构件静强度可靠性设计的应力–强度干涉模型，该模型成为机械零部件可靠性设计的基本公式。从60年代开始，人们将应力–强度干涉模型用于疲劳强度的可靠性设计，并相继提出了一整套基于干涉模型的疲劳强度可靠性设计方法，由此开启了机械可靠性理论与应用的研究。70年代，美国和日本成立了结构可靠性分析方法研究组，澳大利亚、瑞典航空研究院的一些学者也都在专门研究结构可靠性问题。目前，机械可靠性设计已广泛应用于机械产品中。

可靠性工程是对产品(零件、部件、设备或系统)的失效现象及发生概率进行分析、预测、试验、评定和控制的工程学科，它包括系统可靠性分析、设计、评价和使用，贯穿于产品设计、指导、产品报废的全生命周期[2,3]。机械可靠性是可靠性工程学科的一个重要组成部分，它以不断保证和提高机械产品可靠性为宗旨，贯穿于产品全生命周期的各个工程技术环节，但可靠性工程的方法主要是以电子产品的可靠性为基础发展的，其并不能完全适用于机械产品。相比于电子产品的元器件标准化程度较高、试验成本低，可进行大批量的试验以获取统计意义上的概率分布函数，小批量的机械产品试验周期长、试验成本高，仅依靠产品的使用和试验信息，难以对机械产品的可靠性进行准确的评价。

机械可靠性设计是在故障物理学研究的基础上，采用概率与统计的方法研究载荷(应力)及零件强度的分布规律，合理地建立应力和强度之间的数学模型，严格控制失效率，以满足产品的设计要求。应力和强度两个随机变量的概率密度函数，在一定条件下可能发生相交的区域就是零部件可能出现失效的区域，称之为干涉区。应力–强度干涉模型解释了机械产品概率设计的本质，将失效概率限制在了一个可接受的限度之内。

传统的机械设计方法将安全系数作为唯一的可靠性评价指标和度量；与其不同，机械可靠性设计则要求根据不同产品的具体情况选择不同的、最适宜的可靠性指标，其时间的概念是广义的，如失效率、可靠度、平均无故障工作时间、首次故障里程、维修度、有效度等。基于产品全生命周期下的机械可靠性设计，其可靠性数据具有较强的时效性，各阶段的可靠性数据实时反映该产品的可靠性状况；产品的无故障运行时间的长短体现了产品设计可靠性的水平。

机械可靠性设计考虑了产品存在失效的可能性，对于工程中信息的不确定性，采用随机方法将其应用于工程设计中，定量地给出零部件和系统可靠性的概率值，排除主要的不可靠因素和预防危险事故的发生，有效地提高了产品的设计水平和质量，降低了产品的成本。机械可靠性设计客观地反映了产品设计和运行的真实情况，在实际的机械产品设计中得到了重视与发展。

1.2 机械可靠性方法

随着工业技术的发展，机械产品性能参数日益提高，结构日趋复杂，使用场所更加广泛，机械可靠性相应的理论与方法得到不断的发展，例如[4−24]，蒙特卡罗模拟法、矩方法和以矩方法为基础的可靠性理论、响应面法、支持向量机法、最大熵方法、随机有限元法和非概率分析方法等，内容涉及静强度设计、疲劳强度设计、有限寿命设计等方面的可靠性技术研究，通过对应力–强度分布干涉理论模型的分析，可以计算机械零部件和系统的可靠度。其所承受的载荷可以为恒幅载荷、非恒幅载荷或随机载荷等，理论模型中的强度和应力不仅适用于服从正态分布的情况，对于服从对数正态分布、指数分布或韦布尔分布的情况也同样适用；实际应用于包括螺栓连接的强度可靠性分析、圆柱螺旋弹簧的静强度和疲劳强度的可靠性分析、齿轮疲劳强度的可靠性分析、轴及滚动轴承疲劳强度的可靠性分析等。将概率统计意义上的机械可靠性设计方法应用于实际产品的分析与设计，成为现今机械行业迅速发展的方向。以上方法中，大多以应力–强度干涉模型为基础。在应用这一理论模型进行实际机械产品的可靠性分析时，两者之间存在一定的差异，为消除或减少这种差异，需要在载荷环境、试验数据分析、失效机理、时间效应等层面做深入的研究。

1.2.1 样本量问题

计算机械产品的可靠度或失效概率，需要知道概率密度函数或联合概率密度函数。可靠性试验数据是可靠性设计的基础，目前的概率密度函数需要大量的样本数据进行概率密度函数的求取；样本量的不足，使得所需信息出现欠缺与模糊。基于概率密度函数的机械可靠性设计，在实际应用时常假设其分布为正态分布或对数正态分布，在参数估计时，需要足够多的样本数据，而实际上随机载荷的分布函数并不完全服从正态分布，且难以取得大样本数据，这就降低了该模型的准确性。

对于重要的机械产品，有些仅能做一次或两次验证性试验，需要人们利用极有限的样本数据进行可靠性设计。可利用新的信息——主观信息和基础性试验信息，解决小样本的估计问题。

主观信息是指除样本信息之外，基于人们对产品内部规律和机制的认识，在给定的条件下，由人们的主观意识对产品的行为做出的推测。主观分析只能得到可靠度特征量的分布或分布特征，特征量的不确定性是由变量的客观随机性和人们认识的主观不确定性所造成的，可通过贝叶斯方法将主观信息加以利用，将不完全信息转化成完全型分布信息。借助可靠度分布的最大信息熵原理和矩拟合法，将可靠度特征量的主观分布信息转变为先验分布，再将其与试验数据相结合后形成后验分布，进行产品的可靠性评估。

Ma 等[25] 在样本不足导致大样本逼近无法实现的情况下，利用仿真方法来研究基于小样本的加速退化试验特性。Xing 等[26] 提出一种动态贝叶斯评价方法以改善小样本情况下系统可靠性评估精度不高的问题。张玉涛[27] 利用贝叶斯–蒙特卡罗方法，解决了小样本模糊可靠性的评估问题。唐樟春等[28] 基于证据理论，针对随机变量具有一定的数据积累而又不足以确定概率分布的情况，建立了一种概率信息不全时的可靠性评估模型。

1.2.2　非正态分布

工程实际的复杂性和统计数据的相对缺乏，使得实际机械产品的设计变量和设计参数的概率分布形式众多，各种设计参数服从多种形式的概率分布。例如，许多机械零件的静强度、材料性能尺寸偏差等服从正态分布，结构的疲劳强度常服从对数正态分布，而有些变量 (参数) 的分布难以归类。在机械结构件可靠性设计的工程实践中，只要没有充分的根据说明变量 (参数) 的分布是服从何种分布时，为了安全和简化计算的需要，都将变量 (参数) 假设为正态分布，但这将会给设计结果带来误差。有以下学者针对该问题进行了研究。

Huang 等[29] 根据工程实际中初期失效数据与后期失效数据间分布参数的差异性问题，判断数据是服从正态分布或韦布尔分布或混合分布，并进行数据变异检测以及混合模型参数估计。茆诗松等[30] 对服从韦布尔分布和指数分布的无失效数据的产品采用最小 χ^2 和贝叶斯方法进行可靠性分析。韩明[31] 对寿命服从双参数指数分布的产品无失效数据，应用修正似然函数以及贝叶斯方法，结合参数的最小二乘法估计，给出了产品可靠度的估计。

对于无法确定分布概型的情况，如果掌握了足够的资料来确定设计参数的前四阶矩 (即均值、方差和协方差、三阶矩、四阶矩)，张义民[32] 提出可采用摄动法求得可靠性指标，并应用四阶矩技术或 Edgeworth 级数把未知的状态函数的概率分布展开成标准的正态分布的表达式，进而确定机械结构系统的可靠度。

1.3 时变机械可靠性分析

时变性是现代复杂系统的典型特征，也是产品可靠性的重要属性，可靠性数据反映了产品可靠性状况和水平的过程及趋势。零部件或系统的运行工况、载荷、应力、强度等参数随时间或载荷作用次数等在不断变化，机械产品在一种或多种物理和 (或) 化学因素的作用下，逐渐发生尺寸、形状、状态和性能等的劣化，最终以某种形式丧失预定功能，使机械产品的可靠性表现出了时变的特征。对于传统的基于概率的机械可靠性设计，即使设计之初应力和强度无干涉现象，当零部件在动载荷的长时间作用下，结构强度出现退化现象，强度降低，在产品的使用过程中，会引起应力超过强度，造成不安全或不可靠的问题。从机械产品整个服役期各个时刻应力–强度干涉图的历程分析可知，只进行某一时刻下的机械可靠性分析与设计是远远不够的。

另外，经过改进的产品其可靠性会得到增长，而且当前数据会与过去数据相关联，所以数据本身具有可追溯性的特点。考虑各参数及可靠性数据历史演化的机械产品时变可靠性的理论与方法，无疑将促进复杂机械产品的研究开发与保障机械产品的安全运行。

1.3.1 考虑强度退化的时变可靠性

在机械可靠性设计中，载荷和强度是广义的。载荷可以是应力、温度、腐蚀和载荷的作用次数等；强度可以是疲劳强度、抗热性、抗腐蚀性和零件的失效循环数等。随着零部件进入不同的时期，强度随载荷作用次数的增加而逐渐降低；而传统的载荷 (应力)–强度干涉模型只适用于载荷作用一次或零件的静态可靠度分析，且假设载荷和强度相互独立，与实际不符，需要对强度退化下机械零部件的可靠性进行分析。

贡金鑫[33] 提出了考虑抗力变化的结构可靠度分析方法；张宇贻分析了钢筋混凝土桥梁构件的时变可靠度分析方法；Crk 等[34] 给出了基于性能退化数据的可靠性分析算法，通过检测系统退化信息估计系统的可靠度；Park 等[35,36] 基于广义累积损伤方法，利用几何布朗运动和伽马过程建立了加速性能退化模型；Jayaram 等[37] 对退化数据进行建模，应用拟似然方法预测可靠度；邓爱民等[38] 应用了基于退化轨迹或基于性能退化量分布的两种可靠性评估方法对具有退化失效机理的高可靠长寿命产品进行了可靠性评估；徐安察和汤银才[39] 应用退化数据分析的 EM 算法对产品的可靠性进行了分析；Wang 等[40] 考虑了可靠性分析过程中的典型退化与冲击，建立了一个包含严重故障、退化以及失效冲击作用等导致的故障模式的可靠性方程来评估产品可靠性；Peng 等[41] 利用退化随时间变化的关系及部件之间的相关性，对关键部件的可靠性进行了评估；袁容[42,43] 综合研究了非线性疲劳损伤累积模型、鞍点近似的性能退化模型、外部冲击作用的性能退化模型和加速条件下的性能退化模型，提出了针对这些模型的可靠性分析方法。

除了强度退化会影响机械产品的可靠性，人们研究发现诸如重大载荷事件 (如近年来自然灾害的频发) 等发生的时间和强度都是随机的，需要讨论时变载荷这种动态不确定性对可靠性的影响。王新刚等[44,45] 研究了机械零件强度、载荷和可靠度随时间的变化规律，并建立考虑变幅随机载荷和强度退化下机械零件的动态可靠性模型；张社荣[46] 引入具有独立增量特性的伽马过程来描述结构抗力的单调退化特征，采用泊松 (Poisson) 随机过程和伯努利 (Bernoulli) 随机过程分别描述了结构所受载荷的变化，建立了抗力–载荷双随机过程体系。Li[47] 对一段时间内载荷事件出现的概率进行建模，采用随机过程对结构抗力的退化进行建模，结合时变载荷及退化抗力进行了结构的时变可靠性分析。

1.3.2 时变可靠度方法

与时间相关的可靠性——时变可靠度作为一个重要的机械系统及其零部件质量的实时指标，受到了国内外学者的广泛重视。国内外学者开展了针对机械系统时变可靠性及其动态和渐变过程的研究。吕大刚等[48] 将已有的时变可靠性计算方法分为 4 类: 时间离散法、时间综合法、时间离散–综合法及首次超越概率法。在首次超越理论方面，Rice[49] 通过分析机械设备的随机噪声，首先提出了首次超越概率公式，为首次超越破坏的动态可靠性理论奠定了基础。Siegert 等[50] 基于连续马尔可夫过程，提出了一种首次超越概率计算方法，进一步发展了基于首次超越模型的动态可靠性分析理论；Helstrom 和 Isley[51] 基于包络过程，推导了首次超越时间矩的解析解求解方法。

Wang 等[52] 提出了两种不同形式的时变可靠性模型，一种是微分方程形式的 DE 模型，一种是代数形式的 AE 模型。Beckera 等[53] 考虑了离散状态下转换点的不确定性，提出了基于马尔可夫方法的时变可靠性理论。王正和谢里阳等[3] 考虑了应力的不确定性、载荷历程变化以及在载荷多次作用过程中，由载荷不确定性所产生的累积效应，为探讨应力 (或载荷) 和强度的相对关系的不断变化，推导了失效率函数预测模型，采用以载荷作用次数和时间为寿命指标的机械可靠性设计。

为了确保工程结构的安全性，需要考虑参数具有随机性的复杂工程结构在随机激励作用下的随机动力响应与可靠度分析问题。李杰和陈建兵[54,55] 结合概率守恒原理的随机事件描述和解耦的系统物理方程，发展了广义概率密度演化方法，可以获得静动力载荷下随机结构的概率密度函数，并且不受显式或隐式极限状态函数任何形式的影响，为非线性结构随机振动和可靠度分析提供了一个统一的求解框架。刘令波[56] 根据结构动力可靠度分析的首次超越破坏准则，研究了非平稳激励下非线性随机结构的不确定性传播和动力可靠度分析问题。

目前，国内外的时变可靠性分析集中在对结构退化的建模上，通过描述退化结构随时间的抗力退化规律和载荷随机变化过程，分析结构在未来时变环境下的可靠度。对于如何在设计之初，考虑未来时刻的各设计参数的时变特性，通过计算其未来可能出现失效或故障的概率，进行产品设计参数的确定，相关的文献还不多。

为了更好地体现机械产品各参数的演化规律及其对可靠性的影响，文献 [57], [58]根据应力–强度干涉模型，以维纳过程和伊藤 (Itô) 引理为基础，建立基于时变和随机因素的时变可靠度计算模型，从本质上体现 "应力和强度及其退化规律" 等参数的影响，并由此建立机械零部件的可靠性设计方法，将为基于时变不确定性的机械产品的可靠性设计和评价提供一些新的思路。

1.4 系统时变设计方法的基本思想

可靠性设计方法考虑了机械材料特性与机械零 (部) 件的工作载荷条件及其破坏过程的随机性。机械零件是否安全或失效，不仅取决于平均安全系数的大小，还与强度分布和应力分布离散程度，即与强度和应力分布的方差大小有关。但是，在传统的概率设计方法中，应力和强度的分布一般是将时间坐标下的随机因素 "压缩" 成不随时间变化的影响，从而 "忽略" 随机变量的时变性。实际中，由于各种随时间变化的确定性和不确定性的因素广泛地存在于机械设备及其工作环境中，这些自然就造成了应力和强度的时变性以及与时间相联系的波动性，这也直接关系到设计对象的可靠性。针对实践中机械零件应力和强度在不确定性因素的作用下的时变性，通过基于演化的思想，建立特定的时变不确定性模型，给出时变不确定性设计方法，是通向工程应用的道路。

时变可靠度计算模型以特定时间分析为出发点，不仅考虑应力和强度受到的随机因素的影响，而且考虑与时间 t 变化相对应的应力和强度的分布，即随时间变化的包含随机因素在内的计算模型，并讨论其求解方法。包含时变和随机因素的时变不确定性机械设计方法，能体现时间尺度对设计的影响。

从机械系统出发建立的时变不确定性设计方法，其实也容易推广到一般系统，如核电站、潜艇、宇宙飞船和空间站等系统。这些系统虽然都是非常复杂和多参数的，但从一般系统的角度来说，都是由相互联系的两个或两个以上的要素组成的 "整体"。系统的不确定性取决于各子系统的不确定性和构成的系统类型，子系统的不确定性又与各元件不确定性密切相关。不论多么复杂系统的系统均可看成各种子系统的 "混联系统"(例如，有 "串联" 也有 "并联" 的一些子系统 (元件) 构成的系统等)。系统不确定性 "归结为" 各个子系统、元件的不确定性以及它们的构成关系的不确定性。因此，系统的不确定性设计就可以转化为各元件 (子系统) 的不确定性设计以及基于各子系统相互关系的模型而建立的时变不确定性设计。本书在第 4 章给出了一般系统的时变不确定性设计方法和理论框架。

第 2 章　机械时变不确定性设计理论的数学基础

2.1　测度论和概率论基础

2.1.1　测度与可测函数

1. 集合

一个任意非空集合 Ω，称为空间。Ω 的子集记为 $A, B, C, \cdots$，称为这个空间的集合。空集记为 $\varnothing$。Ω 的成员称为元素，元素 x 属于集合 A，记作 $x \in A$；反之，若元素 x 不属于集合 A，则用记号 $x \notin A$ 来表示。空间 X 上定义的实函数：

$$I_A(x) = \begin{cases} 1, & x \in A \\ 0, & x \notin A \end{cases}$$

称为 A 的指示函数。集合 $A^C \triangleq \{x; x \notin A\}$ 称为集合 A 的余。若 $x \in A \Rightarrow x \in B$，则说集合 A 被集合 B 包含，或集合 B 包含集合 A，或 A 是 B 的子集，记为 $A \subset B$ 或 $B \supset A$。若 $A \subset B$ 且 $B \subset A$，则称集合 A 等于集合 B，记为 $A = B$。

给定集合 A 和 B，集合:

$$A \bigcup B \triangleq \{x; x \in A \text{或} x \in B\}$$
$$A \bigcap B \triangleq \{x; x \in A \text{且} x \in B\}$$
$$A \backslash B \triangleq \{x; x \in A \text{且} x \notin B\}$$
$$A \Delta B \triangleq (A \backslash B) \bigcup (B \backslash A)$$

分别称为集合 A 和 B 的并、交、差和对称差。若 $B \subset A$，则 $A \backslash B$ 也称为 A 和 B 的真差。集合的并和交的运算满足交换律和结合律，还满足以下两个分配律:

$$(A \bigcup B) \bigcap C = (A \bigcap C) \bigcup (B \bigcap C)$$
$$(A \bigcap B) \bigcup C = (A \bigcup C) \bigcap (B \bigcup C)$$

两个集合 A 和 B 如果满足 $A \bigcap B = \varnothing$，那么称它们为不交的。

并和交的概念和运算规则可以推广到任意多个集合的情形，对于一族集合 $\{A_t, t \in T\}$(T 表示一个集合，它的元素用 t 表示。$\{A_t, t \in T\}$ 意味着每一个 T 中的元素 t，都对应着 Ω 中的一个集合 A_t)，集合 $\bigcup\limits_{t \in T} A_t \triangleq \{x; \exists t \in T, \text{s.t. } x \in A_t\}$ 称

为它们的并；集合 $\bigcap\limits_{t\in T} A_t \triangleq \{x; x\in A_t, \forall t\in T\}$ 称为它们的交。如果对任何 $s,t\in T$，均有 $A_s\bigcap A_t=\varnothing$，那么称这族集合 $\{A_t, t\in T\}$ 是两两不交的。

2. 测度

设 X 是基本空间, R 是 X 上的 σ-代数, 且 $X\in \bigcup\limits_{E\in R} E$, 则称 (X,R) 是可测空间, R 中的元素 E 是 (X,R) 上的可测集。

设 $\mathcal{F}$ 是由集合 Ω 的一些子集构成的一个非空集类，称 $\mathcal{F}$ 是 Ω 上的集合系或集类。可测集的全体就组成了一个集合系。

并不是在所有 Ω 的子集上都能方便地定义概率，一般只限制在满足一定条件的集类上研究概率性质，为此进行相关概念的引入。

定义 设 $\mathcal{F}$ 是空间 Ω 上的集类，称 $\mathcal{F}$ 为代数，若满足:

(1) $\Omega\in\mathcal{F}$;

(2) $A,B\in\mathcal{F}\Rightarrow A-B\in\mathcal{F}$。

定义 设 $\mathcal{F}$ 是空间 Ω 上的集类，称 $\mathcal{F}$ 为 σ-代数 (σ-域)(σ-algebra)，若满足:

(1) $\Omega\in\mathcal{F}$;

(2) $F\in\mathcal{F}\Rightarrow F^C\in\mathcal{F}$;

(3) $A_1,A_2,\cdots\in\mathcal{F}\Rightarrow\bigcap A_i\in\mathcal{F}$。

注 如果 $\mathcal{F}$ 是 σ-代数，那么 $\mathcal{F}$ 对 $\mathcal{F}$ 上的所有集合运算封闭，且对极限运算封闭。

例 几个常见的 σ-代数:

(1) 称 $\{\varnothing,\Omega\}$ 为最“粗”的 σ-代数，而称 $\sigma(\Omega)$={Ω 的所有子集}为最“细”的 σ-代数;

(2) 设 $A\subset\Omega$，则 $\{\varnothing,\Omega,A,A^C\}$ 是 σ-代数;

(3) 设 $\mathcal{F}_1$，$\mathcal{F}_2$ 是 Ω 的子集组成的两个 σ-代数，令 $\mathcal{F}_3=\mathcal{F}_1\bigcap\mathcal{F}_2$，则 $\mathcal{F}_3$ 也为 σ-代数;

(4) 设 Ω 是实数域 R^n，$\mathcal{B}=\mathcal{B}(R^n)$ 是由 R^n 上的一切开集生成的 σ-代数，称为 Borel(博雷尔) 代数，$\mathcal{B}$ 中的元素称为 Borel 集。

定义 设 $\mathcal{U}$ 是由 Ω 的子集构成的集类，称包含 $\mathcal{U}$ 的最小 σ-代数，即

$$\sigma(\mathcal{U})=\bigcap\{\mathcal{H};\Omega \text{ 的 } \sigma\text{-代数}, \mathcal{U}\subset\mathcal{H}\}$$

为由 $\mathcal{U}$ 生成的 σ-代数。

定义 设 $\mathcal{F}$ 为空间 Ω 的子集组成的 σ-代数，称二元组 $(\Omega,\mathcal{F})$ 为可测空间，Ω 的任一子集 F 称为 $\mathcal{F}$ 可测的，如果 $F\in\mathcal{F}$。

定义 设 $(\Omega,\mathcal{F})$ 为可测空间，$\mu:\mathcal{F}\to R^+$，若

(1) $\mu(\phi)=0$;

(2) 若 $A_1, A_2, \cdots \in \mathcal{F}$，且 $\{A_i\}_{i\geqslant 1}$ 两两不交，则

$$\mu\left(\bigcup_{i=1}^{\infty} A_i\right) = \sum_{i=1}^{\infty} \mu(A_i)$$

则称 μ 为可测空间 $(\Omega, \mathcal{F})$ 上的测度，且称 $(\Omega, \mathcal{F}, \mu)$ 为测度空间。

特别，当 $\mu(\Omega) = 1$ 时，称 μ 为概率测度，记为 P，并称 $(\Omega, \mathcal{F}, P)$ 为概率空间。此时，称 $\mathcal{F}$ 可测集 A 为事件，A 的测度 $P(A)$ 称为事件 A 发生的概率。

概率的运算性质补充：

(1) 下 (上) 连续性：设 $\{A_n, n\geqslant 1\} \subset \mathcal{F}$，若 $A_n \downarrow A$，则 $P(A_n) \downarrow P(A)$；若 $A_n \uparrow A \quad (n\to\infty)$，则 $P(A_n) \uparrow P(A)$；

(2) 加法公式：设 $\{A_i, i = 1, \cdots, n\}$ 为事件列，则

$$P\left(\bigcup_{i=1}^{n} A_i\right) = \sum_{i=1}^{n} P(A_i) + \sum_{k=2}^{n} (-1)^{k+1} \sum_{i_1<\cdots<i_k} P(A_{i_1}\cdots A_{i_k})$$

3. 可测函数及其性质

定义 设 $f(x)$ 是可测集 E 上的实函数 (可取 $\pm\infty$)，若 $\forall a \in R, E_{[f>a]}$ 可测，则称 $f(x)$ 是 E 上的可测函数。

• 可测函数的性质

性质 1 零集上的任何函数都是可测函数。

注 称外测度为 0 的集合为零集；零集的子集、有限并、可数并仍为零集。

性质 2 简单函数是可测函数。

若 $E = \bigcup\limits_{i=1}^{n} E_i$ (E_i 可测且两两不交)，$f(x)$ 在每个 E_i 上取常值 c_i，则称 $f(x)$ 是 E 上的简单函数。

$$f(x) = \sum_{i=1}^{n} c_i \chi_{E_i}(x), \text{其中} \chi_{E_i}(x) = \begin{cases} 1, & x \in E_i \\ 0, & x \in E - E_i \end{cases}$$

注 Dirichlet 函数 $\chi_{E_i}(x)$ 是简单函数。

性质 3 可测集 E 上的连续函数 $f(x)$ 必为可测函数。

性质 4 R 中的可测子集 E 上的单调函数 $f(x)$ 必为可测函数。

• 可测函数的运算性质

(1) 可测函数关于子集、并集的性质。

若 $f(x)$ 是 E 上的可测函数，$E_1 \subset E$，E_1 可测，则 $f(x)$ 限制在 E_1 上也是可测函数；反之，若 $E = \bigcup\limits_{n=1}^{\infty} E_n$，$f(x)$ 限制在 E_n 上是可测函数，则 $f(x)$ 在 E 上也是可测函数。

(2) 可测函数类关于四则运算的封闭。

若 $f(x)$、$g(x)$ 是 E 上的可测函数，则 $f(x)+g(x)$、$f(x)-g(x)$、$f(x)\cdot g(x)$、$f(x)/g(x)$ 仍为 E 上的可测函数。

(3) 可测函数与简单函数的关系。

可测函数 $f(x)$ 总可表示成一列简单函数的极限。若 $f(x)$ 是 E 上的可测函数，则 $f(x)$ 总可表示成一列简单函数 $\{\varphi_n(x)\}$ 的极限。

$$f(x)=\lim_{n\to\infty}\varphi_n(x)$$

2.1.2 可测函数的积分的性质

1. 勒贝格积分 (Lebesgue 积分)

对于指示函数：

$$\chi_A(x)=\begin{cases}1, & x\in A\\ 0, & x\notin A\end{cases}$$

关于勒贝格测度的积分定义为

$$\int_R \chi_A(x)\,\mathrm{d}\mu_0=\mu_0(A) \tag{2-1}$$

对于简单函数：$h_n(x)=\sum\limits_{k=1}^{n}c_k\chi_{A_k}(x)$，关于勒贝格测度的积分定义为

$$\int_R h_n\mathrm{d}\mu_0=\sum_{k=1}^{n}c_k\mu_0(A_k) \tag{2-2}$$

非负可测函数 $f(x)$ 的勒贝格测度积分定义为

$$\int_R f\mathrm{d}\mu_0=\lim_{n\to\infty}\int_R h_n\mathrm{d}\mu_0\left(=\lim_{n\to\infty}\sum_{k=1}^{n}c_k\mu_0(A_k)\right) \tag{2-3}$$

这里，$\lim\limits_{n\to\infty}h_n(x)=f(x)$ (其中，$0\leqslant h_1(x)\leqslant h_2(x)\leqslant h_3(x)\leqslant\cdots$)。

对于可测集 E 上的可测函数 $f(x)$：

$$f(x)=f^+(x)-f^-(x) \tag{2-4}$$

其中，$f^+(x)=\begin{cases}f(x), & f(x)\geqslant 0\\ 0, & f(x)<0\end{cases}$，$f^-(x)=\begin{cases}-f(x), & f(x)<0\\ 0, & f(x)\geqslant 0\end{cases}$。

于是，当 $\int_R f^+\mathrm{d}\mu_0<\infty$ 或者 $\int_R f^-\mathrm{d}\mu_0<\infty$ 时，定义 $f(x)$ 的勒贝格积分为

$$\int_E f(x)\mathrm{d}x=\int_E f^+(x)\mathrm{d}x-\int_E f^-(x)\mathrm{d}x \tag{2-5}$$

若上式右端两个积分值均是有限的，则称 $f(x)$ 在 E 上是勒贝格可积的，或称 $f(x)$是E上的勒贝格可积函数。通常把区间 $[a,b]$ 上的勒贝格积分记成 $(L)\int_a^b f(x)\mathrm{d}x$ 或 $\int_a^b f(x)\mathrm{d}x$。

勒贝格积分的性质：

(1) $\int_R (f+g)\mathrm{d}\mu_0 = \int_R f\mathrm{d}\mu_0 + \int_R g\mathrm{d}\mu_0$；

(2) $\int_R cf\mathrm{d}\mu_0 = c\int_R f\mathrm{d}\mu_0$($c$ 为常数)；

(3) 如果 $f<g$，$\int_R f\mathrm{d}\mu_0 \leqslant \int_R g\mathrm{d}\mu_0$；

(4) 如果 $AB=\varnothing$，$\int_{A\bigcup B} f\mathrm{d}\mu_0 = \int_A f\mathrm{d}\mu_0 + \int_B f\mathrm{d}\mu_0$。

2. 可测函数的积分

定义　可测空间 $(\Omega,\mathcal{F})$ 上的函数 $X(\omega)$ 称为简单函数，如果存在有限个两两互不相容的可测集 $\{F_1,F_2,\cdots,F_n\}$ 以及有限个实数 $\{a_1,a_2,\cdots,a_n\}$ 满足：

$$X(\omega)=\begin{cases} a_i, & \omega\in F_i \\ 0, & \omega\notin\bigcup_{i=1}^n F_i \end{cases} = \sum_{i=1}^n a_i\chi_{F_i}(\omega)$$

积分的定义：

(1) 对于 $(\Omega,\mathcal{F},\mu)$ 上的简单函数 $X(\omega)=\sum_{i=1}^n a_i\chi_{F_i}(\omega)$，称 X 是可积的，如果 $\mu(F_i)<\infty\,(i=1,\cdots,n)$，$X$ 的积分定义为

$$\int_\Omega X(\omega)\mathrm{d}\mu(\omega)=\sum_{i=1}^n a_i\mu(F_i) \tag{2-6}$$

(2) 如果$X(\omega)$是非负实值可测函数，$\{X_n\}$为非负简单函数列，满足 $0\leqslant X_n\uparrow X$，那么 X 的积分定义为

$$\int_\Omega X\mathrm{d}\mu=\lim_{n\to\infty}\int_\Omega X_n\mathrm{d}\mu \tag{2-7}$$

(3) 如果 $X(\omega)$ 是实值可测函数，那么 X 的积分定义为

$$\int_\Omega X\mathrm{d}\mu=\int_\Omega X^+\mathrm{d}\mu-\int_\Omega X^-\mathrm{d}\mu \tag{2-8}$$

其中

$$X^{+}(\omega)=X(\omega)\chi_{\{\omega:X(\omega)\geqslant 0\}}(\omega)$$

$$X^{-}(\omega)=-X(\omega)\chi_{\{\omega:X(\omega)<0\}}(\omega)$$

注 若 $X\colon\Omega\to R^n$，$X=\begin{pmatrix}X^{(1)}\\ \vdots\\ X^{(n)}\end{pmatrix}$，则 $\int_\Omega X\mathrm{d}\mu=\begin{pmatrix}\int_\Omega X^{(1)}\mathrm{d}\mu\\ \vdots\\ \int_\Omega X^{(n)}\mathrm{d}\mu\end{pmatrix}$。

定理 设 X 为测度空间 $(\Omega,\mathcal{F},\mu)$ 到可测空间 $(R,\mathcal{E})$ 上的可测映射，g 为定义在 $(R,\mathcal{E})$ 上的可测函数，则

$$\int_\Omega g(X(\omega))\mathrm{d}\mu=\int_R g(x)\mathrm{d}\mu_X \tag{2-9}$$

其中，等号的意义是上式在两端之一有意义时成立 [59]。

2.1.3 随机变量

1. 随机变量

定义 设 $(\Omega,\mathcal{F})$ 与 $(E,\mathcal{E})$ 为可测空间，函数 $X:\Omega\to E$ 称为 $\mathcal{F}$-可测的，如果对任意 $U\in\mathcal{E}$，$X^{-1}(U)=(\omega\in\Omega,X(\omega)\in U)\in\mathcal{F}$。

特别，若 $(\Omega,\mathcal{F},P)$ 为概率空间，$(E,\mathcal{E})=(R^n,b)$，则可测函数 X 称为 n 维随机变量；记 $\sigma(X)=\{X^{-1}(B);B\in\mathcal{B}\}$ 为由 X 生成的 σ-代数；称 $\mu_X(B)=P(X^{-1}(B))$，$\forall B\in\mathcal{B}(R^n)$ 为 X 的分布。

定义 设 $(\Omega,\mathcal{F},P)$ 为概率空间，称两事件 A，B 是独立的，如果：

$$P(A\bigcap B)=P(A)P(B)$$

若 $\mathcal{A}=\{\mathcal{H}_i,i=1,2,\cdots\}$ 是由可测集类 $\mathcal{H}$ 组成的集族，称 $\mathcal{H}$ 是独立的，如果对任意不同的 $i_1,\cdots,i_k$，$H_{i_1}\in\mathcal{H}_{i_1},\cdots,H_{i_k}\in\mathcal{H}_{i_k}$，$P(H_{i_1}\bigcap\cdots\bigcap H_{i_k})=P(H_{i_1})\cdots P(H_{i_k})$，称随机变量族 $\{X_i,i=1,2,\cdots\}$ 是独立的，如果生成 σ-代数族 $\{\sigma(X_i),i=1,2,\cdots\}$ 是独立的。

定理 设 $(\Omega,\mathcal{F},P)$ 为概率空间，若 $\mathcal{C}_t,t\in T$ 为独立的 π-类，则 $\sigma(\mathcal{C}_t),t\in T$ 为独立的 σ-代数。

推论 1 设 $(\Omega,\mathcal{F},P)$ 为概率空间，若 $\{A_i,\ i=1,\cdots,m,m+1,\cdots,m+n\}$ 为 $m+n$ 个独立的事件，g 和 h 表示两个事件运算，则 $g(A_1,\cdots,A_m)$ 与 $h(A_{m+1},\cdots,A_{m+n})$ 独立。

推论 2 设 $(\Omega,\mathcal{F},P)$ 为概率空间，若 $\{X_t,t\in T\}$ 为独立的随机变量族，$\{g^t,t\in T\}$ 为 Borel 可测函数族，则 $\{g^t(X_t),t\in T\}$ 独立。

2. 随机变量的期望

设 X 为概率空间 $(\Omega,\mathcal{F},P)$ 上的 n 维随机变量，若 $\int_{\Omega}|X(\omega)|\,\mathrm{d}P(\omega)<\infty$，则称

$$E(X)=\int_{\Omega}X(\omega)\mathrm{d}P(\omega)=\int_{R^n}x\mathrm{d}\mu_X(x) \tag{2-10}$$

为 X 的期望。其中，$x=(x_1,\cdots,x_n)^{\mathrm{T}}\in R^n\,|X|=\sqrt{\sum_{i=1}^{n}[X^{(i)}]^2}$。更一般地，若 $g:R^n\to R$ 为 Borel 可测函数，$\int_{\Omega}|g(X(\omega))|\mathrm{d}P(\omega)<\infty$ ，则

$$E[g(X)]=\int_{\Omega}g(X(\omega))\mathrm{d}P(\omega)=\int_{R^n}g(x)\mathrm{d}\mu_X(x) \tag{2-11}$$

$$E(|X|^r)=\int_{\Omega}|X|^r\mathrm{d}P \tag{2-12}$$

期望的相关性质：

设 $X:\Omega\to R$ 为随机变量，满足 $E\left[|X|\right]<\infty$；

(1) 若 $A\in\mathcal{F}$ 且 $P(A)=0$，则 $E\left[X\chi_A\right]=\int_A X\mathrm{d}P=0$；

(2) 设 $Y:\Omega\to R$ 为随机变量，满足 $E\left[|Y|\right]<\infty$，且 $X\leqslant Y$,a.s.，则 $E\left[X\right]\leqslant E\left[Y\right]$；

(3) 设 $X:\Omega\to R$ 为随机变量，满足 $E\left[|X|\right]<\infty$，且 $X\geqslant 0$,a.s.，则 $E[X]=0$ 当且仅当 $X=0$, a.s.；若 $X>0$, a.s.，则 $E[X]>0$；

(4) 设 $X:\Omega\to R$ 为随机变量，满足 $E[|X|]<\infty$，则对 $A,B\in\mathcal{F}$ 且 $A\bigcap B=\varnothing$，

$$E\left[X\chi_A+X\chi_B\right]=\int_A X\mathrm{d}P+\int_B X\mathrm{d}P=E[X\chi_{A\cup B}]$$

3. 随机变量的矩

设 X 是随机变量，若 $E(X^k)\,(k=1,2,\cdots)$ 存在，则称它为 X 的 k 阶原点矩，简称 k 阶矩。记为 $\alpha_k=E(X^k)$，显然，当 $k=1$ 时，X 的一阶原点矩 $\alpha_1=E(X)$ 就是 X 的数学期望。

若 $E\{[X-E(X)]^k\},k=1,2,3,\cdots$ 存在，则称它为 X 的 k 阶中心矩。记为 $\mu_k=E(X-E(X))^k$，显然，二阶中心矩 $\mu_2=\mathrm{var}(X)$ 就是 X 的方差。

4. 随机变量的特征函数

定义 对任意的实数序列 $\{a_n\}: a_1, a_2, \cdots, a_n, \cdots$，称形式幂级数 $A(x) = a_0 + a_1x + a_2x_2 + \cdots + a_nx_n + \cdots$ 为序列 $\{a_n\}$ 的母函数序列。序列 $\{a_n\}$ 称为母函数 $A(x)$ 的生成序列。

定义 若随机变量 X 取非负整数值，且其分布律为

$$p_k = P\{X = k\}, \quad k = 0, 1, 2, \cdots$$

则 $g_X(s) = E\left(s^X\right) = \sum\limits_k p_k s^k, |s| \leqslant 1$ 称为 X 的母函数。

母函数的相关性质：

(1) $|g(s)| \leqslant |g(1)| = 1$；

(2) $g_{aX+b}(s) = g_X(s^a) \cdot s^b$；

(3) 设 $X_1, \cdots, X_n$ 独立，且 $Y = X_1 + \cdots + X_n$，则 $g_Y(s) = g_{X_1}(s)\, g_{X_2}(s) \cdots g_{X_n}(s)$；

(4) 若 X 的 n 阶矩存在，则其母函数的 $k(k \leqslant n)$ 阶导数 $g^{(k)}(s)$ 存在 $(|s| \leqslant 1)$，且 X 的 k 阶矩可由母函数在 $s = 1$ 的各阶导数表示，如 $E(X) = g'(1)$，$E(X^2) = g''(1) + g'(1)$；

(5) (反演公式) 设随机变量 X 的分布律为 $p_k = P\{X = k\}, k = 0, 1, 2, \cdots$，母函数为 $g_X(s) = E\left(s^X\right) = \sum\limits_k p_k s^k\,(-1 \leqslant s \leqslant 1)$，则分布律可由下式给出：$p_k = \dfrac{1}{k!} g^{(k)}(0)$。

特征函数的定义如下。

1) 复随机变量与特征函数

(1) 复随机变量：若 X 与 Y 都是概率空间 $(\Omega, \mathcal{F}, P)$ 上的实值随机变量，则 $Z = X + \mathrm{i}Y$ 称为复值随机变量 (其中 $\mathrm{i} = \sqrt{-1}$，规定 $EZ = EX + \mathrm{i}EY$)。

(2) 特征函数：设 X 是实随机变量，则

$$\varphi(t) = E\mathrm{e}^{\mathrm{i}tX} = E(\cos tX) + \mathrm{i}E(\sin tX) \tag{2-13}$$

称为 X 的特征函数。

特征函数的常用性质：

(1) 若 $Y = aX + b$，则 $\varphi_Y(t) = \mathrm{e}^{\mathrm{i}bt}\varphi_X(at)$；

(2) 若 X，Y 独立，$Z = X + Y$，则 $\varphi_Z(t) = \varphi_X(t)\varphi_Y(t)$；

(3) 若 $E[X^n]$ 存在，则 $\varphi(t)$ 可以微分 n 次，且 $\varphi^{(n)}(0) = \mathrm{i}^n EX^n$，$EX^n = \mathrm{i}^{-n}\varphi^{(n)}(0)$。

2) 随机向量的特征函数

定义　设随机向量 $X=(X_1,\cdots,X_n)^{\mathrm{T}}$，则对任意 n 个实数 $t_1,\cdots,t_n$：$\varphi(t_1,\cdots,t_n)=E\mathrm{e}^{\mathrm{i}(t_1X_1+\cdots+t_nX_n)}$ 称为 n 维随机向量 X 的 n 维特征函数。

n 维特征函数也有反演公式和唯一性定理，由 n 维特征函数也可以唯一地确定随机向量 X 的概率分布。

性质：$X_1,\cdots,X_n$ 相互独立 $\Longleftrightarrow \varphi(t_1,\cdots,t_n)=\varphi_{X_1}(t_1)\cdots\varphi_{X_n}(t_n)$。

3) 几个常用随机变量的特征函数

(1) 单点分布。

若 $X\sim P\{X=c\}=1$，则

$$\varphi(t)=\mathrm{e}^{\mathrm{i}tc} \tag{2-14}$$

(2) 二项分布 $B(n,p)$。

若 $X\sim P\{X=k\}=\mathrm{C}_n^kp^k(1-p)^{n-k}$，$k=0,\ 1,\cdots,n$，则

$$\varphi(t)=\sum_{k=0}^{n}\mathrm{e}^{\mathrm{i}tk}\mathrm{C}_n^kp^k(1-p)^{n-k}=[p\mathrm{e}^{\mathrm{i}t}+(1-p)]^n \tag{2-15}$$

(3) 泊松分布 $P(\lambda)$。

若 $X\sim P\{X=k\}=\dfrac{\lambda^k}{k!}\mathrm{e}^{-\lambda}$，$k=0,\ 1,\ 2,\cdots$，则

$$\varphi(t)=\sum_{k=0}^{n}\mathrm{e}^{\mathrm{i}tk}\frac{\lambda^k}{k!}\mathrm{e}^{-\lambda}=\mathrm{e}^{\lambda(\mathrm{e}^{\mathrm{i}t}-1)} \tag{2-16}$$

(4) 正态分布 $N\left(\mu,\sigma^2\right)$。

若 $X\sim f(x)=\dfrac{1}{\sqrt{2\pi}\sigma}\mathrm{e}^{-\frac{(x-\mu)^2}{2\sigma^2}}$，$-\infty<x<\infty$，则

$$\varphi(t)=\frac{1}{\sqrt{2\pi}\sigma}\int_{-\infty}^{\infty}\mathrm{e}^{\mathrm{i}tx}\mathrm{e}^{-\frac{(x-\mu)^2}{2\sigma^2}}\mathrm{d}x=\exp\left(\mathrm{i}t\mu-\frac{1}{2}\sigma^2t^2\right) \tag{2-17}$$

易知，已知一个随机变量的概率分布可计算出它的特征函数，反之亦然。事实上，在特征函数理论中，有反演公式和唯一性定理。

因此，可认为：随机变量的概率分布与它的特征函数是一一对应的。

反演公式：设 x_1,x_2 是分布函数 $F(x)$ 的连续点，则

$$F(x_2)-F(x_1)=\lim_{T\to\infty}\frac{1}{2\pi}\int_{-T}^{T}\frac{\mathrm{e}^{-\mathrm{i}tx_1}-\mathrm{e}^{-\mathrm{i}tx_2}}{\mathrm{i}t}\varphi(t)\mathrm{d}t \tag{2-18}$$

进一步，若特征函数于 R 上绝对可积，则 X 是连续型随机变量，且其概率密度 $f(x)$ 为

$$f(x)=\frac{1}{2\pi}\int_{-\infty}^{\infty}\mathrm{e}^{-\mathrm{i}tx}\varphi(t)\mathrm{d}t \tag{2-19}$$

唯一性定理：分布函数 $F_1(x)$ 及 $F_2(x)$ 恒等的充要条件是它们的特征函数 $\varphi_1(t)$ 与 $\varphi_2(t)$ 恒等。

5. 随机变量列的收敛性

设 $\{X, X_n, n \geqslant 1\}$ 是概率空间 $(\Omega, \mathcal{F}, P)$ 上的随机变量，如果存在集 $A \in \mathcal{F}$，$P(A)=0$，当 $\omega \in A^c$ 时，有 $\lim\limits_{n\to\infty} X_n(\omega)=X(\omega)$，则称 X_n 几乎处处收敛到 X，简称 X_n a.s. 收敛到 X，记为 $X_n \to X(\text{a.s.})$。

定义 设 $\{X, X_n, n \geqslant 1\}$ 是概率空间 $(\Omega, \mathcal{F}, P)$ 上的随机变量，如果对任一 $\varepsilon>0$，有

$$\lim_{n\to\infty} P\left\{\bigcup_{m=n}^{\infty}(|X_m-X|\geqslant\varepsilon)\right\}=0 \tag{2-20}$$

则称 X_n 依概率收敛到 X，简记 $X_n \xrightarrow{p} X$。

由定义，X_n 依概率收敛到 X，那么极限随机变量 Xa.s. 是唯一的。

定义 设 $\{X, X_n, n \geqslant 1\}$ 是概率空间 $(\Omega, \mathcal{F}, P)$ 上的随机变量，若 $E|X_n|^r$ $(r>0)$ 存在，且 $\lim\limits_{n\to\infty} E|X_n-X|^r=0$，则称 $X_n r$ 阶平均收敛到 X。特别地，当 $r=2$ 时，称为均方收敛。

定义 设 $\{X, X_n, n \geqslant 1\}$ 是概率空间 (Ω, F, P) 上的随机变量，若分布函数序列 $\lim\limits_{n\to\infty} F_n(x)=F(x)$ 在每个 $F(x)$ 连续点处成立，则称 X_n 依分布收敛到 X，简记 $X_n \xrightarrow{d} X$，这里 $F(x)$ 为 X 的分布函数。

2.2 随机变量概率分布函数

2.2.1 随机变量及分布函数

设 E 是一个随机试验，其样本空间为 S，若对每一个样本点 $e \in S$，都有唯一确定的实数 $X(e)$ 与之对应，则称 S 上的实值函数 $X(e)$ 是一个随机变量 (简记为 X)。

1. 分布函数的定义

设 X 是随机变量，称定义在 $(-\infty,\ +\infty)$ 上的实值函数 $F(x)=P(X\leqslant x)$ 为随机变量 X 的分布函数。

2. 分布函数的性质

(1) $0 \leqslant F(x) \leqslant 1$；

(2) 单调不减性：$F(x_1) \leqslant F(x_2)$，$x_1 \leqslant x_2$；

(3) $\lim\limits_{x\to-\infty} F(x)=0$，$\lim\limits_{x\to+\infty} F(x)=1$；

(4) 右连续性：$F(x+0)=F(x)$；

注　上述 4 个性质是函数 $F(x)$ 是某一随机变量 X 的分布函数的充要条件。

(5) $P\{a<X\leqslant b\}=F(b)-F(a)$,

$P\{X>a\}=1-P(X\leqslant a)=1-F(a)$,

$P\{X=a\}=F(a)-F(a-0)$。

注　该性质是分布函数 $F(x)$ 对随机变量 X 的统计规律的描述 [60]。

2.2.2　离散型随机变量及其分布

定义　若随机变量 X 的全部可能的取值至多有可列个，则称随机变量 X 是离散型随机变量。

1. 离散型随机变量的分布律

定义　离散型随机变量 X 的全部可能的取值 $x_1,x_2,\cdots$ 以及取每个值时的概率值，称为离散型随机变量 X 的分布律，表示为 $P\{X=x_i\}=p_i,\ i=1,2,\cdots$，或用如下形式表示，

X	x_1	x_2	$\cdots$	x_n	$\cdots$
p_k	p_1	p_2	$\cdots$	p_n	$\cdots$

或记为

$$X\sim\begin{pmatrix} x_1 & x_2 & \cdots & x_n \\ p_1 & p_2 & \cdots & p_n \end{pmatrix}$$

2. 性质

非负性与规范性：$p_i\geqslant 0,\quad \sum\limits_i p_i=1$。

注　该性质是 $\{p_i\}$ 是某一离散型随机变量 X 的分布律的充要条件。

$$P\{a\leqslant X\leqslant b\}=\sum_k p_k,\ 其中\ p_k=P\{X=x_k\},\ a\leqslant x_k\leqslant b$$

注　常用分布律描述离散型随机变量 X 的统计规律。

3. 离散型随机变量的分布函数

$F(x)=P\{X\leqslant x\}=\sum\limits_k P\{X=x_k\}=\sum\limits_k p_k,\quad x_k\leqslant x$。它是右连续的阶梯状函数。

4. 离散型随机变量的几种常见分布

离散型随机变量主要有：两点分布、二项分布、泊松分布、几何分布与负二项分布、超几何分布等几种类型。

1) 两点分布

该分布数学模型的随机试验只可能有两种结果， 如果其中一种结果用 $\{X=1\}$ 来表示，另一种用 $\{X=0\}$ 来表示，而它们的概率分布是 $P\{X=1\}=p$，$P\{X=0\}=1-p, 0<p<1$，那么称随机变量 X 服从两点分布，或称 X 具有两点分布。

两点分布的分布列或分布律可写成如下形式，

$X=x_k$	1	0
$P\{X=x_k\}=p_k$	p	$q=1-p$

也可表示为

$$\begin{cases} P\{X=x_k\}=p^{x_k}\cdot q^{(1-x_k)}, & x_k=0,1 \\ p+q=1 \\ 0<p<1 \end{cases}$$

两点分布的数字特征为

$$\begin{aligned} &E(X)=1\times p+0\times q=p \\ &\operatorname{var}(X)=p-p^2=p(1-p)=pq \end{aligned} \tag{2-21}$$

2) 二项分布

二项分布又称伯努利分布。二项分布满足以下基本假定：

- 试验次数 n 是一定的；
- 每次试验的结果只有两种，成功或失败，成功的概率为 p，失败的概率为 q，$p+q=1$；
- 每次试验的成功概率和失败概率相同，即 p 和 q 是常数；
- 所有试验都是独立的。

在二项分布中，若一次试验中事件 A 发生的概率为 $P(A)=p$，$P(\bar{A})=1-p$，则在 n 次独立的重复试验中，试验 A 发生的概率为 $P_n(k)=\mathrm{C}_n^k p^k q^{n-k}(k=0,1,2,\cdots,n)$。

若用 X 表示在 n 次重复试验中事件 A 发生的次数，显然，X 是一个随机变量，X 的可能取值为 $0,1,2,\cdots,n$，则随机变量 X 的分布律为

$$P\{X=k\}=\mathrm{C}_n^k p^k p^{n-k}, \quad k=0,1,2,\cdots,n \tag{2-22}$$

此时，称随机变量 X 服从二项分布 $B(n,p)$。

当 $n=1$ 时，二项分布简化为两点分布，即 $P\{X=k\}=p^k q^{1-k}, k=0,1$。随机变量 X 取值不大于 k 的累积分布函数为

$$F(k)=P\{X\leqslant k\}=\sum_{r=0}^{n}\mathrm{C}_n^r p^r q^{n-r}$$

X 的数学期望与方差分别为

$$\begin{cases} E(X)=\displaystyle\sum_{k=0}^{n}kP\{X=k\}=np \\ \mathrm{var}(X)=\displaystyle\sum_{k=0}^{n}[k-E(X)]^2P\{X=k\}=npq=np(1-p) \end{cases} \tag{2-23}$$

3) 泊松分布

在二项分布中，如果 $\lim\limits_{n\to\infty}np=\lambda$(常数)，则二项分布可表示为

$$P\{X=k\}=\frac{\lambda^k}{k!}\mathrm{e}^{-\lambda},\quad k=0,1,2,\cdots,n;\lambda>0 \tag{2-24}$$

此时，称随机变量 X 服从参数为 λ 的泊松分布。泊松分布可认为是当 n 无限大时二项分布的推广。当 n 很大，p 很小时，可用泊松分布近似代替二项分布。一般地，当 $n\geqslant 20, p\leqslant 0.5$ 时，近似程度较好。

随机变量 X 取值不大于 k 次的累积分布函数为

$$F(k)=P\{X\leqslant k\}=\sum_{r=0}^{k}\frac{\lambda^r}{r!}\mathrm{e}^{-\lambda} \tag{2-25}$$

X 的期望与方差分别为

$$\begin{cases} E(X)=\displaystyle\sum_{k=0}^{\infty}kp\{X=k\}=\lambda \\ \mathrm{var}(X)=\displaystyle\sum_{k=0}^{\infty}[k-E(X)]^2P\{X=K\}=\lambda \end{cases} \tag{2-26}$$

离散型的泊松分布，经过适当的处理可成为关于时间 t 的连续分布。设正在观察单元的失效时间，并假定：

- 在互不相交的时间区间内所发生的失效是统计独立的；
- 单位时间内的平均失效次数为常数，而与所考虑的时间区间无关。

符合这样两个假设的随机过程为泊松过程。泊松过程有如下两个重要性质。

(1) 设 t 是时间区间的长度，则在此区间内发生失效的次数 X 是一个整数型的随机变量，在此时间区间内，发生 k 次失效的概率服从一个均值为 λt 的泊松分布：

$$P\{X=k\}=\frac{(\lambda t)^k}{k!}\mathrm{e}^{-\lambda t},\quad k\geqslant 0 \tag{2-27}$$

(2) 在任意两次相邻的失效之间的时间 T 是独立的连续型的随机变量，服从参数为 λ 的指数分布：

$$P\{T>t\}=R(t)=\mathrm{e}^{-\lambda t} \tag{2-28}$$

两次失效间的平均时间为 $\dfrac{1}{\lambda}$，泊松过程适合于建模有较多的元件倾向于失效，而每个元件失效的概率比较小的情况。

4) 几何分布与负二项分布

在二项分布中，做 n 次独立试验中的 n 是事先给定的。有时失败的次数 c 预先给定，依次做试验，直到出现 c 次失败时，立即停止试验。这时，试验总次数 n 不是预先给定的，而是一个随机变量，其概率分布就是几何分布和负二项分布。几何分布是负二项分布的一个特殊情况。

• 几何分布。如果失败次数 $c=1$，即依次做试验，直到出现一次失败时停止试验。令 p 为失败的概率，$q=1-p$ 为成功的概率，X 为试验的总次数，则随机变量 X 的概率分布是

$$P\{X=k\}=q^{k-1}p,\quad k=1,2,\cdots \tag{2-29}$$

式中，$0<p<1$，$p+q=1$。此时称随机变量 X 服从几何分布。

几何分布有时称为“离散型的等候时间分布”，即“一直等到出现第一次失效为止这样的等候试验次数的分布”，是用来描述某个试验“首次成功”的概率模型。几何分布中随机变量 X 的期望和方差分别为

$$\begin{cases} E(X)=\dfrac{1}{p} \\ \operatorname{var}(X)=\dfrac{q}{p^2} \end{cases} \tag{2-30}$$

• 负二项分布。如果失败的次数不是一次，而是事先给定的 c 次，依次做试验，直到出现 c 次失败时，立即停止试验，则试验总次数 X 是一个随机变量，它服从负二项分布。令试验总次数为 k，第 k 次试验时恰好是第 c 次失败，则在前 $k-1$ 次试验时必有 $c-1$ 次失败，若失败的概率为 p，成功的概率为 $q=1-p$，则随机变量 X 的概率分布是

$$P\{X=k\}=\mathrm{C}_{k-1}^{c-1}p^c q^{k-c} \tag{2-31}$$

此时，称随机变量 X 的期望和方差分别为

$$\begin{aligned} E(X) &= \frac{c}{p}, \quad c = 1, 2, \cdots \\ \operatorname{var}(X) &= \frac{cq}{p^2}, \quad c = 1, 2, \cdots \end{aligned} \tag{2-32}$$

负二项分布的累积分布具有如下性质：

$$P\{X \leqslant n\} = \sum_{k=c}^{n} \mathrm{C}_{k-1}^{c-1} p^c q^{k-c} = \sum_{k=c}^{n} \mathrm{C}_n^k p^k q^{n-k} \tag{2-33}$$

5) 超几何分布

超几何分布是二项分布的补充。二项分布适合母体容量 N 比抽出的子样容量 n 大很多时，超几何分布常应用于较小生产规模的抽样问题。

如果在全部 N 个产品中有 r 个次品，随机从 N 个产品中抽出 n 个，则抽出的几个产品中不合格品数服从超几何分布，其分布律是

$$P\{X = k\} = \frac{\mathrm{C}_r^k \mathrm{C}_{N-r}^{n-k}}{\mathrm{C}_N^n}, \quad k = 1, 2, \cdots, n; n \leqslant r \tag{2-34}$$

超几何分布中随机变量 X 的期望和方差是

$$\begin{aligned} E(X) &= np \\ \operatorname{var}(X) &= np(1-p)\frac{N-n}{N-1} \end{aligned} \tag{2-35}$$

2.2.3 连续型随机变量的几种常见分布

设 X 为随机变量，$F(x)$ 为 X 的分布函数，若存在非负函数 $f(x)$，使对于任意实数 x 有

$$F(x) = \int_{-\infty}^{x} f(t)\mathrm{d}t \tag{2-36}$$

则称 X 为连续型随机变量，其中 $f(x)$ 称为 X 的概率密度函数，简称概率密度。

1. 概率密度函数性质

(1) $f(x) \geqslant 0$；

(2) $\int_{-\infty}^{\infty} f(x)\mathrm{d}x = \lim_{x \to +\infty} F(x) = F(+\infty) = 1$；

(3) $P\{a < X \leqslant b\} = F(b) - F(a) = \int_a^b f(x)\mathrm{d}x$，

$$P\{X = a\} = P\{a < X \leqslant a\} = \int_a^a f(x)\mathrm{d}x = 0,$$

$$P\{a < X \leqslant b\} = P\{a \leqslant X \leqslant b\} = P\{a < X < b\};$$

(4) 若 $f(x)$ 在 x 处连续，则 $F'(x)=f(x)$。

2. 连续型随机变量的几种常见分布

1) 指数分布

设随机变量 X 的概率密度为

$$f(x)=\begin{cases}\lambda e^{-\lambda x}, & x>0\\ 0, & x\leqslant 0\end{cases} \tag{2-37}$$

则称 X 服从参数为 λ 的指数分布，记作：$X\sim E(\lambda)$。图 2-1 为指数分布图。

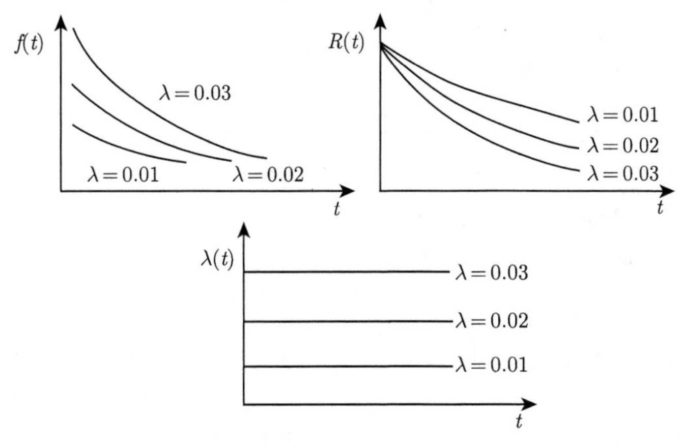

图 2-1 指数分布

其分布函数为

$$F(x)=\begin{cases}1-e^{-\lambda x}, & x>0\\ 0, & x\leqslant 0\end{cases} \tag{2-38}$$

某些元件或设备的寿命服从指数分布。例如，无线电元件的寿命、电力设备的寿命、动物的寿命等都服从指数分布。指数分布在可靠性工程中的应用广泛程度可以与统计学中的正态分布相比。

2) 正态分布

正态分布又称高斯分布，是一种应用很广的双参数分布，属于递增型故障率的概率分布。

定义 若随机变量 X 的概率密度为

$$f(t)=\frac{1}{\sqrt{2\pi}\sigma}\exp\left(-\frac{(t-\mu)^2}{2\sigma^2}\right) \tag{2-39}$$

则称 X 服从参数为 (μ,σ^2) 的正态分布，记为 $X\sim N(\mu,\sigma^2)$。图 2-2 为正态分布图。

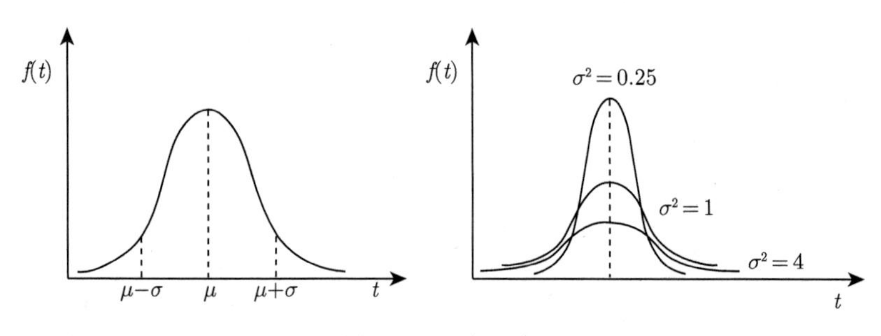

图 2-2　正态分布

• 正态分布的分布函数

$$F(x)=\int_{-\infty}^{x}f(t)\mathrm{d}t=\frac{1}{\sqrt{2\pi}\sigma}\int_{-\infty}^{x}\mathrm{e}^{-\frac{(t-\mu)^2}{2\sigma^2}}\mathrm{d}t \tag{2-40}$$

(1) 曲线关于直线 $x=\mu$ 对称；

(2) 当 $x=\mu$ 时，$f(x)$ 取得最大值 $\dfrac{1}{\sqrt{2\pi}\sigma}$；

(3) 当 $x\to\pm\infty$ 时，$f(x)\to 0$；

(4) 当固定 σ，改变 μ 的大小时，$f(x)$ 图形的形状不变，只是沿 x 轴做平移变换；

(5) 当固定 μ，改变 σ 的大小时，$f(x)$ 图形的对称轴不变，而形状改变。

• 标准正态分布

当正态分布 $N(\mu,\sigma^2)$ 中的 $\mu=0,\sigma=1$ 时，该正态分布称为标准正态分布，记为 $X\sim N(0,1)$。

标准正态分布的概率密度表示为

$$\varphi(x)=\frac{1}{\sqrt{2\pi}}\mathrm{e}^{-\frac{x^2}{2}},\quad -\infty<x<\infty \tag{2-41}$$

标准正态分布的分布函数表示为

$$\Phi(x)=\int_{-\infty}^{x}\frac{1}{\sqrt{2\pi}}\mathrm{e}^{-\frac{t^2}{2}}\mathrm{d}t,\quad -\infty<x<\infty \tag{2-42}$$

3) 对数正态分布

对数正态分布是自变量取对数后为正态分布的任一随机变量的概率分布。若 X 是正态分布的随机变量，则 $\exp(X)$ 为对数分布；同样，若 Y 是对数正态分布，则 $\ln(Y)$ 为正态分布。

对数正态分布的概率密度函数为

$$f(t) = \frac{1}{\sqrt{2\pi}\sigma t}\exp\left(-\frac{(\ln t-\mu)^2}{2\sigma^2}\right) \tag{2-43}$$

式中，μ——对数均值；

σ——对数标准差。

对数正态分布的分布函数：

$$F(x) = \Phi\left(\frac{\ln x-\mu}{\sigma}\right) \tag{2-44}$$

图 2-3 为对数正态分布。

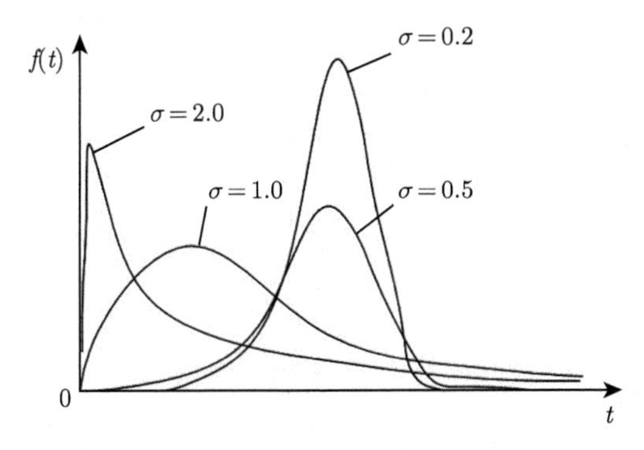

图 2-3 对数正态分布

对数正态分布的均值是

$$E(x) = \exp\left(\mu+\frac{\sigma^2}{2}\right) \tag{2-45}$$

对数正态分布的方差是

$$\operatorname{var}(x) = (\exp(2\mu+\sigma^2))(\exp(\sigma^2)-1) \tag{2-46}$$

分析 对数正态分布的偏态散布对均值 μ 的变化敏感，而形状却受对数方差的变化所影响，当 μ 远大于 σ $\left(\frac{\sigma}{\mu}\leqslant 0.05\right)$ 时，对数正态分布近似于正态分布。

4) 韦布尔分布

定义 若随机变量 X 的概率密度为

$$f(t) = \left[\frac{b}{\theta-t_0}\left(\frac{t-t_0}{\theta-t_0}\right)^{b-1}\right]\exp\left[-\left(\frac{t-t_0}{\theta-t_0}\right)^{b}\right],\quad t_0<t<\infty \tag{2-47}$$

其中，t_0——随机变量 t 的最小取值，也称为位置参数；

b——形状参数；

θ——尺度参数。

则称 X 服从三参数韦布尔分布，记为 $W(b,\theta,t_0)$。图 2-4 为韦布尔分布的概率密度函数图。

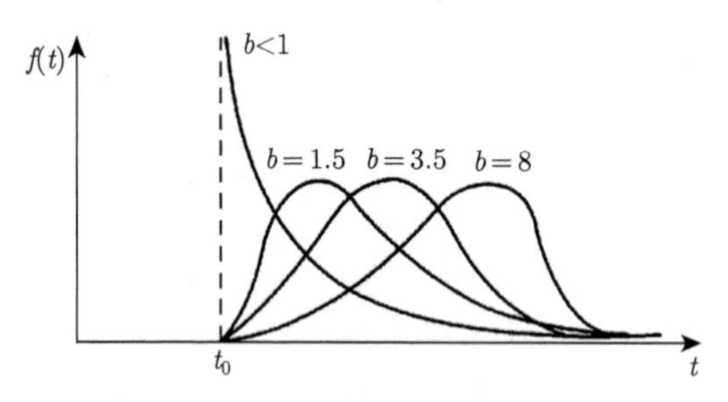

图 2-4 韦布尔分布的概率密度函数图

韦布尔分布 $W(b,\theta,t_0)$ 的分布函数 $F(t)$ 为

$$F(t) = 1 - \exp\left[-\left(\frac{t-t_0}{\theta-t_0}\right)^b\right] \tag{2-48}$$

具有韦布尔分布的随机变量 X 的期望和方差为

$$E(t) = t_0 + (\theta - t_0)\Gamma\left(1+\frac{1}{b}\right) \tag{2-49}$$

$$\operatorname{var}(t) = (\theta-t_0)^2\left[\Gamma\left(1+\frac{2}{b}\right) - \Gamma^2\left(1+\frac{1}{b}\right)\right] \tag{2-50}$$

其中，$\Gamma(t) = \int_0^{\infty} x^{t-1}\mathrm{e}^{-x}\mathrm{d}x$。

5) 伽马分布

连续型的随机变量 x，如果它的概率密度分布函数 $f(x)$ 符合：

$$f(x) = \frac{x^{k-1}}{\beta^k\Gamma(k)}\mathrm{e}^{-\frac{x}{\beta}}, \quad x \geqslant 0 \tag{2-51}$$

其中，k——形状参数；

β——尺度参数。

则称 X 服从伽马 (Γ) 分布，

$$\Gamma(t) = \int_0^{\infty} x^{t-1}\mathrm{e}^{-x}\mathrm{d}x \tag{2-52}$$

它的曲线有一个峰，但左右不对称。在自然界中服从这种分布的现象不少。图 2-5 为伽马分布的概率密度函数。

伽马分布的分布函数：

$$F(x)=\frac{\gamma(k,x/\theta)}{\Gamma(k)} \tag{2-53}$$

伽马分布的期望：

$$E(X)=k\beta \tag{2-54}$$

伽马分布的方差：

$$\operatorname{var}(X)=k\beta^2 \tag{2-55}$$

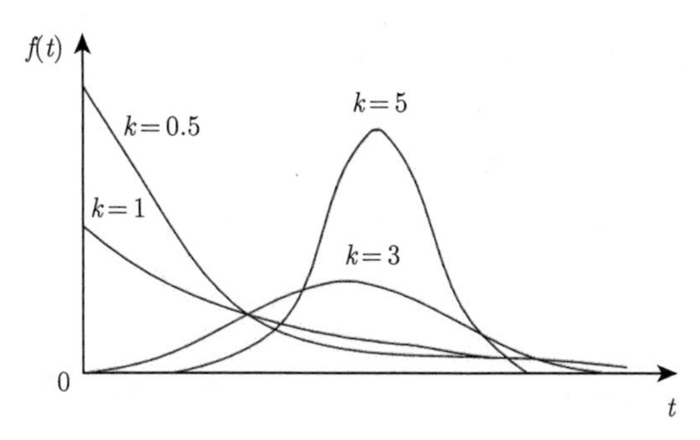

图 2-5 伽马分布的概率密度函数

2.3 随机过程

2.3.1 随机过程的基本概念

定义 设 $(\Omega,\mathcal{F},P)$ 为概率空间，$(E,\mathcal{E})$ 为可测空间，$T\subset R$，若 $\varphi(t_1,\cdots,t_n)=\varphi_{X_1}(t_1)\cdots\varphi_{X_n}(t_n)$ 且 t 给定时，X_t 关于 $\mathcal{F}$ 可测，则称 $\{X_t,t\in T\}$ 为 $(\Omega,\mathcal{F},P)$ 上取值于 E 的随机过程。

此时，$X_t(w)$ 表示在时刻 t 系统的状态。称 $(E,\mathcal{E})$ 为相空间或状态空间；称 T 为参数集或时间域。

数学方面的解释，可认为 $\{X(w,t);t\in T\}$ 是定义在 $T\times\Omega$ 上的二元函数。当 t 固定时，$X(w,t)$ 是随机变量；当 w 固定时，$X(w,t)$ 是定义在 T 上的普通函数，称为随机过程的样本函数或轨道，样本函数的全体称为样本函数空间。

随机过程可按时间 (参数) 是连续的或离散的分为两类：

(1) 若 T 是有限集或可列集，则称为离散型参数随机过程或随机序列；

(2) 若 T 是有限或无限区间，则称为连续型参数随机过程。

随机过程也可按任一时刻的状态是连续型随机变量或离散型随机变量分为两类：

(1) 若对于任意 $t_j \in T, X(t_j)$ 都是离散型随机变量，则称 $X(t), t \in T$ 为离散型随机过程；

(2) 若对于任意 $t_j \in T, X(t_j)$ 都是连续型随机变量，则称 $X(t), t \in T$ 为连续型随机过程。

2.3.2 随机过程的数字特征及有限维分布函数族

定义 设 $\{X_t, t\in T\}$ 为 $(\Omega, \mathcal{F}, P)\rightarrow(E, \mathcal{E})$ 的随机过程，令 $\mu_{t_1,\cdots,t_n}(F_1 \times F_2 \times \cdots \times F_n) = P\{X_{t_1} \in F_1, X_{t_2} \in F_2, \cdots, X_{t_n} \in F_n\}, t_i \in T$，其中 $F_1 \times F_2 \times \cdots \times F_k \in \mathcal{E}$，称 $\{\mu_{t_1,\cdots,t_n}, t_i \in T, 1 \leqslant i \leqslant n, n \geqslant 1\}$ 为随机过程 $\{X_t, t \in T\}$ 的有限维分布族。

特别，对于一维随机过程 $\{X(t), t \in T\}$，任意 $n \in \mathbf{Z}^+$ 和 $t_1, \cdots, t_n \in T$，随机向量 $(X_{t_1}, \cdots, X_{t_n})^{\mathrm{T}}$ 的分布函数全体 $\{F_{t_1,\cdots,t_n}(x_1, \cdots, x_n),\ t_1, \cdots, t_n \in T,\ n \in \mathbf{Z}^+\}$ 称为 $\{X(t), t \in T\}$ 的有穷维分布函数族。

若对 $\forall t_1, \cdots, t_n$，随机向量 $(X_{t_1}, \cdots, X_{t_n})$ 有密度函数，则这些密度函数的全体 $\{f_{t_1,\cdots,t_n}(x_1, \cdots, x_n),\ t_1, \cdots, t_n \in T,\ n \in \mathbf{Z}^+\}$ 称为 $\{X_t, t \in T\}$ 的有穷维密度函数族。

若对 $\forall t_1, \cdots, t_n$，随机向量 $(X_{t_1}, \cdots, X_{t_n})$ 是离散型的，则这些分布律的全体 $\{p_{t_1,\cdots,t_n}(x_1, \cdots, x_n),\ t_1, \cdots, t_n \in T,\ n \in \mathbf{Z}^+\}$ 称为 $\{X_t, t \in T\}$ 的有穷维概率分布族。

设 $\{X(t); t \in T\}$ 为随机过程，称 $\varphi_{t_1,\cdots,t_n}(\theta_1, \cdots, \theta_n) = E\mathrm{e}^{\mathrm{i}\sum\limits_{k=1}^{n}\theta_k X(t_k)}$ 为 $\{X(t); t \in T\}$ 的 n 维特征函数；称 $\varPhi = \{\varphi_{t_1,\cdots,t_n}(\theta_1, \cdots, \theta_n),\quad t_1, \cdots, t_n \in T,\ n \in \mathbf{Z}^+\}$ 为 $\{X(t), t \in T\}$ 的有穷维特征函数族。

由于随机变量的特征函数与分布函数有一一对应关系，所以也可以通过随机过程的有穷维特征函数族来描述它的概率特性。

随机过程的有限维分布满足下面的两个性质：

(1) 对称性：对于 $1, 2, \cdots, n$ 的任意排列 $\sigma(1), \sigma(2), \cdots, \sigma(n)$ 有

$$\mu_{t_1,\cdots,t_n}(F_1 \times \cdots \times F_n) = \mu_{t_{\sigma(1)},\cdots,t_{\sigma(n)}}(F_{\sigma(1)} \times \cdots \times F_{\sigma(n)})$$

(2) 相容性：对于任意的自然数 k, m：

$$\mu_{t_1,\cdots,t_k}(F_1 \times \cdots \times F_k) = \mu_{t_1,\cdots,t_k,t_{k+1},\cdots,t_{k+m}}(F_1 \times \cdots \times F_k \times E \times \cdots \times E)$$

对于给定的满足对称性和相容性条件的分布函数族 $\mathcal{F}$，一定存在一个以 $\mathcal{F}$ 作为有限维分布函数族的随机过程。科尔莫戈罗夫 (Kolmogorov) 扩张定理：

对一切 $t_1,\cdots,t_k\in T,k\in N$，令 $v_{t_1,\cdots,t_k}$ 为 E_k 上满足以上性质 (1)、(2) 的概率测度，则存在概率空间 $(\Omega,\mathcal{F},P)$ 及定义在 Ω 上取值于 E 的随机过程 $\{X(t)\}$，使得

$$v_{t_1,\cdots,t_k}(F_1\times\cdots\times F_k)=P\{X_{t_1}\in F_1,\cdots,X_{t_k}\in F_k\}$$

定义 给定随机过程 $\{X(t);t\in T\}$，给定 t：

(1) 随机变量 X_t 的均值或数学期望与 t 有关，记为

$$\mu_X(t)=E[X_t] \tag{2-56}$$

称 $\mu_X(t)$ 为随机过程 X_t 的均值函数。

(2) 随机变量 X_t 的二阶原点矩：

$$\varPsi_X^2(t)=E[X_t^2] \tag{2-57}$$

称为随机过程 $\{X_t,t\in T\}$ 的均方值函数。

(3) 随机变量 X_t 的方差：

$$\sigma_{X_t}^2(t)=\mathrm{var}[X_t]=E\left\{[X_t-\mu_X(t)]^2\right\} \tag{2-58}$$

称为随机过程 $\{X_t,t\in T\}$ 的方差函数。

(4) 设 X_{t_1} 和 X_{t_2} 是随机过程 $\{X_t,t\in T\}$ 在任意两个时刻 t_1 和 t_2 时的状态，称 X_{t_1} 和 X_{t_2} 的二阶混合原点矩

$$R_X(t_1,t_2)=E[X_{t_1}X_{t_2}] \tag{2-59}$$

为随机过程 $\{X_t,t\in T\}$ 的自相关函数，简称相关函数。

(5) 称 X_{t_1} 和 X_{t_2} 的二阶混合中心矩

$$C_X(t_1,t_2)\triangleq E\{[X_{t_1}-\mu_X(t_1)][X_{t_2}-\mu_X(t_2)]\} \tag{2-60}$$

为随机过程 $\{X_t,t\in T\}$ 的自协方差函数，简称协方差函数。

(6) 对于两个随机过程 $\{X_s,s\in T\}$、$\{Y_t,t\in T\}$，对任意 $t\in T$，$E[X_s]^2$、$E[Y_t]^2$ 存在，则称函数

$$C_{XY}(s,t)=E\{[X_s-\mu_X(s)][Y_t-\mu_Y(t)]\},\quad s,t\in T \tag{2-61}$$

为随机过程 $\{X_s,s\in T\}$ 与 $\{Y_t,t\in T\}$ 的互协方差函数。

$$R_{XY}(s,t)=E[X_sY_t],\quad s,t\in T \tag{2-62}$$

为随机过程 $\{X_s, s\in T\}$ 和 $\{Y_t, t\in T\}$ 的互相关函数。

易知，互协方差函数与互相关函数之间的关系：

$$C_{XY}(s,t)=R_{XY}(s,t)-\mu_X(s)\mu_Y(t),\quad s,t\in T \tag{2-63}$$

定义 若对任意的 $s,t\in T$，有 $E[X_s Y_t]=0$，则称随机过程 $\{X_s, s\in T\}$ 与 $\{Y_t, t\in T\}$ 正交;

若 $C_{XY}(s,t)=0$，则称随机过程 $\{X_s, s\in T\}$ 与 $\{Y_t, t\in T\}$ 互不相关;

若对任意的 $n,m\in \mathbf{Z}^+$，随机向量 $(X_{t_1},\cdots,X_{t_n})^{\mathrm{T}}$ 与 $(Y_{s_1},\cdots,Y_{s_m})^{\mathrm{T}}$ 相互独立，则称随机过程 $\{X_t, t\in T\}$ 与 $\{Y_t, t\in T\}$ 相互独立。

定义 若 $\{X_t, t\in T\}$ 和 $\{Y_t, t\in T\}$ 是两个实随机过程，则称 $\{Z_t=X_t+\mathrm{i}Y_t, t\in T\}$(其中，$\mathrm{i}=\sqrt{-1}$) 为复随机过程。

它的均值函数、协方差函数、相关函数和方差函数分别定义如下：

$$\mu_{Z_t}(t)=E[Z_t]=EX_t+\mathrm{i}EY_t,\quad t\in T \tag{2-64}$$

$$C_Z(s,t)=E\{[Z_s-m_Z(s)][\overline{Z_t-m_Z(t)}]\},\quad s,t\in T \tag{2-65}$$

$$R_Z(s,t)=E[Z_s\overline{Z_t}],\quad s,t\in T \tag{2-66}$$

$$\sigma_{Z_t}^2(t)=E\{[Z_t-m_Z(t)][\overline{Z_t-m_Z(t)}]\}=E[|Z_t-m_Z(t)|]^2,\quad t\in T \tag{2-67}$$

2.3.3 维纳过程

利用与在时间上的小增量 Δt 相关的小变化 $\Delta w_t=w_{t+\Delta t}-w_t$ 的一个简单方法定义一个维纳过程 $\{w_t\}$[61]。一个连续时间随机过程 $\{w_t\}$ 是一个维纳过程 (维纳过程又称为布朗运动)，如图 2-6 所示，如果其满足：

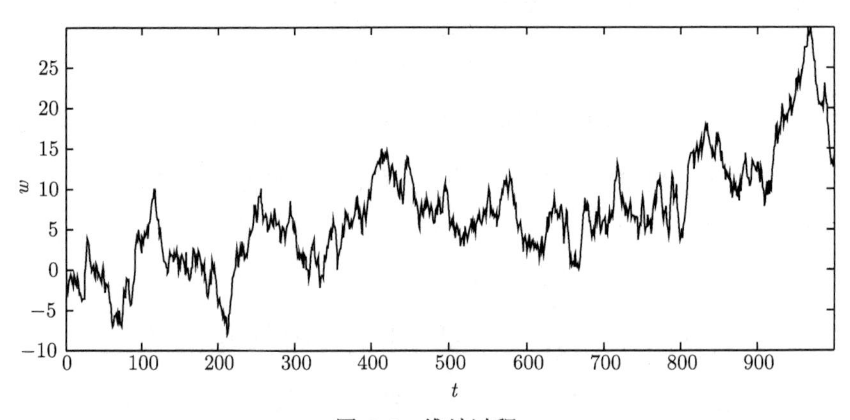

图 2-6 维纳过程

(1) $\Delta w_t = \varepsilon\sqrt{\Delta t}$，其中 ε 是一个标准正态随机变量；

(2) Δw_t 与 w_j 独立，对于所有的 $j \leqslant t$。

第二个条件是一个马尔可夫性。说明在当前值 w_t 的条件下，该过程过去的任何信息 $w_j\,(j<t)$ 与将来值 $w_{t+l}\,(l>0)$ 是不相关的。由这个性质很容易看出，对于任意两个不相交的时间段 $\varDelta_1$ 与 $\varDelta_2$，增量 $w_{t_1+\varDelta_1} - w_{t_1}$ 与 $w_{t_2+\varDelta_2} - w_{t_2}$ 是独立的。

由第一个条件可知，Δw_t 是均值为 0、方差为 Δt 的正态分布。也就是说，$\Delta w_t \sim N(0,\Delta t)$，假定过程 w_t 开始于 $t=0$，初始值为 w_0，这个值是固定的，而且通常设定为 0，从而 $w_t - w_0$ 可以看成是许多微小增量的和，更具体地讲，定义 $T=\dfrac{t}{\Delta t}$，这里 Δt 是一个很小的正增量，则 $w_t - w_0 = w_{T\Delta t} - w_0 = \sum\limits_{i=1}^{T}\Delta w_i = \sum\limits_{i=1}^{T}\varepsilon_i\sqrt{\Delta t}$，其中 $\Delta w_i = w_{i\Delta t} - w_{(i-1)\Delta t}$。因为各 ε_i 是独立的，所以有

$$E\left(w_t - w_0\right) = 0$$

$$\operatorname{var}\left(w_t - w_0\right) = \sum_{i=1}^{T}\sqrt{\Delta t} = T\Delta t = t$$

这样 w_t 从零时刻到 t 时刻的增量是均值为 0、方差为 t 的正态分布。规范地表示为，对于维纳过程 w_t，有 $w_t - w_0 \sim N(0,\Delta t)$。这就是具有零均值 (漂移率) 和单位方差率的 (标准) 维纳过程，零漂移率意味着在未来时刻 w_t 的期望值就是它的当前值；单位方差率则意味着在一段时间 T 后 w_t 变化的方差为 t。

漂移率：单位时间、变量变化的期望值；

方差率：单位时间、变量变化的方差。

• Donsker 定理

假定 $\{z_i\}_{i=1}^{n}$ 是一个相互独立的标准正态随机变量的序列。对于任意 $t\in[0,1]$，令 $[nt]$ 表示 nt 的整数部分。定义 $w_{n,t} = \dfrac{1}{\sqrt{n}}\sum\limits_{i=1}^{[nt]} z_i$，则当 n 趋于无穷时，$w_{n,t}$ 依分布收敛到一个在 $[0,1]$ 区间上的维纳过程 w_t。

注释 1　概率空间 $(\Omega,\mathcal{F},P)$ 上的一个维纳过程 w_t 的正式定义为 $t\geqslant 0$，它是一个具有独立平稳增量的实值连续随机过程。换句话说，w_t 满足：

(1) 连续性。从 t 到 w_t 的映射关于概率测度 P 几乎处处连续。

(2) 独立增量。如果 $s\leqslant t$，则对于所有的 $v\leqslant s$，$w_t - w_s$ 与 w_v 独立。

(3) 平稳增量。如果 $s\leqslant t$，则 $w_t - w_s$ 与 $w_{t-s} - w_0$ 具有同样的概率分布，可以说明增量 $w_t - w_s$ 的概率分布是均值为 $\mu(t-s)$、方差为 $\sigma^2(t-s)$ 的正态分布。而且，对于任意给定的时间指标 $0\leqslant t_1 < t_2 < \cdots < t_k$，随机变量 $(w_{t_1}, w_{t_2},\cdots,w_{t_k})$

服从一个多元正态分布。最后如果 $w_0 = 0$ 几乎处处成立，$\mu = 0$ 且 $\sigma^2 = 1$，则维纳过程是标准的。

注释 2 维纳过程的一个重要性质是它们的路径几乎处处不可微，换句话说，一个标准的维纳过程 w_t，Ω 中除 $P(\Omega_1) = 0$ 的子集合 $\Omega_1 \in \Omega$ 以外的所有元素 $\mathrm{d}w_t/\mathrm{d}t$ 都是不存在的。因此，不能运用通常的积分求和来处理涉及一个标准维纳过程的积分，必须寻求另一种方法，这就是 2.3.4 节中讨论伊藤积分的目的。

- 广义维纳过程

维纳过程是一个特殊的随机过程：具有零漂移率以及与时间间隔的长度成比例的方差。这意味着期望的变化率为 0，而方差的变化率为 1。在实践中，随机过程的均值和方差可以以一种更加复杂的方式随时间演变，因此需要随机过程的进一步一般化。为此，考虑期望漂移率为 μ，方差变化率为 σ^2 的广义维纳过程。将此过程用 x_t 来表示，并且用记号 $\mathrm{d}y$ 表示变量 y 的一个微小变化，则 x_t 的模型为

$$\mathrm{d}x_t = \mu \mathrm{d}t + \sigma \mathrm{d}w_t \tag{2-68}$$

其中，w_t 是一个维纳过程。

当 σ=0 时，公式 (2-68) 变为

$$\mathrm{d}x_t = \mu \mathrm{d}t$$

$$\mathrm{d}x_t/\mathrm{d}t = \mu$$

$$x_t = x_0 + \mu t$$

σ 可解释为变量运动路径上的噪声/波动率。

如果考虑方程 (2-68) 的离散形式，那么对于从 0 到 t 的增量为

$$x_t - x_0 = \mu t + \sigma\varepsilon\sqrt{t}$$

因此：

$$\begin{aligned} E\left(x_t - x_0\right) &= \mu t \\ \operatorname{var}\left(x_t - x_0\right) &= \sigma^2 t \end{aligned} \tag{2-69}$$

结果说明 x_t 的增量对期望的增长率为 μ，对方差的增长率为 σ^2。方程 (2-68) 中的 μ 与 σ 成为广义维纳过程 x_t 的漂移参数和波动参数。

2.3.4 伊藤过程

广义维纳过程的漂移参数和波动参数都不随时间变化。若进一步扩展模型，允许 μ 和 σ 是随机过程 x_t 的函数，则有了一个伊藤过程。具体来讲，过程 x_t 是一

个伊藤过程，如果其满足：

$$\mathrm{d}x_t = \mu(x_t, t)\mathrm{d}t + \sigma(x_t, t)\mathrm{d}w_t \tag{2-70}$$

其中，w_t 是一个维纳过程。方程 (2-70) 称为一个随机扩散方程，$\mu(x_t,t)$ 和 $\sigma(x_t,t)$ 分别是漂移函数和扩散函数。

维纳过程是一个特殊的伊藤过程，因为它满足方程 (2-70) 中取 $\mu(x_t,t)=0$ 且 $\sigma(x_t,t)=1$ 的情形。

推广出多维的伊藤过程并不复杂，$X_i\ (i=1,\cdots,n)$ 遵循下列伊藤过程：

$$\mathrm{d}x_{t,i} = \mu_i(x_t, t)\mathrm{d}t + \sigma_{ir}(x_t, t)\mathrm{d}w_r, \quad i=1,2,\cdots,n; r=1,2,\cdots,m \tag{2-71}$$

其瞬间漂移率为 $\mu_i(x_t,t)$，瞬间波动率为 $\sigma_{ir}(x_t,t)$，$\sigma_{ir}(x_t,t)$ 是一个 $n\times m$ 矩阵。需要注意的是协方差，即不同随机驱动因素之间的相互联系，上式可记为

$$\begin{bmatrix} \mathrm{d}x_{t,1} \\ \vdots \\ \mathrm{d}x_{t,n} \end{bmatrix} = \begin{bmatrix} \mu_1(x_t,t) \\ \vdots \\ \mu_n(x_t,t) \end{bmatrix}\mathrm{d}t + \begin{bmatrix} \sigma_{11} & \cdots & \sigma_{1m} \\ \vdots & & \vdots \\ \sigma_{n1} & \cdots & \sigma_{nm} \end{bmatrix}\begin{bmatrix} \mathrm{d}w_1 \\ \vdots \\ \mathrm{d}w_m \end{bmatrix} \tag{2-72}$$

2.4 随机微积分

2.4.1 均方导数与均方积分

1. 均方极限

定义 设随机序列 $\{X_n, n=1,2,\cdots\}$ 和随机变量 X，且 $E|X_n|^2<\infty$，$E|X|^2<\infty$。若有 $\lim\limits_{n\to\infty} E|X_n - X|^2 = 0$，则称 $\{X_n, n=1,2,\cdots\}$ 均方收敛于 X，而 X 为 $\{X_n\}$ 的均方极限，记为 $\lim\limits_{n\to\infty} X_n = X$。

唯一性定理：

若 $\lim\limits_{n\to\infty} X_n = X$ 且 $\lim\limits_{n\to\infty} X_n = Y$，则 $P\{X=Y\}=1$。

2. 均方导数

定义 若随机过程 $\{X(t), t\in T\}$ 在 t_0 处以下均方极限 $\lim\limits_{h\to\infty}\dfrac{X(t_0+h)-X(t_0)}{h}$ 存在，则称此极限为 $X(t)$ 在 t_0 处的均方导数，记为 $X'(t_0)$ 或 $\left.\dfrac{\mathrm{d}X(t)}{\mathrm{d}t}\right|_{t=t_0}$。若 $X(t)$ 在 T 的每一点上的均方可导，则称 $X(t)$ 在 T 上均方可导，记为 $X'(t)$，其为一个新的随机过程。

• 均方导数的性质

(1) 若随机过程 $X(t)$ 在 t 处可导，则在 t 处连续；

(2) $X'(t)$ 的数学期望：$m_{x'}(t)=E[X'(t)]=\dfrac{\mathrm{d}}{\mathrm{d}t}E[X(t)]=m'_X(t)$；

(3) $X'(t)$ 的相关函数：$R_{X'}(t_1,t_2)=E[X'(t_1)X'(t_2)]=\dfrac{\partial R_X(t_1,t_2)}{\partial t_1\partial t_2}=\dfrac{\partial R_X(t_1,t_2)}{\partial t_2\partial t_1}$；

(4) 若 X 是随机变量，则 $X'=0$；

(5) 若 $X(t),Y(t)$ 是随机过程，而 a,b 是常数，则 $[aX(t)+bY(t)]'=aX'(t)+bY'(t)$；

(6) 若 $f(t)$ 是可微函数，$X(t)$ 是随机过程，则 $[f(t)X(t)]'=f'(t)X(t)+f(t)X'(t)$。

3. 均方积分

定义　设 $\{X(t);t\in[a,b]\}$ 是随机过程，$f(t),t\in[a,b]$ 是函数，把区间 $[a,b]$ 分成 n 个子区间，作和式：

$$S_n=\sum_{k=1}^{n}f(u_k)X(u_k)(t_k-t_{k-1}) \tag{2-73}$$

其中，$u_k\in[t_{k-1},t_k]$ 中任意一点，令 $\varDelta=\max\limits_{1\leqslant k\leqslant n}(t_k-t_{k-1})$，若均方极限 $\lim\limits_{\varDelta\to 0}S_n$ 存在，则称此极限为 $f(t)X(t)$ 在区间 $[a,b]$ 上的均方积分。记为 $\int_a^b f(t)X(t)\mathrm{d}t$，称 $f(t)X(t)$ 在区间 $[a,b]$ 上的均方可积。

• 均方可积性质

(1) 若随机过程 $X(t)$ 在 $[a,b]$ 上均方连续，则 $X(t)$ 在 $[a,b]$ 上均方可积。

$$E\left[\int_a^b f(t)X(t)\mathrm{d}t\right]=\int_a^b f(t)E[X(t)]\mathrm{d}t=\int_a^b f(t)m_X(t)\mathrm{d}t$$

此处均值与积分交换次序：

$$E\left|\int_a^b f(t)X(t)\mathrm{d}t\right|^2=\int_a^b\int_a^b f(s)f(t)R_X(s,t)\mathrm{d}s\mathrm{d}t$$

(2) 若 α,β 是常数，则

$$\int_a^b[\alpha X(t)+\beta Y(t)]\mathrm{d}t=\alpha\int_a^b X(t)\mathrm{d}t+\beta\int_a^b Y(t)\mathrm{d}t$$

(3) 若 X 是随机变量，则

$$\int_a^b f(t)X\mathrm{d}t=X\int_a^b f(t)\mathrm{d}t$$

$$\int_a^b X(t)\mathrm{d}t = \int_a^c X(t)\mathrm{d}t + \int_c^b X(t)\mathrm{d}t, \quad a < c < b$$

(4) 设随机过程 $X(t)$ 在 $[a,b]$ 上均方连续，则

$$Y(t) = \int_a^t X(s)\mathrm{d}s, \quad a < t < b$$

在 $[a,b]$ 上均方可导，且 $Y'(t) = X(t)$。

(5) 设随机过程 $X(t)$ 在 $[a,b]$ 上均方可导，且 $X'(t)$ 在 $[a,b]$ 上均方连续，则

$$X(b) - X(a) = \int_a^b X'(t)\mathrm{d}t$$

2.4.2 随机伊藤积分

记 $\mathcal{V} = \mathcal{V}(S,T)$ 为 $L^2(R)$ 中满足下列性质的随机过程组成的集合：

(1) $(t,\omega) \to f(t,\omega)$ 关于 $\mathcal{B}[S,T] \times \mathcal{F}$ 可测；

(2) 对每个 $t \in [S,T]$，$f(t,\omega)$ 关于 $\mathcal{F}_t$-可测；

(3) $E\left[\int_S^T f(t,\omega)^2\mathrm{d}t\right] < \infty$。

定义 (伊藤积分) 设 $f \in \mathcal{V}(S,T)$，定义 $f(t,\omega)$ 在 $[S,T]$ 上的伊藤积分为

$$\int_S^T f(t,\omega)\mathrm{d}B_t(\omega) = \lim_{n\to\infty}\int_S^T \phi_n(t,\omega)\mathrm{d}B_t(\omega) \tag{2-74}$$

其中，$B_t(\omega)$ 为维纳过程，$\{\phi_n\}$ 是 $\mathcal{V}(S,T)$ 中满足如下条件的简单过程序列：

$$E\left[\int_S^T |f(t,\omega) - \phi_n(t,\omega)|^2\mathrm{d}t\right] \to 0, \quad n \to \infty$$

推论 $\forall f \in v(S,T)$，$E\left[\left(\int_S^T f(t,\omega)\mathrm{d}B_t\right)^2\right] = E\left[\int_S^T f^2(t,\omega)\mathrm{d}t\right]$，在均方意义上就意味着：$\int_0^t (\mathrm{d}w_s)^2 = \int_0^t \mathrm{d}t = t$ 或者 $(\mathrm{d}w_s)^2 = \mathrm{d}t$。

伊藤积分的性质：

设 $f, g \in \mathcal{V}(0,T]$ $(0 \leqslant S < U < T)$，则

(1) $\int_S^T f\mathrm{d}B_t = \int_S^U f\mathrm{d}B_t + \int_U^T f\mathrm{d}B_t$ a.s.;

(2) $\int_S^T (cf+g)\mathrm{d}B_t = c\cdot\int_S^T f\mathrm{d}B_t + \int_S^T g\mathrm{d}B_t$ a.s.;

(3) $E\left[\int_S^T f\,\mathrm{d}B_t\right]=0$；

(4) $\left[\int_S^T f\,\mathrm{d}B_t\right]$ 关于 $\mathcal{F}_T$-可测。

多维伊藤积分：

设 $B=(B_1,B_2,\cdots,B_n)$ 是 n 维维纳过程，$\boldsymbol{v}=[v_{ij}(t,w)]$ 是 $m\times n$ 矩阵，其中 $v_{ij}(t,w)\in\mathcal{V}(S,T)$，定义 $\boldsymbol{v}=[v_{ij}(t,w)]$ 的伊藤积分为如下 $m\times 1$ 矩阵：

$$\int_S^T \boldsymbol{v}\mathrm{d}B=\int_S^T\begin{pmatrix} v_{11} & \cdots & v_{1n}\\ \vdots & & \vdots\\ v_{m1} & \cdots & v_{mn}\end{pmatrix}\begin{pmatrix}\mathrm{d}B_1\\ \vdots\\ \mathrm{d}B_n\end{pmatrix}\tag{2-75}$$

它的第 i 个分量是 $\sum_{j=1}^{n}\int_S^T v_{ij}\mathrm{d}B_j$。

2.4.3　随机伊藤微分

设 w_t 是一个维纳过程，则在伊藤过程的基础上建立的随机微分方程

$$\begin{aligned}&\mathrm{d}X(t)=f(t,X(t))\mathrm{d}t+g(t,X(t))\mathrm{d}w_t\\&X(t_0)=X_0\end{aligned}\tag{2-76}$$

为随机伊藤微分方程。

随机积分和随机微分可以互相转换，由于维纳过程连续但是不可微，基于传统意义上的随机微分无效，所以基于泰勒级数展开进行求解。

1. *微分回顾*

令 $G(x)$ 表示函数 x 的可微函数。利用泰勒展开，有

$$\Delta G=G(x+\Delta x)-G(x)=\frac{\partial G}{\partial x}+\frac{1}{2}\frac{\partial^2 G}{\partial x^2}(\Delta x)^2+\frac{1}{6}\frac{\partial^3 G}{\partial x^3}(\Delta x)^3+\cdots$$

当 $\Delta x\to 0$ 时取极限，并且忽略 Δx 的高阶项，可知

$$\mathrm{d}G=\frac{\partial G}{\partial x}\mathrm{d}x$$

当 G 为 x 和 y 的函数时，有

$$\Delta G=\frac{\partial G}{\partial x}\Delta x+\frac{\partial G}{\partial y}\Delta y+\frac{1}{2}\frac{\partial^2 G}{\partial x^2}(\Delta x)^2+\frac{1}{2}\frac{\partial^2 G}{\partial x\partial y}\Delta x\Delta y+\frac{1}{2}\frac{\partial^2 G}{\partial y^2}(\Delta y)^2+\cdots$$

$\Delta x\to 0$ 且 $\Delta y\to 0$ 时取极限，可得

$$\mathrm{d}G=\frac{\partial G}{\partial x}\mathrm{d}x+\frac{\partial G}{\partial y}\mathrm{d}y$$

2. *伊藤引理*

考虑 G 是关于 x_t 和 t 的二次可微函数，其中 x_t 是一个伊藤过程，满足:

$$\mathrm{d}x_t = \mu(x_t, t)\mathrm{d}t + \sigma(x_t, t)\mathrm{d}w_t \tag{2-77}$$

其中，w_t 是一个维纳过程。

对 G 进行泰勒级数展开，变为

$$\Delta G = \frac{\partial G}{\partial x}\Delta x + \frac{\partial G}{\partial t}\Delta t + \frac{1}{2}\frac{\partial^2 G}{\partial x^2}(\Delta x)^2 + \frac{1}{2}\frac{\partial^2 G}{\partial x \partial t}\Delta x \Delta t + \frac{1}{2}\frac{\partial^2 G}{\partial t^2}(\Delta t)^2 + \cdots \tag{2-78}$$

伊藤过程的离散形式为

$$\Delta x = \mu\Delta t + \sigma\varepsilon\sqrt{\Delta t} \tag{2-79}$$

这里为了简便，省略 μ 和 σ 的变元，并记 $\Delta x = x_{t+\Delta t} - x_t$。由方程 (2-79) 有

$$(\Delta x)^2 = \mu^2(\Delta t)^2 + \sigma^2\varepsilon^2\Delta t + 2\mu\sigma\varepsilon(\Delta t)^{3/2} = \sigma^2\varepsilon^2\Delta t + H(\Delta t) \tag{2-80}$$

其中，$H(\Delta t)$ 表示 Δt 的高阶项，这个结果说明 $(\Delta x)^2$ 包含了与 Δt 同阶的项。当对 $\Delta t \to 0$ 取极限时，此项不能忽略。然而，方程 (2-80) 右面第一项有下面的性质:

$$E\left(\sigma^2\varepsilon^2\Delta t\right) = \sigma^2\Delta t$$

$$\operatorname{var}\left(\sigma^2\varepsilon^2\Delta t\right) = E\left[\sigma^4\varepsilon^4(\Delta t)^2\right] - \left[E\left(\sigma^2\varepsilon^2\Delta t\right)\right]^2 = 2\sigma^4(\Delta t)^2$$

其中，对于标准正态随机变量，利用了 $E\left(\varepsilon^4\right) = 3$。这两个性质说明了 $\sigma^2\varepsilon^2\Delta t$ 当 $\Delta t \to 0$ 时收敛到一个非随机变量 $\sigma^2\Delta t$。因此，由方程 (2-80) 可得，当 $\Delta t \to 0$ 时有

$$(\Delta x)^2 \to \sigma^2\mathrm{d}t$$

将此结果代入方程 (2-78) 中，并且利用方程 (2-76) 中 x_t 的伊藤方程，得到

$$\begin{aligned}\mathrm{d}G &= \frac{\partial G}{\partial x}\mathrm{d}x + \frac{\partial G}{\partial t}\mathrm{d}t + \frac{1}{2}\frac{\partial^2 G}{\partial x^2}\sigma^2\mathrm{d}t \\ &= \left(\frac{\partial G}{\partial x}\mu + \frac{\partial G}{\partial t} + \frac{1}{2}\frac{\partial^2 G}{\partial x^2}\sigma^2\right)\mathrm{d}t + \frac{\partial G}{\partial x}\sigma\mathrm{d}w_t\end{aligned} \tag{2-81}$$

该伊藤过程的漂移率是 $\dfrac{\partial G}{\partial x}\mu + \dfrac{\partial G}{\partial t} + \dfrac{1}{2}\dfrac{\partial^2 G}{\partial x^2}\sigma^2$，波动率是 $\dfrac{\partial G}{\partial x}\sigma$。

第 3 章　机械时变不确定性设计理论

机械零件在使用过程中总会受到包括外在环境、材料自身等方面不确定性因素的影响，这些不确定性因素造成了机械零件所受应力和自身强度的时变性。此外，由于机械设备的可靠度随着时间的变化而发生变化，就产生了对应不同时刻 t_1 或时刻 t_2 要求的可靠度，或者说如何根据 t_1 时刻的可靠度要求来决定设备或零部件在 $t=0$ 时刻的设计参数问题。

基于传统概率论及数理统计方法设计出的机械零件仅知道其设计可靠度，而难以确定零件在使用期间及将来任意时刻的可靠度。机械时变不确定性设计理论恰恰可以针对机械零件的应力和强度在不确定性因素作用下的时变性，计算出机械零件在任意时刻 t 的可靠度。时变不确定性机械设计理论体现了不确定性和时变的特点，这与零件在使用中强度和应力随时间变化是一致的，它是一种动态的机械设计方法，它解决了确定性因素和不确定性因素发生的时间顺序对机械零件可靠度的影响问题，使得设计结果更加合理。

3.1　时变不确定性应力–强度干涉模型

3.1.1　应力–强度干涉模型

在机械产品中，零件是正常还是失效取决于强度和应力的关系。当零件的强度大于应力时，零件能够正常工作；当零件的强度小于应力时，零件会发生失效。实际工程中的应力和强度是服从一定分布、具有相同量纲、具有统计特性的随机变量。由于材料强度和零件应力都是服从某种概率分布的随机变量，故按传统许用应力法计算时，尽管有一定的安全裕度，但是仍有可能发生实际应力大于强度的情况。

系统所受的应力大于其允许的强度时就发生失效，概括这一思想的模型称为应力–强度干涉模型。如图 3-1 所示，当 $\sigma < S_0$ 即应力恒小于强度的最小值 S_0 时，系统不会失效；如果系统所受的应力与其允许的强度产生干涉即 $\sigma > S_0$，应力值介于阴影部分所在区间时，应力和强度“干涉区”内就可能发生应力大于强度即失效的情况。应力–强度干涉模型在机械工程领域，特别是在可靠性分析、可靠性设计中有广泛的应用。应力–强度干涉模型认为，产品的可靠度是强度大于应力的概率，应力是引起产品发生失效的因素，强度是产品抵抗失效的因素。在应力–强度干涉模型的可靠度表达式推导过程中，产品不发生失效的可靠度是在强度和应力的分布区域内强度大于应力的概率，并且零部件的失效不能通过给应力 σ 和强度 S 赋予定值得到。载荷和材料承载能力都是在某一范围内波动的，应力和强度具有相同的量纲，因此，应力 σ 和强度 S 可以看成具有同一分布的随机变量。

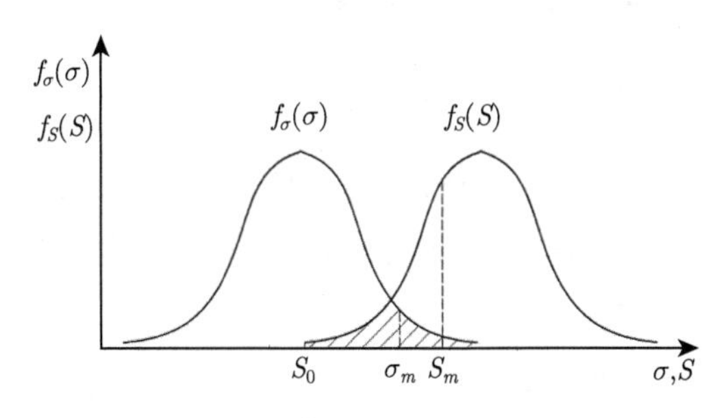

图 3-1 应力–强度干涉模型

3.1.2 静态应力–强度干涉模型

以一个简单的悬臂梁为例进行静态应力–强度干涉模型的分析说明。在一个悬臂梁的末端施加恒定载荷 F，得到危险截面处的应力 σ，如果悬臂梁的强度 S 大于 σ，将不会产生失效。对于单个悬臂梁得到的危险截面应力 σ 和强度 S 都是确定的值。可以简单地根据危险截面应力 σ 是否大于强度 S 来判断其是否会失效。

假如加工和安装了许多相同的悬臂梁，但是悬臂梁的承载能力会因为制造等因素而产生偏差。对于载荷 F 也同样如此，尽管试图使载荷 F 保持同一常数，但是就悬臂梁而言，由于各种因素而存在差异，危险截面应力 σ 同样服从一个分布。如图 3-2 所示，图 3-2(a) 为应力 σ 的概率密度分布图，图 3-2(b) 为强度 S 的概率密度分布图，图 3-2(c) 为静态应力–强度干涉模型。

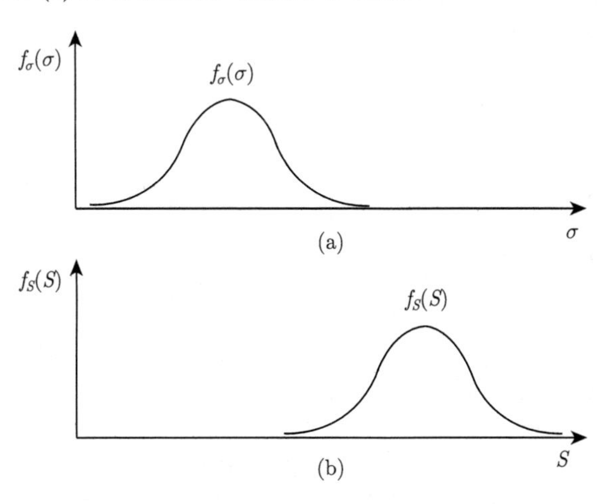

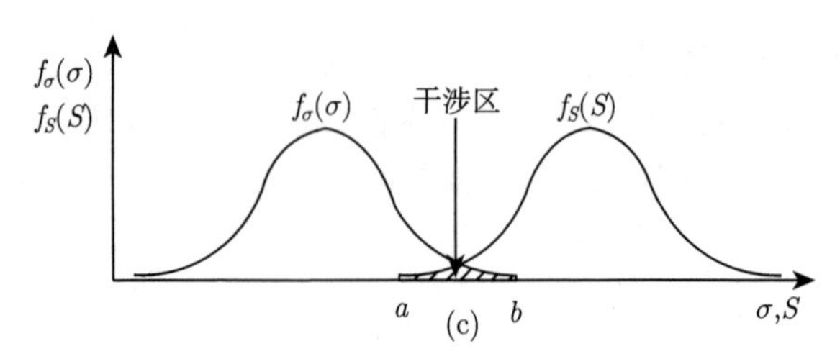

图 3-2　静态干涉模型

对于所有负荷大而承载能力小的情形，悬臂梁将会遭到破坏，这些情况出现在强度应力的干涉区，即应力分布 $f_\sigma(\sigma)$ 的右末端 b 和强度分布 $f_S(S)$ 的左开始端 a 组成的区域 $[a, b]$。

3.1.3　动态应力–强度干涉模型

在静态干涉模型中，强度和应力的分布不随时间的推移而变化。结构或者在第一次加载时就失效，或者可以在任意长的时间内承受载荷不被破坏，因此静态干涉模型中时间是恒定的；而动态干涉模型中假定分布是随时间变化的，例如，材料的强度 (承载能力) 随着时间的变化逐渐下降。

如图 3-3 所示，动态干涉模型表示强度 S 随时间推移逐渐降低并与应力 σ 相交，这两个分布的相交导致了失效概率随着时间 t 的增加而提高。当时间 $t = 0$ 时，两个分布有一定的距离，不会产生失效，但随着时间的推移，由于环境、使用条件等因素的影响，材料强度退化，在 $t = t_a$ 时应力分布与强度分布发生干涉，这时将可能失效。

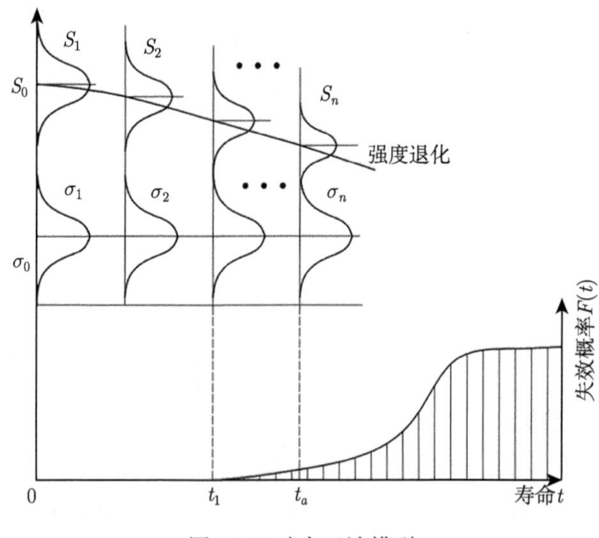

图 3-3　动态干涉模型

应力–强度干涉模型在许多情况下证实了其理论的优越性和实用性，至于广泛的应用，尚缺少必要的分布参数。这些参数和分布关系只有通过大量的试验才能得到。

3.1.4　时变动态应力–强度干涉模型

在静态干涉模型中，强度和应力的分布不随时间的推移而变化，而动态干涉模型中假定分布是随时间变化的，但是只体现了概率密度函数均值的变化，概率密度函数轮廓并未改变，实际上是认为强度 S 与应力 σ 分布的方差没有随时间改变，这与实际情况显然不符。如图 3-4 时变动态干涉模型所示，当时间 $t = 0$ 时，两个分布有一定的距离，不会产生失效，但随着时间的推移，由于环境、使用条件等因素的影响，不但材料强度 S 退化，应力 σ 也会恶化，在 $t = t_a$ 时应力分布与强度分布发生干涉。

以齿轮为例，齿轮传动过程中，齿轮接触面上各点的接触应力呈脉动循环变化，由于接触面上金属的疲劳而形成细小的疲劳裂纹，裂纹的扩展造成金属剥落，形成点蚀；齿面上的相对滑动会引起磨损从而使得齿廓形状遭到破坏。随着工作时间的增加，齿轮强度 S 降低即强度退化；齿轮间隙增大，引起冲击，产生振动等，使得应力 σ 恶化。

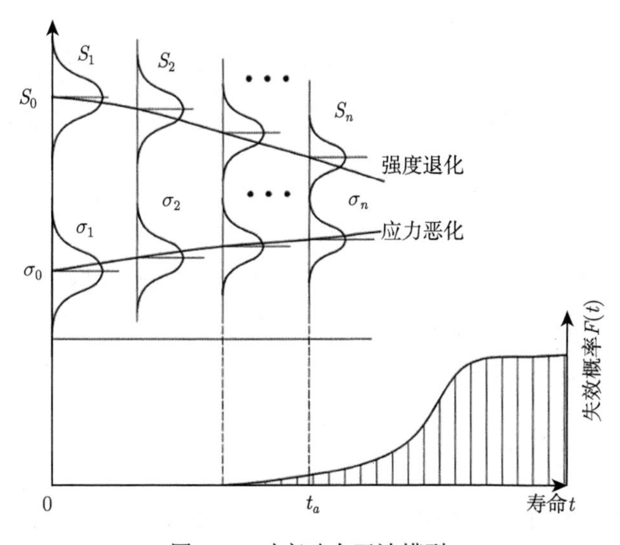

图 3-4　时变动态干涉模型

时变动态干涉模型中无论是应力还是强度，其均值和方差都随时间 t 在变化，这就意味着应力和强度的概率密度函数的轮廓也在改变。这更加符合实践中应力和强度的变化特性。

3.2　时变可靠度计算数学模型

3.2.1　可靠度计算的一般方程

当应力和强度的概率密度分布 $f_\sigma(\sigma)$、$f_S(S)$ 已知时，可以计算出可能失效的数量或设计的可靠度。

1. 基于概率密度函数联合积分法的可靠度计算

假设所有零件在应力 $\sigma \leqslant \sigma_a$ 时均不失效，则可靠零件的数量和概率可以根据密度积分 $\int_{\sigma_a}^{\infty} f_S(S)\mathrm{d}S$ 求出，如图 3-5 所示。

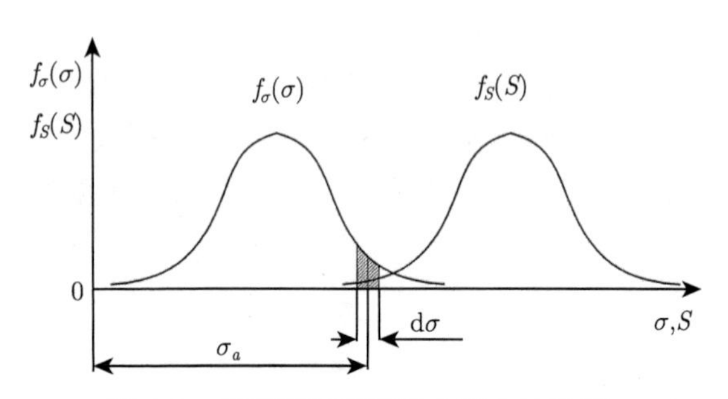

图 3-5　概率密度函数联合积分法计算

然而由于应力只是以相对频度或概率出现，应力处于 $\mathrm{d}\sigma$ 区间的概率为

$$P\left\{\sigma_a - \frac{\mathrm{d}\sigma}{2} < \sigma < \sigma_a + \frac{\mathrm{d}\sigma}{2}\right\} = f_\sigma(\sigma_a)\mathrm{d}\sigma \tag{3-1}$$

假定 $S > \sigma_a$ 与 $\sigma_a - \frac{\mathrm{d}\sigma}{2} < \sigma < \sigma_a + \frac{\mathrm{d}\sigma}{2}$ 为两个对立的随机事件。根据概率乘法定理，两个独立随机变量同时发生的概率，等于这两个事件单独发生的概率的乘积。这个概率就是应力 $\mathrm{d}\sigma$ 区间的可靠度：

$$f_\sigma(\sigma_a)\mathrm{d}\sigma \int_{\sigma_a}^{\infty} f_S(S)\mathrm{d}S \tag{3-2}$$

如果观察所有的可能应力值 $-\infty < \sigma_a < \infty$，就得到设计的可靠度：

$$\int_{-\infty}^{\infty} f_\sigma(\sigma)\left[\int_{\sigma_a}^{\infty} f_S(S)\mathrm{d}S\right]\mathrm{d}\sigma \tag{3-3}$$

设计结果可靠性 (简称设计可靠性) 也可以在应力小于强度的前提下求出：

$$R = P\{\sigma < S\} \tag{3-4}$$

对于给定的强度值, 如图 3-6 所示，根据密度积分可以得到零件可靠度的另一种表达式。

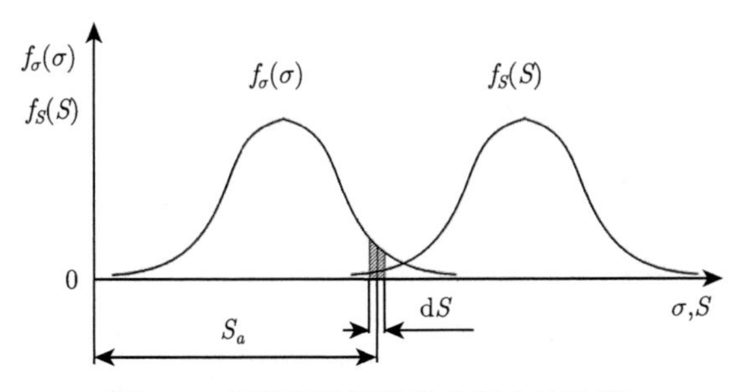

图 3-6 概率密度函数联合积分法计算

首先观察应力的密度分布，应力 σ 小于强度 S_a 的概率为

$$\int_{-\infty}^{S_a} f_\sigma(\sigma)\mathrm{d}\sigma \tag{3-5}$$

式 (3-5) 描述了应力小于 S_a 的概率。强度 S_a 落在 dS 区间上的概率为

$$P\left\{S_a-\frac{\mathrm{d}S}{2}<S<S_a+\frac{\mathrm{d}S}{2}\right\}=f_S(S_a)\mathrm{d}S \tag{3-6}$$

强度 S_a 落在 dS 区间上的可靠度为

$$f_S(S_a)\mathrm{d}S\int_{-\infty}^{S_a} f_\sigma(\sigma)\mathrm{d}\sigma \tag{3-7}$$

如果所有可能的强度为 $-\infty<S_a<\infty$，即可得到设计的可靠度

$$\int_{-\infty}^{\infty} f_S(S)\left[\int_{-\infty}^{S_a} f_\sigma(\sigma)\mathrm{d}\sigma\right]\mathrm{d}S \tag{3-8}$$

2. 基于概率密度积分法的可靠度计算

强度和应力之差可以用一个多元随机函数 Y(称为功能函数) 表示:

$$Y=S-\sigma=f(x_1,x_2,\cdots,x_n) \tag{3-9}$$

图 3-7 为随机变量 Y 的概率密度函数图。

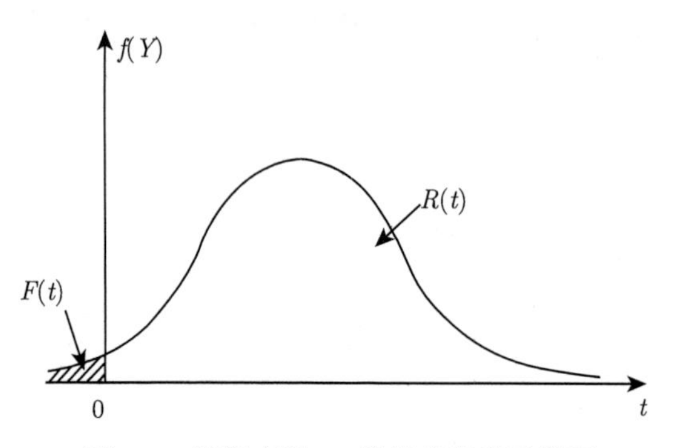

图 3-7　随机变量 Y 的概率密度函数图

设随机变量 Y 的概率密度函数为 $f(Y)$，通过强度 S 和应力 σ 的密度函数 $f(S)$ 和 $f(\sigma)$ 计算出干涉变量 Y 的概率密度函数 $f(Y)$。因此，零件的可靠度 P 可以由下式求出：

$$P = R(t) = P\{Y > 0\} = \int_0^{\infty} f(Y)\mathrm{d}Y \tag{3-10}$$

应力和强度的干涉情况如图 3-8 所示，可靠度 $R(t)$ 与应力 σ、强度 S、干涉变量 Y 的分布有关，且与 $f(Y)$ 的位置及 $f_S(S)$ 和干涉的区域大小有关。

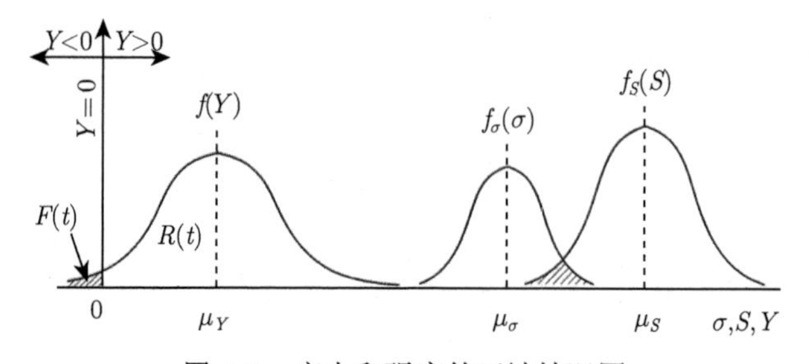

图 3-8　应力和强度的干涉情况图

由图 3-8 可知，曲线 $f(\sigma)$ 和 $f(S)$ 的相对位置可以用它们各自均值的比值 $n_\mu = \dfrac{\mu_S}{\mu_\sigma}$ 来衡量，n_μ 称为中心安全系数，也称为平均安全系数。另外也可以用均值差 $\mu_S - \mu_\sigma$ 来衡量，称此差值为安全间距。

当强度和应力的标准差 σ_S、σ_σ 一定时，增大强度 S 的均值 μ_S，如图 3-9 所示，概率密度曲线 $f_S(S)$ 向右移动，干涉面积就会减小，强度 S 和应力 σ 均值的比值 $n_\mu = \dfrac{\mu_S}{\mu_\sigma}$ 增大，即中心安全系数增大，从而提高可靠度。

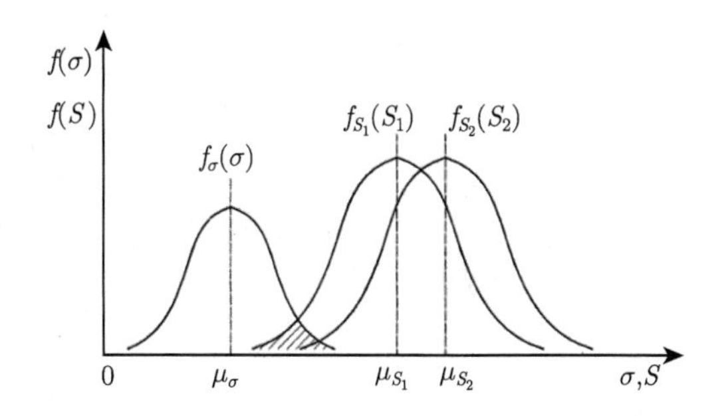

图 3-9 不同均值的强度和应力概率密度分布图

当强度 S 和应力 σ 的均值 μ_S、μ_σ 一定时，降低强度和应力的标准差 σ_S、σ_σ，如图 3-10 所示，概率密度曲线 $f_S(S)$ 和 $f_\sigma(\sigma)$ 会相对"矮胖"，干涉面积就会减小，从而提高可靠度。

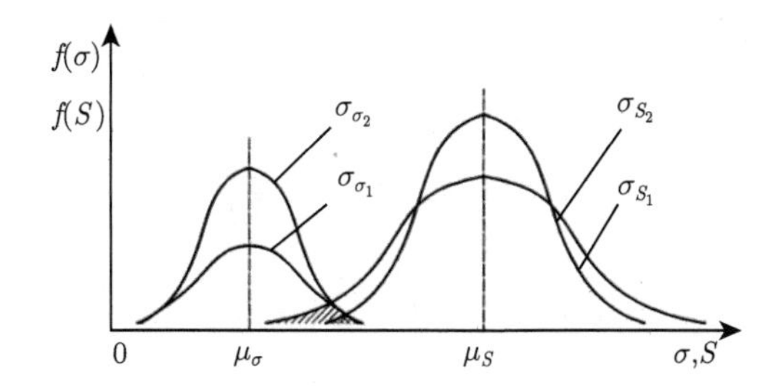

图 3-10 不同标准差的强度和应力概率密度分布图

3.2.2 时变不确定性机械设计方法

设 $(\Omega,\mathcal{F},P)$ 是一个概率空间，其中 $\mathcal{F}$ 为 Ω 上的 σ-代数，P 为 Ω 上的一个概率测度，$\{B(t),t\geqslant 0\}$ 为一维标准布朗运动 [62]。假如，随机变量 X 满足:

$$\mathrm{d}X(t)=\lambda X(t)\mathrm{d}t+\delta X(t)\mathrm{d}B(t),\quad 0\leqslant t\leqslant T \tag{3-11}$$

其中，λ 为漂移率，δ 为波动率，则 $X(t)$ 为几何布朗运动 (geometric Brownian motion，GBM)。令 $X(0)=1,\lambda=0.00001,\delta=0.0001$，应用 Matlab 绘制 $X(t)$ 随时间的变化曲线，如图 3-11 所示。

将式 (3-11) 变换为

$$\frac{\mathrm{d}X(t)}{X(t)}=\lambda\mathrm{d}t+\delta\mathrm{d}B(t) \tag{3-12}$$

令 $Y=\ln X$，根据 2.4.3 节伊藤引理有

$$\ln X(t)-\ln X(0)=\int_0^t\frac{\mathrm{d}X}{X}+\frac{1}{2}\int_0^t\frac{-1}{X^2}\delta^2X^2\mathrm{d}u \tag{3-13}$$

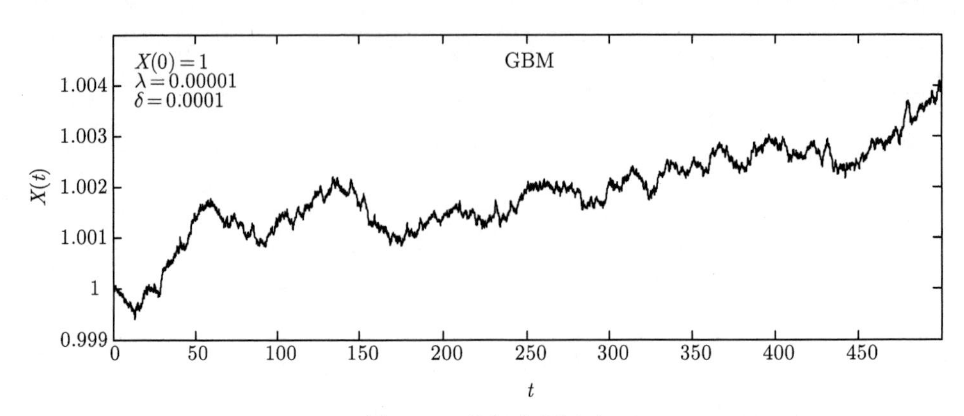

图 3-11　几何布朗运动

由于 $Y = \ln X$，所以 $\dfrac{\partial Y}{\partial X} = \dfrac{\partial \ln X}{\partial X} = \dfrac{1}{X}$，$\dfrac{\partial^2 Y}{\partial X^2} = \dfrac{\partial^2 \ln X}{\partial X^2} = -\dfrac{1}{X^2}$，$\dfrac{\partial Y}{\partial t} = \dfrac{\partial \ln X}{\partial t} = 0$。将公式 (3-12) 代入公式 (3-13) 中得

$$\begin{aligned} Y(t) - Y(0) &= \int_0^t [\lambda \mathrm{d}u + \delta \mathrm{d}B(u)] + \frac{1}{2}\int_0^t \frac{-1}{X^2}\delta^2 X^2 \mathrm{d}u \\ &= \int_0^t \lambda \mathrm{d}u + \int_0^t \delta \mathrm{d}B_u - \frac{1}{2}\int_0^t \delta^2 \mathrm{d}u \\ &= \int_0^t \left(\lambda - \frac{1}{2}\delta^2\right)\mathrm{d}u + \int_0^t \delta \mathrm{d}B_u \end{aligned}$$

所以

$$Y(t) = Y(0) + \int_0^t \left(\lambda - \frac{1}{2}\delta^2\right)\mathrm{d}u + \int_0^t \delta \mathrm{d}B_u \tag{3-14}$$

因为 $Y(0) = \ln X(0)$，$\int_0^t \mathrm{d}u = t$，$\int_0^t \mathrm{d}B_u = B_t - B_0$，$B_0 = 0$，所以

$$Y(t) = \ln X(0) + \left(\lambda - \frac{1}{2}\delta^2\right)t + \delta B(t) \tag{3-15}$$

对式 (3-15) 两边作指数运算，求得随机变量 X 的表达式：

$$X(t) = X(0)\exp\left[\left(\lambda - \frac{1}{2}\delta^2\right)t + \delta B(t)\right] \tag{3-16}$$

由于 $Y = \ln X(t)$ 的数学期望：

$$E(\ln X(t)) = E\left(\ln X(0) + \left(\lambda - \frac{1}{2}\delta^2\right)t + \delta B(t)\right)$$

$$=\ln X(0)+\left(\lambda-\frac{1}{2}\delta^2\right)t \tag{3-17}$$

而

$$\begin{aligned}\ln E(X(t))&=\ln\left[E(X(0))\exp\left(\left(\lambda-\frac{1}{2}\delta^2\right)t+\delta B(t)\right)\right]\\&=\ln\left[X(0)\exp\left(\left(\lambda-\frac{1}{2}\delta^2\right)t\right)E\left(\exp\left(\delta B(t)\right)\right)\right]\\&=\ln(X(0))+\left(\lambda-\frac{1}{2}\delta^2\right)t+\ln E\left(\exp\left(\delta B(t)\right)\right)\end{aligned} \tag{3-18}$$

根据期望的对数与对数的期望之间的关系:

$$\ln(E(X))=E(\ln(X))+\frac{1}{2}\mathrm{var}(\ln(X)) \tag{3-19}$$

将式 (3-17) 和式 (3-18) 代入式 (3-19) 得

$$\ln(X(0))+\left(\lambda-\frac{1}{2}\delta^2\right)t+\ln E\left(\exp\left(\delta B(t)\right)\right)=\ln X(0)+\left(\lambda-\frac{1}{2}\delta^2\right)t+\frac{1}{2}\mathrm{var}(\ln(X))$$

$$\ln E\left(\exp\left(\delta B(t)\right)\right)=\frac{1}{2}\mathrm{var}(\ln(X)) \tag{3-20}$$

$$\frac{1}{2}\mathrm{var}(\ln X(t))=\ln E\left(\exp\left(\delta B(t)\right)\right)=\frac{1}{2}\delta^2 t \tag{3-21}$$

$\ln X(t)$ 的方差为 $\mathrm{var}(\ln X(t))=\delta^2 t$。

故 $\ln X(t)$ 是一个均值为 $\ln X(0)+\left(\lambda-\frac{1}{2}\delta^2\right)t$、标准差为 $\delta t^{1/2}$ 的正态分布函数，即

$$\ln X(t)\sim N\left(\left(\ln(X(0))+\left(\lambda-\frac{1}{2}\delta^2\right)t\right),\delta^2 t\right) \tag{3-22}$$

假设强度和应力的对数 $\ln S(t)$ 和 $\ln\sigma(t)$ 是相互独立的随机变量，均值和标准差分别为 $(\widehat{\mu}_{\ln S(t)}$、$\widehat{\sigma}_{\ln S(t)}$、$\widehat{\mu}_{\ln\sigma(t)}$、$\widehat{\sigma}_{\ln\sigma(t)})$。由于实际中的强度 (应力) 受到确定性因素和不确定性因素的共同作用，确定性因素反映了强度 (应力) 的变化趋势，不确定性因素反映了强度 (应力) 的随机差异，二者的耦合行为对强度 (应力) 产生的效应以概率演化的形式出现，因此本书假设强度和应力服从方程几何布朗运动，即 $S(t)$ 和 $\sigma(t)$ 满足:

$$\mathrm{d}S(t)=\lambda_S S(t)\mathrm{d}t+\delta_S S(t)\mathrm{d}B(t),\quad 0\leqslant t\leqslant T \tag{3-23}$$

$$\mathrm{d}\sigma(t)=\lambda_\sigma\sigma(t)\mathrm{d}t+\delta_\sigma\sigma(t)\mathrm{d}B(t),\quad 0\leqslant t\leqslant T \tag{3-24}$$

式中，λ_S、λ_σ 为漂移率，δ_S、δ_σ 为波动率。如图 3-12 所示，当波动率 $\delta=0$ 时，方程退化为 $\mathrm{d}X(t)=\lambda X(t)\mathrm{d}t$，表明强度 (应力) 的变化率仅受到确定性因素的影响;

当漂移率 $\lambda = 0$ 时，方程退化为 $\mathrm{d}X(t) = \delta X(t)\mathrm{d}W(t)$，表明强度 (应力) 变化率仅受到不确定性因素的影响。

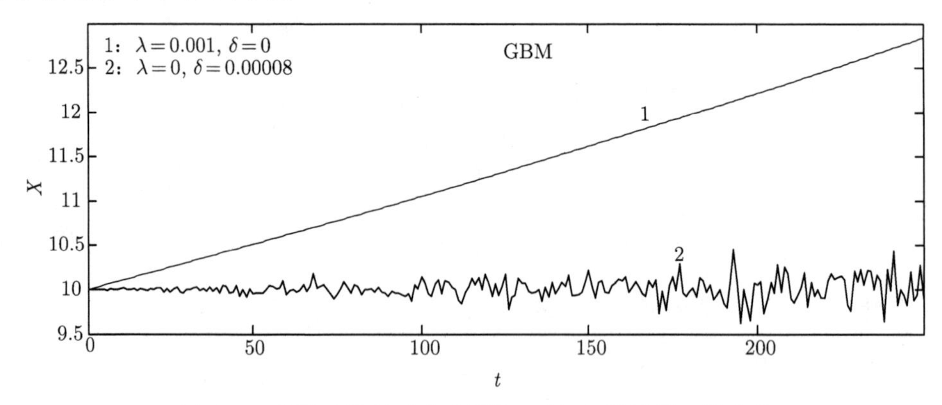

图 3-12　漂移率和波动率分别为 0 时 X 随时间 t 的变化

• 漂移率和波动率计算

设 X_t 在时间间隔 $\varDelta = T - t$ 上的 $n+1$ 个观测值 $\{X_0, X_1, \cdots, X_n\}$，令 $Y_t = \ln X_t - \ln X_{t-1}\,(t = 1, 2, \cdots, n)$，数据样本的均值与方差为

$$\overline{Y} = \frac{\sum_{t=1}^{n} Y_t}{n}, \quad s_Y^2 = \frac{1}{n-1}\sum_{t=1}^{n}\left(Y_t - \overline{Y}\right)^2 \tag{3-25}$$

当 $n \to \infty$ 时，$\overline{Y} \to E(Y), s_Y^2 \to \mathrm{var}(Y)$，因此

$$\hat{\lambda} = \frac{\overline{Y}}{\varDelta} + \frac{\hat{\delta}^2}{2}, \quad \hat{\delta} = \frac{s_Y}{\sqrt{\varDelta}} \tag{3-26}$$

波动率 δ 相同，漂移率 λ 不同时的曲线如图 3-13 所示。

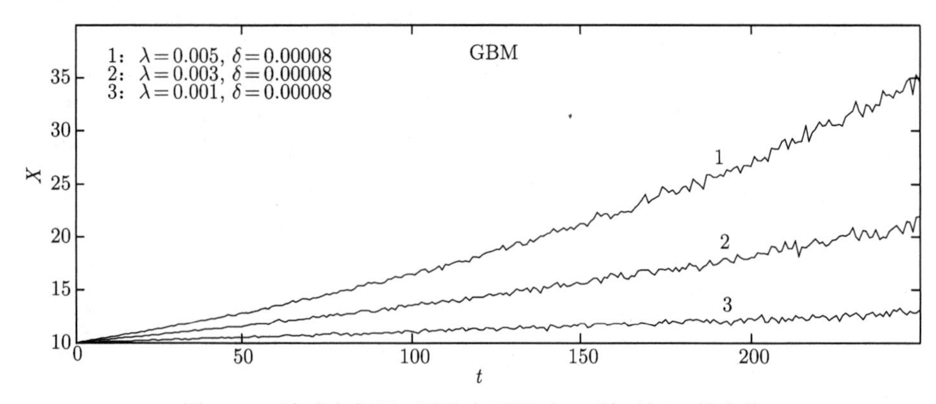

图 3-13　波动率相同，漂移率不同时 X 随时间 t 的变化

从图 3-13 可以看出，漂移率 λ 表示在时刻 t 强度 (应力) 的瞬时变化率，它反映强度 (应力) 由于确定性因素引起的变化。

漂移率 λ 相同，波动率 δ 不同时的曲线如图 3-14 所示。

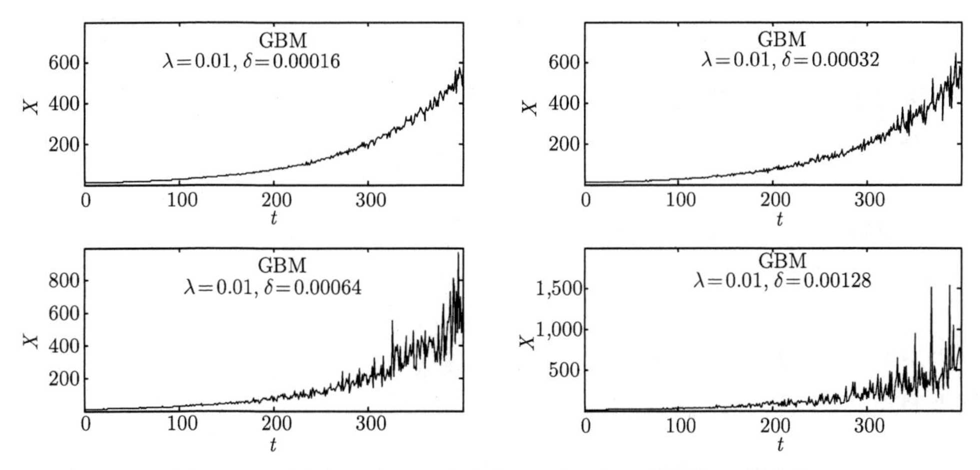

图 3-14 漂移率 λ 相同，波动率 δ 不同时 X 随时间 t 的变化

从图 3-14 可以看出，波动率 δ 表示在时刻 t 下强度 (应力) 随机波动的大小，它反映不确定性因素对强度 (应力) 的影响权重。

由式 (3-23) 和式 (3-24) 可知：

$$S(t) = S(0)\exp\left[\left(\lambda_S - \frac{1}{2}\delta_S^2\right)t + \delta_S B(t)\right] \tag{3-27}$$

$$\sigma(t) = \sigma(0)\exp\left[\left(\lambda_\sigma - \frac{1}{2}\delta_\sigma^2\right)t + \delta_\sigma B(t)\right] \tag{3-28}$$

$\ln S(t)$ 是一个正态分布：

$$\ln S(t) \sim N\left(\ln(S(0)) + \left(\lambda_S - \frac{1}{2}\delta_S^2\right)t, \delta_S^2 t\right) \tag{3-29}$$

$\ln S(t)$ 的均值和标准差分别是

$$\begin{cases} \widehat{\mu}_{\ln S(t)} = \ln S(0) + \left(\lambda_S - \dfrac{1}{2}\delta_S^2\right)t \\ \widehat{\sigma}_{\ln S(t)} = \delta_S t^{1/2} \end{cases} \tag{3-30}$$

$\ln \sigma(t)$ 也是一个正态分布：

$$\ln \sigma(t) \sim N\left[\ln(\sigma(0)) + \left(\lambda_\sigma - \frac{1}{2}\delta_\sigma^2\right)t, \delta_\sigma^2 t\right] \tag{3-31}$$

$\ln\sigma(t)$ 的均值和标准差分别是

$$\begin{cases} \widehat{\mu}_{\ln\sigma(t)} = \ln\sigma(0) + \left(\lambda_\sigma - \dfrac{1}{2}\delta_\sigma^2\right)t \\ \widehat{\sigma}_{\ln\sigma(t)} = \delta_\sigma t^{1/2} \end{cases} \tag{3-32}$$

零件 (机构) 的可靠度可以用以下概率表示:

$$R(t) = P\{\ln S(t) > \ln\sigma(t)\} = P\{\ln S(t) - \ln\sigma(t) > 0\} \tag{3-33}$$

令 $Z = \ln S(t) - \ln\sigma(t)$，式 (3-33) 可以写为

$$R(t) = P\{Z > 0\} \tag{3-34}$$

由于 $\ln S(t)$ 和 $\ln\sigma(t)$ 相互独立，且分别服从正态分布，故 Z 也服从正态分布，根据公式 (3-29) 和公式 (3-31) 得其均值为

$$\begin{aligned} \widehat{\mu}_Z &= \widehat{\mu}_{\ln S(t)} - \widehat{\mu}_{\ln\sigma(t)} \\ &= \left(\ln(S(0)) + (\lambda_S - \delta_S^2/2)t\right) - \left(\ln\sigma(0) + (\lambda_\sigma - \delta_\sigma^2/2)t\right) \\ &= (\ln S(0) - \ln\sigma(0)) - \left((\lambda_S - \delta_S^2/2) - (\lambda_\sigma - \delta_\sigma^2/2)\right)t \end{aligned} \tag{3-35}$$

标准差为

$$\begin{aligned} \widehat{\sigma}_Z &= \left(\widehat{\sigma}_{\ln S(t)}^2 + \widehat{\sigma}_{\ln\sigma(t)}^2\right)^{1/2} \\ &= \left(\delta_S^2 t + \delta_\sigma^2 t\right)^{1/2} \end{aligned} \tag{3-36}$$

Z 的概率密度函数是

$$\varphi(Z) = \frac{1}{\sqrt{2\pi}\widehat{\sigma}_Z}\exp\left[\frac{-(Z-\widehat{\mu}_Z)^2}{2\widehat{\sigma}_Z^2}\right] \tag{3-37}$$

Z 的概率分布函数是

$$\Phi(Z) = \frac{1}{\sqrt{2\pi}}\int_{-\infty}^{Z} \mathrm{e}^{\frac{-u^2}{2}}\mathrm{d}u \tag{3-38}$$

令 $v = \dfrac{Z-\widehat{\mu}_Z}{\widehat{\sigma}_Z}$，当 $Z \to \infty$ 时，$v = \dfrac{Z-\widehat{\mu}_Z}{\widehat{\sigma}_Z} = \dfrac{\infty-\widehat{\mu}_Z}{\widehat{\sigma}_Z} \to \infty$。当 $Z = 0$ 时，$v = \dfrac{Z-\widehat{\mu}_Z}{\widehat{\sigma}_Z} = \dfrac{0-\widehat{\mu}_Z}{\widehat{\sigma}_Z} = \dfrac{-\widehat{\mu}_Z}{\widehat{\sigma}_Z}$。

由于

$$R(t) = P\{Z > 0\} = P\{\ln \mathrm{S}(t) - \ln\sigma(t) > 0\}$$

$$=\int_0^{\infty}\varphi(Z)\mathrm{d}z=\frac{1}{(2\pi)^{1/2}}\int_{Z_{R(t)}}^{\infty}\exp\left(-\frac{v^2}{2}\right)\mathrm{d}v$$

$$=\frac{1}{(2\pi)^{1/2}}\int_{-\infty}^{-Z_{R(t)}}\exp\left(-\frac{v^2}{2}\right)\mathrm{d}v \tag{3-39}$$

故可靠度为

$$R(t)=\varPhi(-Z_{R(t)}) \tag{3-40}$$

将式 (3-35) 和式 (3-36) 代入式 (3-40) 得

$$\mathrm{Z}_{R(t)}=-\frac{\widehat{\mu}_{\ln S(t)}-\widehat{\mu}_{\ln\sigma(t)}}{\left(\widehat{\sigma}^2_{\ln S(t)}+\widehat{\sigma}^2_{\ln\sigma(t)}\right)^{1/2}} \tag{3-41}$$

根据式 (3-29) 和式 (3-31) 得强度 S 和应力 σ 的对数的均值 $\widehat{\mu}_{\ln S(t)}$、$\widehat{\mu}_{\ln\sigma(t)}$ 与方差 $\widehat{\sigma}^2_{\ln S(t)}$、$\widehat{\sigma}^2_{\ln\sigma(t)}$，从而根据式 (3-37) 和式 (3-38) 得到 $Z=\ln S(t)-\ln\sigma(t)$ 的概率密度函数 $\varphi(Z)$ 和概率分布函数 $\varPhi(Z)$，可靠度 $R(t)$ 的具体值由公式 (3-40) 计算得到，可靠度指数 $Z_{R(t)}$ 可由正态分布表查得。

3.3 时变可靠度计算的六种特殊情况

(1) 当 $\delta_S=\delta_\sigma=0,\lambda_S\neq 0,\lambda_\sigma\neq 0$ 时，此时强度 (应力) 的变化仅受到确定性因素的影响，故

$$\mathrm{d}X(t)=\lambda X(t)\mathrm{d}t \tag{3-42}$$

根据公式 (3-16)，可以得到

$$X(t)=X(0)\exp(\lambda t),\quad S(t)=S(0)\exp(\lambda_S t),\quad \sigma(t)=\sigma(0)\exp(\lambda_\sigma t)$$

当 $\delta_S=\delta_\sigma=0,\lambda_S\neq0,\lambda_\sigma\neq0$ 时，强度与应力随时间 t 的变化如图 3-15 所示。

从图 3-15 可以看出，随着时间 t 的增长，应力逐渐增大，强度逐渐减小。当 $t_1=165$ 时，强度与应力相等即 $S=\sigma$。令 $n(0)=\dfrac{\overline{S}(0)}{\overline{\sigma}(0)}$，则 t 时刻安全系数

$$n(t)=\frac{S(t)}{\sigma(t)}=\frac{\overline{S}(0)}{\overline{\sigma}(0)}\exp(\lambda_S-\lambda_\sigma)t$$

$$=n(0)\exp(\lambda_S-\lambda_\sigma)t \tag{3-43}$$

其中，$n(0)$——零时刻的安全系数；

$\overline{S}(0)$——零时刻强度的均值，MPa；

$\overline{\sigma}(0)$——零时刻应力的均值，MPa。

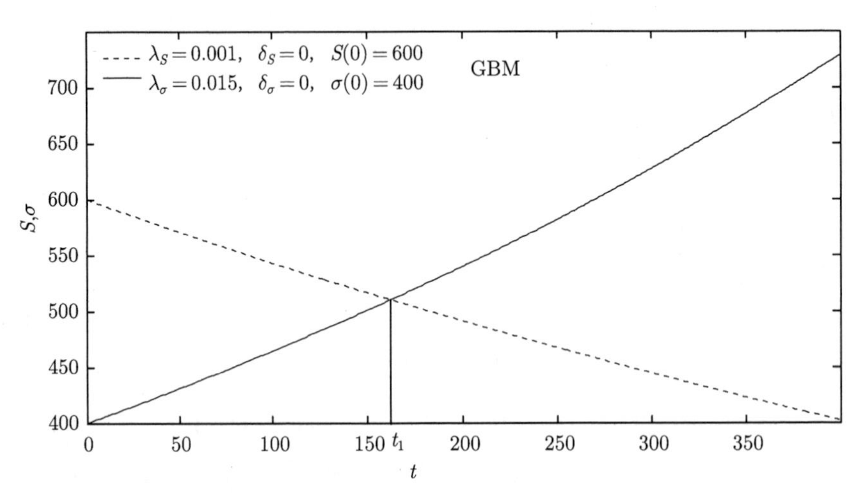

图 3-15　强度与应力在 $\delta_S=\delta_\sigma=0,\lambda_S\neq0,\lambda_\sigma\neq0$ 时随时间 t 的变化

t 时刻强度 $S(t)$ 和应力 $\sigma(t)$ 的关系可以根据零件零时刻强度的均值 $\overline{S}(0)$ 和应力的均值 $\overline{\sigma}(0)$ 的关系来确定。若 $\dfrac{\overline{S}(0)}{\overline{\sigma}(0)}\exp(\lambda_S-\lambda_\sigma)t>1$，则零件在 t 时刻就是安全的，据此可以选择不同的材料或者材料的尺寸对零件进行设计。这与常规机械设计方法一致，常规机械设计方法的基本思想是：机械结构在承受外载荷后，计算得到的应力应该小于该结构材料的许用应力。在常规设计中，只要安全系数大于某一根据实际使用经验规定的数值就认为是安全的，不涉及可靠度的问题。

(2) 当 $\delta_S=\delta_\sigma=0,\lambda_S=0,\lambda_\sigma\neq0$ 时，此时强度 (应力) 的变化仅受到确定性因素的影响。

因为 $\lambda_S=\delta_S=0,\lambda_\sigma\neq0,\delta_\sigma=0$，所以材料的强度是一个不随时间变化的量，只有应力的大小在随着时间变化，符合实际中材料的强度受周围环境因素以及自身因素影响变化不大，而应力在所受载荷以及材料尺寸、形状变化等的影响下变化较大的情况。

根据公式 (3-16)，可以得到

$$S(t)=S(0),\quad \sigma(t)=\sigma(0)\exp(\lambda_\sigma t)$$

当 $\delta_S=\delta_\sigma=0,\lambda_S=0,\lambda_\sigma\neq0$ 时，强度与应力随时间 t 的变化如图 3-16 所示。从图 3-16 可以看出，随着时间 t 的增长，应力逐渐增大，强度基本上不变。当

$t_1 = 270$ 时，强度与应力相等即 $S = \sigma$。t 时刻安全系数

$$n(t) = \frac{S(t)}{\sigma(t)} = \frac{S(0)}{\sigma(0)} \exp(-\lambda_\sigma t)$$
$$= n(0) \exp(-\lambda_\sigma t) \tag{3-44}$$

t 时刻强度 $S(t)$ 和应力 $\sigma(t)$ 的关系可以根据零件零时刻的强度 $S(t)$ 和应力 $\sigma(t)$ 的关系来确定。若 $\frac{S(0)}{\sigma(0)} \exp(-\lambda_\sigma t) > 1$，则零件在 t 时刻是安全的，据此可以选择不同的材料或者材料的尺寸对零件进行设计。这与常规机械设计方法一致，不涉及可靠度的问题。

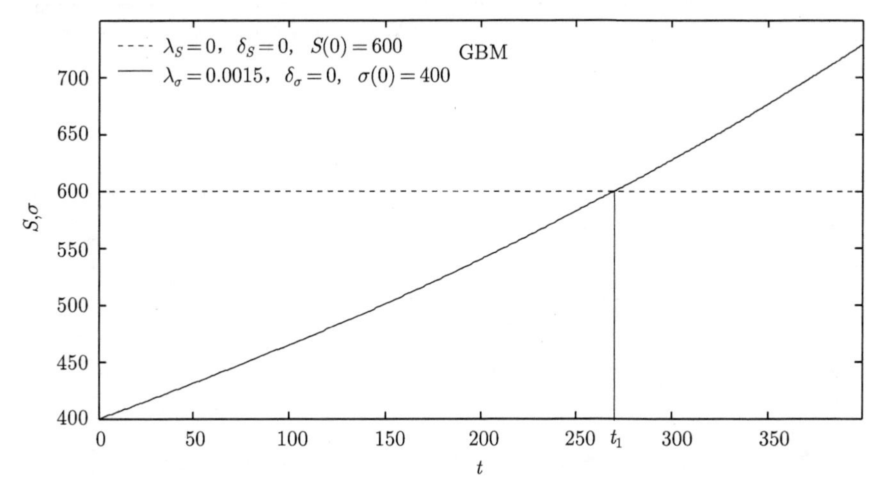

图 3-16 强度与应力在 $\delta_S = \delta_\sigma = 0, \lambda_S = 0, \lambda_\sigma \neq 0$ 时随时间 t 的变化

(3) 当 $\delta_S = \delta_\sigma = 0, \lambda_S \neq 0, \lambda_\sigma = 0$ 时，强度 (应力) 的变化仅受到确定性因素的影响。

因为 $\lambda_\sigma = \delta_\sigma = 0, \lambda_S \neq 0, \delta_S = 0$，所以零件的应力是一个不随时间变化的量，只有强度的大小在随着时间变化，符合实际中应力的变化不大，而材料的强度在周围环境因素以及自身因素作用下变化比较大的情况。

根据公式 (3-16)，可以得到

$$S(t) = S(0) \exp(\lambda_S t), \quad \sigma(t) = \sigma(0)$$

当 $\delta_S = \delta_\sigma = 0, \lambda_S \neq 0, \lambda_\sigma = 0$ 时，强度与应力随时间 t 的变化如图 3-17 所示。

从图 3-17 可以看出，随着时间 t 的增长，应力基本不变，强度逐渐减小。该情况与图 3-3 动态干涉模型类似，当 $t_1 = 410$ 时，强度与应力相等即 $S = \sigma$。t 时刻

安全系数

$$
\begin{aligned}
\frac{S(t)}{\sigma(t)} &= \frac{S(0)}{\sigma(0)} \exp\left(\lambda_S\right) t \\
&= n(0) \exp\left(\lambda_S\right) t
\end{aligned} \tag{3-45}
$$

t 时刻强度 $S(t)$ 和应力 $\sigma(t)$ 的关系可以根据零件零时刻的强度 $S(t)$ 和应力 $\sigma(t)$ 的关系来确定。若 $\dfrac{S(0)}{\sigma(0)} \exp\left(\lambda_S\right) t > 1$，则零件在 t 时刻是安全的，据此可以选择不同的材料或者材料的尺寸对零件进行设计。这与常规机械设计方法一致，不涉及可靠度的问题。

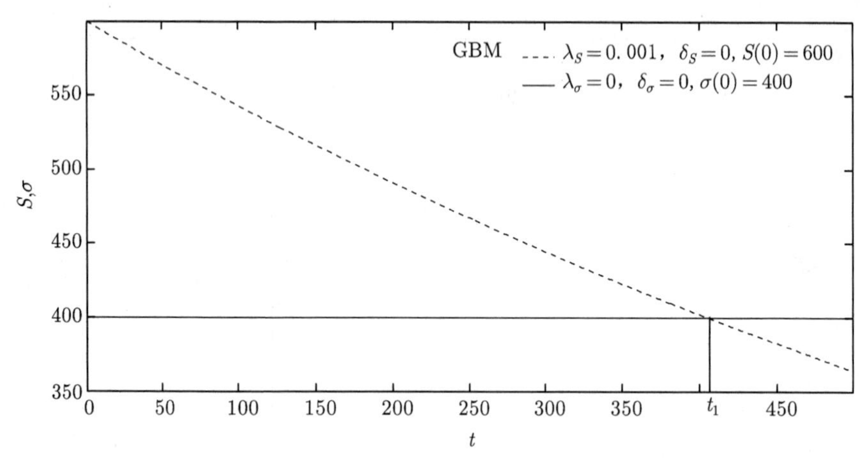

图 3-17　强度与应力在 $\delta_S = \delta_\sigma = 0, \lambda_S \neq 0, \lambda_\sigma = 0$ 时随时间 t 的变化

(4) 当 $\delta_S \neq 0, \delta_\sigma \neq 0, \lambda_S = \lambda_\sigma = 0$ 时，此时强度 (应力) 变化仅受到不确定性因素的影响。

因为 $\delta_S \neq 0, \delta_\sigma \neq 0, \lambda_S = \lambda_\sigma = 0$，所以应力和强度仅有波动，这适用于应力受不确定性因素的影响较大，而强度受不确定性因素的影响较小或者可以忽略的情况。

$$
\mathrm{d}X(t) = \delta X(t) \mathrm{d}B(t) \tag{3-46}
$$

根据公式 (3-16)，可以得到

$$
S(t) = S(0) \exp\left[\left(-\frac{1}{2}\delta_S^2\right) t + \delta_S B(t)\right]
$$

$$
\sigma(t) = \sigma(0) \exp\left[\left(-\frac{1}{2}\delta_\sigma^2\right) t + \delta_\sigma B(t)\right]
$$

强度与应力随时间的变化如图 3-18 所示。

从图 3-18 可以看出，随着时间 t 的增长，强度与应力的大小有着不同的波动。由式 (3-30) 和式 (3-32) 可知

$$\ln S(0)=\widehat{\mu}_{\ln S(t)}-\left(\lambda_S-\frac{1}{2}\delta_S^2\right)t \tag{3-47}$$

$$\ln \sigma(0)=\widehat{\mu}_{\ln \sigma(t)}-\left(\lambda_\sigma-\frac{1}{2}\delta_\sigma^2\right)t \tag{3-48}$$

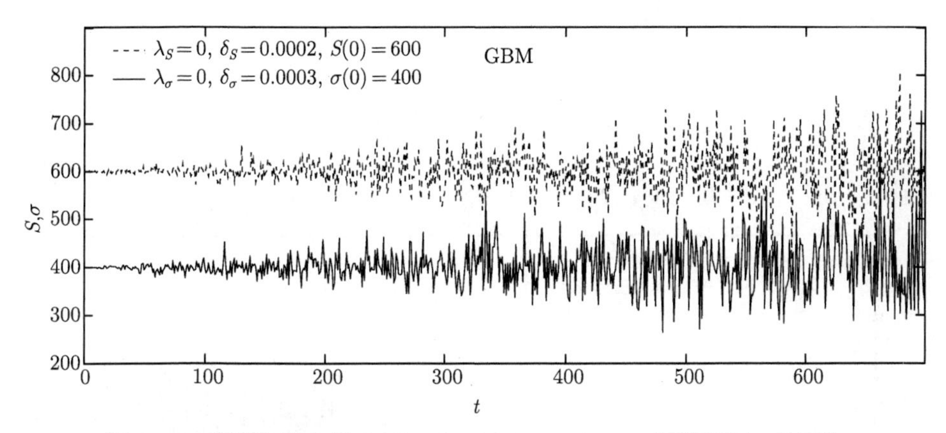

图 3-18　强度与应力在 $\delta_S\neq 0,\delta_\sigma\neq 0,\lambda_S=\lambda_\sigma=0$ 时随时间 t 的变化

由式 (3-48) 减去式 (3-47) 可得

$$\ln\frac{S(0)}{\sigma(0)}=\left[\widehat{\mu}_{\ln S(t)}-\left(\lambda_S-\frac{1}{2}\delta_S^2\right)t\right]-\left[\widehat{\mu}_{\ln \sigma(t)}-\left(\lambda_\sigma-\frac{1}{2}\delta_\sigma^2\right)t\right]$$

$$n(0)=\frac{S(0)}{\sigma(0)}=\exp\left\{\left[\widehat{\mu}_{\ln S(t)}-\left(\lambda_S-\frac{1}{2}\delta_S^2\right)t\right]-\left[\widehat{\mu}_{\ln \sigma(t)}-\left(\lambda_\sigma-\frac{1}{2}\delta_\sigma^2\right)t\right]\right\} \tag{3-49}$$

将式 (3-41) 代入式 (3-49) 得

$$\begin{aligned}n(0)=\frac{S(0)}{\sigma(0)}&=\exp\left\{-\left[Z_{R(t)}\left(\widehat{\sigma}^2_{\ln S(t)}+\widehat{\sigma}^2_{\ln\sigma(t)}\right)^{1/2}\right]-\left[\left(\lambda_S-\frac{1}{2}\delta_S^2\right)t-\left(\lambda_\sigma-\frac{1}{2}\delta_\sigma^2\right)t\right]\right\}\\&=\exp\left\{-\left[Z_{R(t)}\left(\delta_S^2t+\delta_\sigma^2t\right)^{1/2}\right]+\left(\frac{1}{2}\delta_S^2-\frac{1}{2}\delta_\sigma^2\right)t-(\lambda_S-\lambda_\sigma)t\right\}\end{aligned} \tag{3-50}$$

因为 $\delta_S\neq 0,\delta_\sigma\neq 0,\lambda_S=\lambda_\sigma=0$，所以将 $\ln S(t)$ 的均方差 $\widehat{\sigma}_{\ln S(t)}$ 和 $\ln\sigma(t)$ 的均方差 $\widehat{\sigma}_{\ln\sigma(t)}$ 代入式 (3-50) 可得

$$\frac{S(0)}{\sigma(0)}=\exp\left\{-\left[Z_{R(t)}\left(\delta_S^2t+\delta_\sigma^2t\right)^{1/2}\right]+\frac{1}{2}\left(\delta_\sigma^2-\delta_S^2\right)t\right\} \tag{3-51}$$

根据对所设计零件 t 时刻的可靠度的要求以及公式 (3-40)，可以求出可靠度指数 $Z_{R(t)}$ 的值，代入公式 (3-51)，即可求出零时刻强度 $S(0)$ 和应力 $\sigma(0)$ 之间的关系即确定零时刻的安全系数 $n(0)$，进而可以选择不同的材料对零件进行设计。

(5) 当 $\delta_S=0, \delta_\sigma\neq 0, \lambda_S=\lambda_\sigma=0$ 时，应力变化仅受到不确定性因素的影响。因为 $\delta_S=0, \delta_\sigma\neq 0, \lambda_S=\lambda_\sigma=0$，所以仅有应力存在波动，这符合强度受到不确定性因素的影响较小可以忽略，而应力受到不确定性因素的影响较大不能忽略，确定性的因素对二者的影响都不大，可以忽略的情况。

根据公式 (3-16)，可以得到

$$\begin{aligned}
&S(t)=S(0)\\
&\sigma(t)=\sigma(0)\exp\left[\left(-\frac{1}{2}\delta_\sigma^2\right)t+\delta_\sigma B(t)\right]
\end{aligned}\tag{3-52}$$

强度与应力随时间的变化如图 3-19 所示。

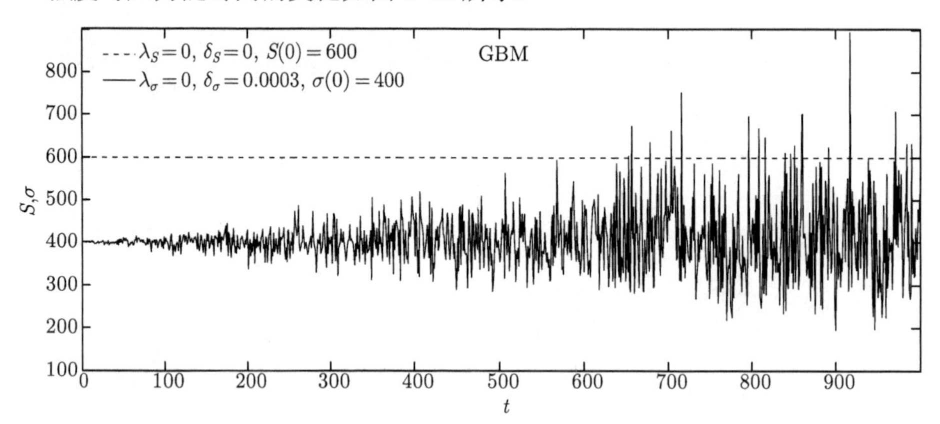

图 3-19　强度与应力在 $\delta_S=0, \delta_\sigma\neq 0, \lambda_S=\lambda_\sigma=0$ 时随时间 t 的变化

从图 3-19 可以看出，随着时间 t 的增长，应力有一定的波动，强度基本上不变。因为 $\delta_S=0, \delta_\sigma\neq 0, \lambda_S=\lambda_\sigma=0$，所以将 $\ln S(t)$ 的均方差 $\widehat{\sigma}_{\ln S(t)}$ 和 $\ln\sigma(t)$ 的均方差 $\widehat{\sigma}_{\ln\sigma(t)}$ 代入式 (3-50) 可得

$$\begin{aligned}
n(0)=&\frac{S(0)}{\sigma(0)}\\
=&\exp\left\{-\left[Z_{R(t)}\left(\widehat{\sigma}_{\ln S(t)}^2+\widehat{\sigma}_{\ln\sigma(t)}^2\right)^{1/2}\right]-\left[\left(\lambda_S-\frac{1}{2}\delta_S^2\right)t-\left(\lambda_\sigma-\frac{1}{2}\delta_\sigma^2\right)t\right]\right\}\\
=&\exp\left\{-Z_{R(t)}\sqrt{0+\delta_\sigma^2 t}+\left[-\left(0-\frac{1}{2}\delta_\sigma^2\right)\right]t\right\}\\
=&\exp\left(-Z_{R(t)}\delta_\sigma\sqrt{t}+\frac{1}{2}\delta_\sigma^2 t\right)
\end{aligned}\tag{3-53}$$

根据对所设计零件 t 时刻的可靠度的要求以及公式 (3-40) 可以求出可靠度指数 $Z_{R(t)}$，代入公式 (3-53)，求出零时刻强度 $S(0)$ 和应力 $\sigma(0)$ 之间的关系即确定零时刻的安全系数 $n(0)$。

(6) 当 $\delta_S \neq 0, \delta_\sigma = 0, \lambda_S = \lambda_\sigma = 0$ 时，强度的变化仅受到不确定性因素的影响。

因为 $\delta_S \neq 0, \delta_\sigma = 0, \lambda_S = \lambda_\sigma = 0$，所以仅有强度存在波动。这符合应力受到不确定性因素的影响较小可以忽略，而强度受到的不确定性因素的影响较大，不能忽略，确定性的因素对二者的影响都不大的情况。

根据公式 (3-16)，可以得到

$$
\begin{aligned}
S(t) &= S(0)\exp\left[\left(-\frac{1}{2}\delta_S^2\right)t + \delta_S B(t)\right] \\
\sigma(t) &= \sigma(0)
\end{aligned}
\tag{3-54}
$$

强度与应力随时间的变化如图 3-20 所示。

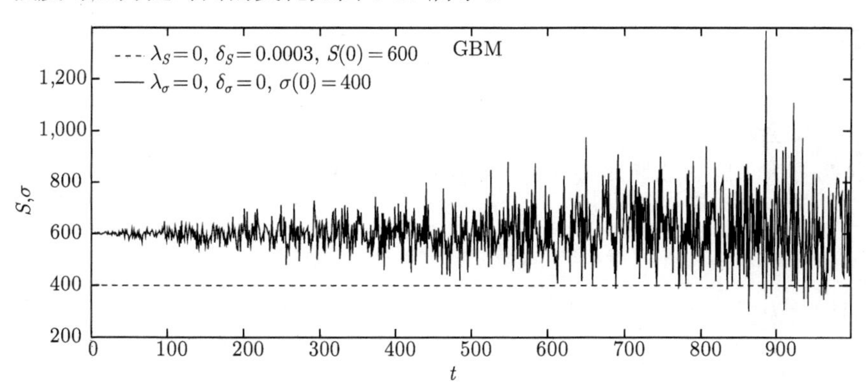

图 3-20 强度与应力在 $\delta_S \neq 0, \delta_\sigma = 0, \lambda_S = \lambda_\sigma = 0$ 时随时间 t 的变化

从图 3-20 可以看出，随着时间 t 的增长，应力基本上不变，强度有一定的波动。因为 $\delta_S \neq 0, \delta_\sigma = 0, \lambda_S = \lambda_\sigma = 0$，所以将 $\ln S(t)$ 的均方差 $\widehat{\sigma}_{\ln S(t)}$ 和 $\ln\sigma(t)$ 的均方差 $\widehat{\sigma}_{\ln\sigma(t)}$ 代入式 (3-50) 可得

$$
\begin{aligned}
n(0) &= \frac{S(0)}{\sigma(0)} \\
&= \exp\left\{-\left[Z_{R(t)}\left(\widehat{\sigma}_{\ln S(t)}^2 + \widehat{\sigma}_{\ln\sigma(t)}^2\right)^{1/2}\right] - \left[\left(\lambda_S - \frac{1}{2}\delta_S^2\right)t - \left(\lambda_\sigma - \frac{1}{2}\delta_\sigma^2\right)t\right]\right\} \\
&= \exp\left[-Z_{R(t)}\sqrt{\delta_S^2 t + 0} - \left(0 - \frac{1}{2}\delta_S^2\right)t\right] \\
&= \exp\left(-Z_{R(t)}\delta_S\sqrt{t} + \frac{1}{2}\delta_S^2 t\right)
\end{aligned}
\tag{3-55}
$$

根据对所设计零件 t 时刻的可靠度的要求，可以求出 $Z_{R(t)}$ 的值，进而确定出零时刻强度 $S(0)$ 和应力 $\sigma(0)$ 的关系即确定零时刻的安全系数 $n(0)$。

3.4 机械时变不确定性设计理论中的安全系数与可靠度

在机械零件的常规设计中，强度和应力之比称为零件的安全系数，它是常数，来源于人们的直观认识和经验总结，具有直观、易懂、使用方便的特点，并有一定的实践依据，至今仍然被机械设计的常规方法广泛采用。但是随着科学技术的发展及人们对客观世界认识的不断深化，发现它有很大的盲目性和保守性，尤其对那些安全性要求较高的零部件，采用上述安全系数进行设计，显然有很多不合理之处，因为它不能反映事物的客观规律。其实，只有当材料的强度值和零件的工作应力离散性非常小时，上述定义的安全系数才有意义。

考虑到强度和应力的离散性，取平均安全系数，定义为强度均值 $\overline{S}$ 和应力均值 $\bar{\sigma}$ 之比：

$$\overline{n} = \frac{\overline{S}}{\overline{\sigma}} \tag{3-56}$$

称为平均安全系数。

因为强度与应力均随时间变化，强度的均值为

$$\overline{S} = E\left[S(t)\right] \tag{3-57}$$

应力的均值为

$$\overline{\sigma} = E\left[\sigma(t)\right] \tag{3-58}$$

将公式 (3-27) 以及公式 (3-28) 代入公式 (3-57) 以及公式 (3-58) 得

$$\begin{aligned}
\overline{S} =& E\left[S(t)\right] = E\left[S(0)\exp\left(\left(\lambda_S - \frac{1}{2}\delta_S^2\right)t + \delta_S B(t)\right)\right] \\
=& E\left[S(0)\right]\cdot E\left[\exp\left(\lambda_S - \frac{1}{2}\delta_S^2\right)t\cdot\exp\delta_S B(t)\right] \\
=& E\left[S(0)\right]\cdot E\left[\exp\left(\lambda_S - \frac{1}{2}\delta_S^2\right)t\right]E\left[\exp\delta_S B(t)\right] \\
=& E\left[S(0)\right]\cdot E\left[\exp\lambda_S t\right]\cdot E\left[\exp\left(-\frac{1}{2}\delta_S^2 t\right)\right]\cdot E\left[\exp\left(\frac{1}{2}\delta_S^2 t\right)\right] \\
=& E\left[S(0)\right]\cdot\exp\lambda_S t
\end{aligned} \tag{3-59}$$

$$\overline{\sigma} = E\left[\sigma(t)\right] = E\left[\sigma(0)\exp\left(\left(\lambda_\sigma - \frac{1}{2}\delta_\sigma^2\right)t + \delta_\sigma B(t)\right)\right]$$

$$
\begin{aligned}
&=E\left[\sigma(0)\right]\cdot E\left[\exp\lambda_\sigma t\right]\cdot E\left[\exp\left(-\frac{1}{2}\delta_\sigma^2 t\right)\right]\cdot E\left[\exp\left(\frac{1}{2}\delta_\sigma^2 t\right)\right]\\
&=E\left[\sigma(0)\right]\cdot\exp\lambda_\sigma t
\end{aligned}
\tag{3-60}
$$

因此，

$$
\overline{n}=\frac{\overline{S}}{\overline{\sigma}}=\frac{E\left[S(0)\right]\cdot\exp\lambda_S t}{E\left[\sigma(0)\right]\cdot\exp\lambda_\sigma t}=\frac{S(0)\exp\lambda_S t}{\sigma(0)\exp\lambda_\sigma t}=\frac{S(0)}{\sigma(0)}\exp\left(\lambda_S-\lambda_\sigma\right)t \tag{3-61}
$$

令 $S(0)=600,\sigma(0)=400,\lambda_S=-0.001,\lambda_\sigma=0.002$，应用 Matlab 绘制平均安全系数 $\overline{n}$ 的曲线，如图 3-21 所示。

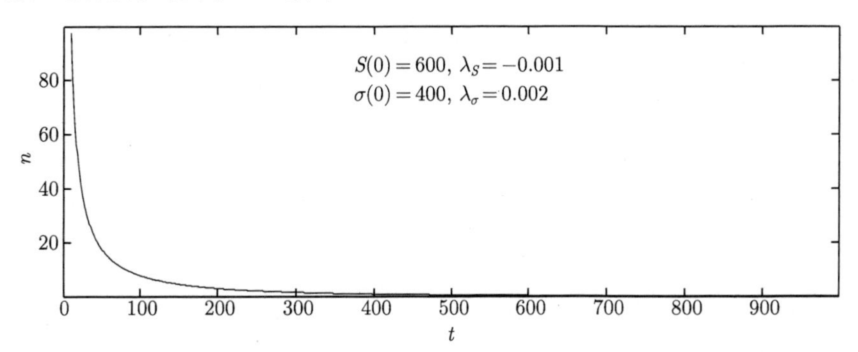

图 3-21　$S(0)=600,\sigma(0)=400,\lambda_S=-0.001,\lambda_\sigma=0.002$ 时平均安全系数曲线

从图 3-21 可以看出，随着时间 t 的增长，平均安全系数逐渐降低直至强度与应力产生干涉并失效。因为强度随着时间 t 逐渐退化，应力逐渐恶化，所以强度与应力的比值即安全系数降低。

由式 (3-61) 可知：当初始值 $S(0)$、$\sigma(0)$ 确定以后，平均安全系数是漂移率 λ_S、λ_σ 和时间 t 的函数。根据实验可以确定漂移率 λ_S 和 λ_σ，从而求得任意时刻 t 的平均安全系数。传统静态干涉模型 (图 3-2)，未考虑强度和应力随着时间的变化，因此强度和应力的概率密度分布没有变化，然而系统实际工作过程中，会受到各种因素的影响，强度和应力随时间会产生漂移和波动，机械时变不确定性设计方法考虑了强度和应力随时间的变化，弥补了传统静态干涉模型的不足。

3.5　小　　结

本书介绍了机械时变不确定性设计理论，建立了时变可靠度计算数学模型，提出了新的时变可靠度计算方法。该方法的特色在于：①考虑了不确定因素的影响；②在计算可靠度时考虑了强度和应力随时间的演化过程。这是一种动态可靠度的计算方法，通过模型能够获得机械零件在任意时刻的可靠度。这种方法可以为机械设备在不确定环境下的可靠性评估和可靠度指标在使用期间变化趋势的预测提供理论依据，并且可以为机械设备的维修和维护提供参考依据。由于在实际情况下应力和强度可能存在其他的时变特性，所以时变可靠度的计算方法还需要根据不同的实际情况进行进一步的研究。

第 4 章　广义系统时变不确定性设计

现实世界中，人类的活动已经从陆地、深海延伸到了外太空，在这种活动范围不断扩大的同时，人们也创造了一个又一个如核电站、潜艇、宇宙飞船和空间站等系统，这些系统都是非常复杂且受多参数影响的。从一般角度来说，系统是指具有特定功能，由具有相互联系的两个或两个以上的要素组成的整体。一个复杂的系统可以由若干个小系统组成，这些小系统被称作子系统，子系统可由更小的系统组成。系统的不确定性取决于各子系统的不确定性和构成的系统类型，子系统的不确定性又与各元件的不确定性密切相关。复杂系统可以通过各种子系统的 “混联系统” 出现：子系统 (元件) 既有串联也有并联。系统不确定性 “归结为” 各个子系统和元件的不确定性以及它们构成关系的不确定性。因此，系统的不确定性设计就转化为各元件 (子系统) 的不确定性设计。

本章基于系统随时间演化的思想，考虑时间效应对系统不确定性的影响，将系统的变量模型化，并利用伊藤积分，建立多参数一般系统的可靠性设计方法。

4.1　时变不确定性设计的数学模型

在工程实际中，常常需要考虑多个随机过程对系统的影响，且系统不直接受时间 t 的影响。设多元函数 $F(x,y)$，x 和 y 均为随机过程，则系统 $F(x,y)$ 与时间 t 的关系如图 4-1 所示。x, y 的离散形式为：$\Delta x=\mu_1\Delta t+\sigma_1\varepsilon\sqrt{\Delta t}$，$\Delta y=\mu_2\Delta t+\sigma_2\varepsilon\sqrt{\Delta t}$，其中 $\mu_1,\sigma_1,\mu_2,\sigma_2$ 分别为 x,y 的漂移率和波动率，ε 是标准正态随机变量。

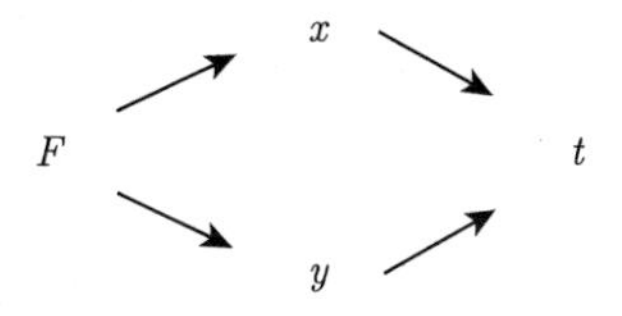

图 4-1　$F(x,y)$ 与时间 t 的关系

(1) 根据多元函数泰勒公式，有

$$
\begin{aligned}
F(x+\Delta x,y+\Delta y)=&F(x,y)+\left(\frac{\partial}{\partial x}\Delta x+\frac{\partial}{\partial y}\Delta y\right)F\\
&+\frac{1}{2}\left(\frac{\partial}{\partial x}\Delta x+\frac{\partial}{\partial y}\Delta y\right)^2F+\cdots
\end{aligned}
\tag{4-1}
$$

则

$$\begin{aligned}\Delta F =& F(x+\Delta x, y+\Delta y) - F(x,y)\\ =& \left(\frac{\partial F}{\partial x}\Delta x + \frac{\partial F}{\partial y}\Delta y\right)\\ &+ \frac{1}{2}\left[\frac{\partial^2 F}{\partial x^2}(\Delta x)^2 + \frac{2\partial^2 F}{\partial x \partial y}(\Delta x \Delta y) + \frac{\partial^2 F}{\partial y^2}(\Delta y)^2\right] + \cdots \end{aligned} \tag{4-2}$$

$$\begin{aligned}(\Delta x)^2 =& \left(\mu_1 \Delta t + \sigma_1 \varepsilon \sqrt{\Delta t}\right)^2\\ =& \mu_1^2 \Delta t^2 + \sigma_1^2 \varepsilon^2 \Delta t + 2\mu_1 \sigma_1 \varepsilon (\Delta t)^{\frac{3}{2}}\\ =& \sigma_1^2 \varepsilon^2 \Delta t + H(\Delta t)\end{aligned} \tag{4-3}$$

$$\begin{aligned}(\Delta y)^2 =& \left(\mu_2 \Delta t + \sigma_2 \varepsilon \sqrt{\Delta t}\right)^2\\ =& \mu_2^2 \Delta t^2 + \sigma_2^2 \varepsilon^2 \Delta t + 2\mu_2 \sigma_2 \varepsilon (\Delta t)^{\frac{3}{2}}\\ =& \sigma_2^2 \varepsilon^2 \Delta t + H(\Delta t)\end{aligned} \tag{4-4}$$

$$\begin{aligned}\Delta x \Delta y =& \left(\mu_1 \Delta t + \sigma_1 \varepsilon \sqrt{\Delta t}\right)\left(\mu_2 \Delta t + \sigma_2 \varepsilon \sqrt{\Delta t}\right)\\ =& \mu_1 \mu_2 \Delta t^2 + \sigma_1 \sigma_2 \varepsilon^2 \Delta t + (\mu_1 \sigma_2 + \mu_2 \sigma_1)\varepsilon (\Delta t)^{\frac{3}{2}}\\ =& \sigma_1 \sigma_2 \varepsilon^2 \Delta t + H(\Delta t)\end{aligned} \tag{4-5}$$

当 $\Delta t \to 0$ 时，$(\Delta x)^2$ 收敛于一个非随机量 $(\Delta x)^2 \to \sigma_1^2 \mathrm{d}t$，则 $(\Delta y)^2 \to \sigma_2^2 \mathrm{d}t$，$\Delta x \Delta y \to \sigma_1 \sigma_2 \mathrm{d}t$，$\Delta x \to \mu_1 \mathrm{d}t + \sigma_1 \mathrm{d}w_{1t}$，$\Delta y \to \mu_2 \mathrm{d}t + \sigma_2 \mathrm{d}w_{2t}$。代入上述公式可得

$$\begin{aligned}\mathrm{d}F =& \frac{\partial F}{\partial x}\mu_1 \mathrm{d}t + \frac{\partial F}{\partial y}\mu_2 \mathrm{d}t + \frac{1}{2}\left(\frac{\partial^2 F}{\partial x^2}\sigma_1^2 \mathrm{d}t + \frac{2\partial^2 F}{\partial x \partial y}\sigma_1 \sigma_2 \mathrm{d}t + \frac{\partial^2 F}{\partial y^2}\sigma_2^2 \mathrm{d}t\right)\\ &+ \frac{\partial F}{\partial x}\sigma_1 \mathrm{d}w_{1t} + \frac{\partial F}{\partial y}\sigma_2 \mathrm{d}w_{2t}\\ =& \left(\left(\frac{\partial}{\partial x}\mu_1 + \frac{\partial}{\partial y}\mu_2\right) + \frac{1}{2}\left(\frac{\partial}{\partial x}\sigma_1 + \frac{\partial}{\partial y}\sigma_2\right)^2\right) F \mathrm{d}t\\ &+ \left(\frac{\partial}{\partial x}\sigma_1 \mathrm{d}w_{1t} + \frac{\partial}{\partial y}\sigma_2 \mathrm{d}w_{2t}\right) F\end{aligned} \tag{4-6}$$

(2) 推广至有 n 个随机过程的多元函数 $F(x_1,x_2,\cdots,x_n)$，$x_1,x_2,\cdots,x_n$ 均为随机过程，$x_1,x_2,\cdots,x_n$ 的离散形式为：$\Delta x_1=\mu_1\Delta t+\sigma_1\varepsilon\sqrt{\Delta t}$, $\Delta x_2=\mu_2\Delta t+\sigma_2\varepsilon\sqrt{\Delta t},\cdots$, $\Delta x_n=\mu_n\Delta t+\sigma_n\varepsilon\sqrt{\Delta t}$，其中 $\mu_1,\sigma_1;\mu_2,\sigma_2;\cdots;\mu_n,\sigma_n$ 分别为 $x_1,x_2,\cdots,x_n$ 的漂移率和波动率，ε 是标准正态随机变量。$F(x_1,x_2,\cdots,x_n)$ 与时间 t 的关系如图 4-2 所示，则

$$\begin{aligned}\mathrm{d}F=&\left[\sum_{i=1}^{n}\left(\frac{\partial F}{\partial x_i}\mu_i(t)\right)+\frac{1}{2}\sum_{j=1}^{n}\sum_{k=1}^{n}\left(\frac{\partial^2 F}{\partial x_j\partial x_k}\sigma_j(t)\sigma_k(t)\right)\right]\mathrm{d}t+\sum_{i=1}^{n}\frac{\partial F}{\partial x_i}\sigma_i(t)\,\mathrm{d}w_{it}\\=&\mu_F(t)\,\mathrm{d}t+\sigma_F(t)\,\mathrm{d}w_t\end{aligned}\tag{4-7}$$

式中，$\mu_F(t)$、$\sigma_F(t)$ 分别为 F 的漂移函数和波动函数。

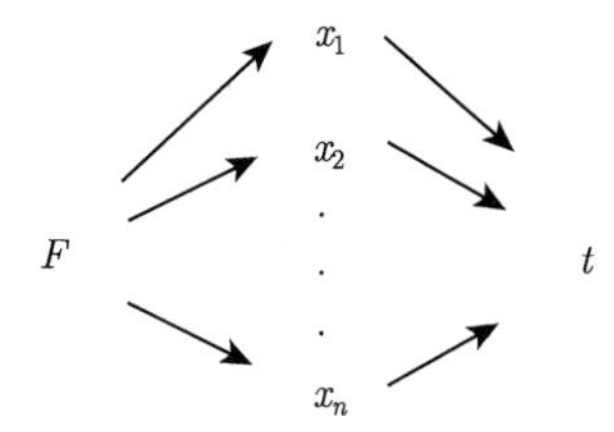

图 4-2 $F(x_1,x_2,\cdots,x_n)$ 与时间 t 的关系

(3) 若系统 F 是 u、v 的函数，即 $F(u,v)$，u、v 是关于 x、y 的函数，即 $u(x,y)$，$v(x,y)$。x 和 y 均为随机过程，x、y 的离散形式为 $\Delta x=\mu_1\Delta t+\sigma_1\varepsilon\sqrt{\Delta t}$，$\Delta y=\mu_2\Delta t+\sigma_2\varepsilon\sqrt{\Delta t}$，其中 μ_1、σ_1；μ_2、σ_2 分别为 x、y 的漂移率和波动率，ε 是标准正态随机变量。系统 $F(u(x,y),v(x,y))$ 与时间 t 的关系如图 4-3 所示，有

$$\begin{aligned}\mathrm{d}F=&\left(\left(\frac{\partial}{\partial x}\mu_1+\frac{\partial}{\partial y}\mu_2\right)+\frac{1}{2}\left(\frac{\partial}{\partial x}\sigma_1+\frac{\partial}{\partial y}\sigma_2\right)^2\right)F\mathrm{d}t\\&+\left(\frac{\partial}{\partial x}\sigma_1\mathrm{d}w_{1t}+\frac{\partial}{\partial y}\sigma_2\mathrm{d}w_{2t}\right)F\end{aligned}\tag{4-8}$$

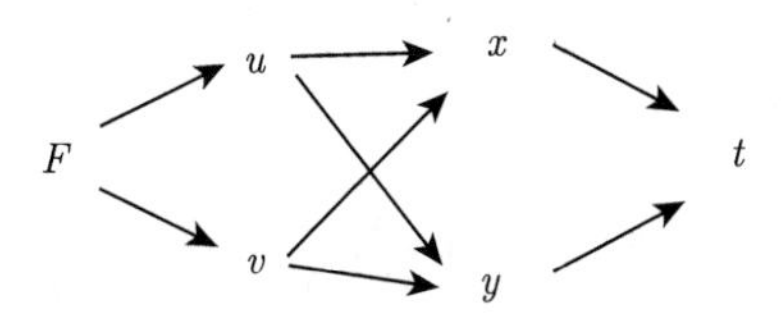

图 4-3 系统 $F(u(x,y),v(x,y))$ 与时间 t 的关系

$\dfrac{\partial F}{\partial x}$、$\dfrac{\partial F}{\partial y}$、$\dfrac{\partial^2 F}{\partial x^2}$、$\dfrac{\partial^2 F}{\partial y^2}$、$\dfrac{\partial^2 F}{\partial x\partial y}$ 根据“分线相加，连线相乘”原则可求，故如

图 4-3 所示系统中:

$$\frac{\partial F}{\partial x}=\frac{\partial F}{\partial u}\cdot\frac{\partial u}{\partial x}+\frac{\partial F}{\partial v}\cdot\frac{\partial v}{\partial x},\quad \frac{\partial F}{\partial y}=\frac{\partial F}{\partial u}\cdot\frac{\partial u}{\partial y}+\frac{\partial F}{\partial v}\cdot\frac{\partial v}{\partial y} \tag{4-9}$$

$$\begin{aligned}\frac{\partial^2 F}{\partial x^2}=&\frac{\partial}{\partial u}\left(\frac{\partial F}{\partial x}\right)\cdot\frac{\partial u}{\partial x}+\frac{\partial}{\partial v}\left(\frac{\partial F}{\partial x}\right)\cdot\frac{\partial v}{\partial x}\\ =&\frac{\partial^2 F}{\partial u^2}\cdot\left(\frac{\partial u}{\partial x}\right)^2+\frac{2\partial^2 F}{\partial u\partial y}\cdot\frac{\partial u}{\partial x}\cdot\frac{\partial v}{\partial x}+\frac{\partial^2 F}{\partial v^2}\cdot\left(\frac{\partial v}{\partial x}\right)^2\end{aligned} \tag{4-10}$$

$$\begin{aligned}\frac{\partial^2 F}{\partial y^2}=&\frac{\partial}{\partial u}\left(\frac{\partial F}{\partial y}\right)\cdot\frac{\partial u}{\partial y}+\frac{\partial}{\partial v}\left(\frac{\partial F}{\partial y}\right)\cdot\frac{\partial v}{\partial y}\\ =&\frac{\partial^2 F}{\partial u^2}\cdot\left(\frac{\partial u}{\partial y}\right)^2+\frac{2\partial^2 F}{\partial u\partial y}\cdot\frac{\partial u}{\partial y}\cdot\frac{\partial v}{\partial y}+\frac{\partial^2 F}{\partial v^2}\cdot\left(\frac{\partial v}{\partial y}\right)^2\end{aligned} \tag{4-11}$$

$$\begin{aligned}\frac{\partial^2 F}{\partial x\partial y}=&\frac{\partial}{\partial u}\left(\frac{\partial F}{\partial x}\right)\cdot\frac{\partial u}{\partial y}+\frac{\partial}{\partial v}\left(\frac{\partial F}{\partial x}\right)\cdot\frac{\partial v}{\partial y}\\ =&\frac{\partial^2 F}{\partial u^2}\cdot\frac{\partial u}{\partial x}\cdot\frac{\partial u}{\partial y}+\frac{\partial^2 F}{\partial u\partial y}\cdot\left(\frac{\partial u}{\partial x}\cdot\frac{\partial v}{\partial y}+\frac{\partial u}{\partial y}\cdot\frac{\partial v}{\partial x}\right)+\frac{\partial^2 F}{\partial v^2}\cdot\frac{\partial v}{\partial x}\cdot\frac{\partial v}{\partial y}\end{aligned} \tag{4-12}$$

将上述系统推广到多维情形下:

假定 F 是 n 维随机过程向量 $x_i(i=1,2,\cdots,n)$ 和时间 t 的函数，$x_i(i=1,2,\cdots,n)$ 遵循下列伊藤过程:

$$\mathrm{d}x_i(t)=\mu_i(x_t,t)\mathrm{d}t+\sigma_{ir}(x_t,t)\mathrm{d}w_{rt},\quad i=1,2,\cdots,n;r=1,2,\cdots,m \tag{4-13}$$

其瞬间漂移率为 μ_i，瞬间波动率为 σ_{ir}，σ_{ir} 是一个 $n\times m$ 矩阵。

$$\begin{bmatrix}\mathrm{d}x_1\\ \vdots\\ \mathrm{d}x_n\end{bmatrix}=\begin{bmatrix}\mu_1\\ \vdots\\ \mu_n\end{bmatrix}\mathrm{d}t+\begin{bmatrix}\sigma_{11}&\cdots&\sigma_{1m}\\ \vdots&&\vdots\\ \sigma_{n1}&\cdots&\sigma_{nm}\end{bmatrix}\begin{bmatrix}\mathrm{d}w_{1t}\\ \vdots\\ \mathrm{d}w_{mt}\end{bmatrix} \tag{4-14}$$

则 F 的泰勒级数展开得到

$$\begin{aligned}\mathrm{d}F=&\frac{\partial F}{\partial t}\mathrm{d}t+\sum_{i=1}^{n}\frac{\partial F}{\partial x_i}\mathrm{d}x_i+\frac{1}{2}\sum_{j=1}^{n}\sum_{k=1}^{n}\frac{\partial^2 F}{\partial x_j\partial x_k}\mathrm{d}x_j\mathrm{d}x_k\\ =&\frac{\partial F}{\partial t}\mathrm{d}t+\sum_{i=1}^{n}\frac{\partial F}{\partial x_i}\left(\mu_i\mathrm{d}t+\sigma_{ir}\mathrm{d}w_{rt}\right)\end{aligned}$$

$$+\frac{1}{2}\sum_{j=1}^{n}\sum_{k=1}^{n}\frac{\partial^2 F}{\partial x_j \partial x_k}\left(\mu_j \mathrm{d}t+\sigma_{jr}\mathrm{d}w_{rt}\right)\left(\mu_k \mathrm{d}t+\sigma_{kr}\mathrm{d}w_{rt}\right)$$

$$=\frac{\partial F}{\partial t}\mathrm{d}t+\sum_{i=1}^{n}\frac{\partial F}{\partial x_i}\mu_i \mathrm{d}t+\sum_{i=1}^{n}\frac{\partial F}{\partial x_i}\sigma_{ir}\mathrm{d}w_{rt}$$

$$+\frac{1}{2}\sum_{j=1}^{n}\sum_{k=1}^{n}\frac{\partial^2 F}{\partial x_j \partial x_k}\left(\sigma_{jr}\sigma_{kr}^{\mathrm{T}}\right)\mathrm{d}w_{rt}\mathrm{d}w_{rt}^{\mathrm{T}} \tag{4-15}$$

整理得到伊藤定理的一般形式：

$$\mathrm{d}F=\left[\frac{\partial F}{\partial t}+\sum_{i=1}^{n}\frac{\partial F}{\partial x_i}\mu_i+\frac{1}{2}\sum_{j=1}^{n}\sum_{k=1}^{n}\frac{\partial^2 F}{\partial x_j \partial x_k}(\sigma\sigma^{\mathrm{T}})_{jk}\right]\mathrm{d}t+\sum_{i=1}^{n}\frac{\partial F}{\partial x_i}\sigma_i \mathrm{d}w_{it} \tag{4-16}$$

它的漂移率是 $\frac{\partial F}{\partial t}+\sum_{i=1}^{n}\frac{\partial F}{\partial x_i}\mu_i+\frac{1}{2}\sum_{j=1}^{n}\sum_{k=1}^{n}\frac{\partial^2 F}{\partial x_j \partial x_k}(\sigma\sigma^{\mathrm{T}})_{jk}$，波动率是 $\sum_{i=1}^{n}\frac{\partial F}{\partial x_i}\sigma_i \mathrm{d}w_{it}$，但是对于函数 F 而言，此处漂移率和波动率分别是漂移函数和波动函数。

4.2 系统时变不确定性设计的状态输出函数和许用状态输出函数

对于一般的系统而言，系统实际性能指标 (或状态描述变量) 以及影响它们的各个变量都是一个随机过程，由实际性能指标的“值”与要求达到的“值”(或许用值) 的关系不等式决定的概率模型能够求解系统任何时间的不确定性 (某种条件下的概率或可靠度)。

为了给出系统时变不确定性分析的一般表达式，本书给出系统状态输出函数 (简称状态输出) 和系统许用状态输出函数 (简称许用状态输出) 的概念，其定义如下：

系统的状态输出 (performance output)$S(\boldsymbol{x},t)$：它是依赖时间 t 的一个多元函数，其中，$\boldsymbol{x}=[x_i(t)]^{\mathrm{T}}, i=1,2,\cdots,n$。为简便起见，这里以 $S(t)$ 表示 $S(\boldsymbol{x},t)$，为任何时刻系统 S 的状态表达。状态输出可以是像零件所受的应力等这种具有实际物理意义的可观测量 (其量纲为应力单位，如 MPa)，也可以是一个不直接观测的、抽象的、多个可观测的实际物理量的函数，如 $S=pv$，其中 p 为压力，v 为速度。

系统的许用状态输出 (allowable performance output)$[S](\boldsymbol{y},t)$：它也定义为依赖时间 t 的一个多元函数，其中，$\boldsymbol{y}=[y_i(t)]^{\mathrm{T}}, i=1,2,\cdots,m$。为简便起见，

这里以 $[S](t)$ 表示 $[S](\boldsymbol{y},t)$，为任何时刻系统 S 状态下所要求的函数表达。许用状态输出可以是像零件材料的许用应力等这种具有实际物理意义的材料力学性能指标 (其量纲为应力单位，如 MPa)，也可以是一个不易直接观测的、抽象的、多个可观测的实际物理量的函数，如 $[S]=[pv]$，其中 $[pv]$ 为压力 p 和速度 v 的乘积的许用值 (该值不同于分别给出的 $[p]$ 和 $[v]$ 的乘积 $[p][v]$)。

根据以上定义，不论是状态输出还是许用状态输出，都可以按 4.1 节中的数学模型表达。这样就为下面给出时变不确定性计算模型的一般表达形式建立了基础。

4.3 系统时变不确定性计算模型一般表达形式

系统时变不确定性设计，就是在给定或规定特定时间系统的安全 (或不安全) 程度下，决定系统初始的结构参数 (设计变量)。对于多层次系统，我们可以先根据系统可靠性分析理论进行分析，进而对系统的可靠度进行分配，然后对单一子系统利用时变不确定性模型进行设计。也可以根据实际系统的物理、力学原理建立的系统的状态输出和许用状态输出之间的关系，利用单一子系统时变不确定性模型进行设计。

这里给出如下定义：

系统时变不确定性：是指系统在规定的环境 (或使用) 条件下、规定的时间、系统性能或状态 (以状态输出表示) 在满足规定要求 (以状态输出与许用状态输出关系不等式表达) 的情况下，系统存在的风险性 (或安全性)。它可以用不确定度 (或不可靠度) 来描述，也可以用确定度 (或可靠度) 来描述。这里所说的系统不确定性设计，就是从时变不确定性角度出发，给出系统在可接受的风险或可靠性的条件下的设计解。

这里“规定的环境条件”包括系统与周围“边界”的关系。对于一般的系统而言，环境条件包括所设计的系统与其周围“边界”的关系。例如，系统是在陆地还是海上，系统所处的温度、湿度、环境是否对其产生影响，或者是否存在腐蚀性等。规定的时间是指要求的时间“点”或满足某一段时间间隔的时间“点”。将对系统所必须满足或要实现的功能要求称之为规定的功能，例如，城市交通系统要满足其城市居民出行、外来人员或车辆的需求等。

系统的状态可由系统基本的技术参数、性能参数或力学性能参数表达，也可以是其基本运动学、动力学方程所描述的变量。一般来说，可由系统的功能输出或附加输出来表达，这些都统称为系统的状态输出。

与传统的可靠性设计不同的是，其可靠性强调了时变性和不确定性。设计手段采用时变不确定性设计理论，状态输出和许用状态输出是作为伊藤过程加以描述的。

这里的系统可以是任意的系统，如城市公交系统、城市给排水系统、核电系统以及物流系统等，因此该时变不确定设计理论具有更广泛的适用性。

系统不确定性的量化表达可以是不确定度 (或不可靠度)，也可以是确定度 (或可靠度)。下面给出相应的定义：

不确定度：是指在规定的环境条件下、在规定的时间、系统不能满足规定功能要求的概率。

为了与传统可靠性计算的习惯表述一致，也主要以确定度或可靠度表达。确定度或可靠度的定义如下：

可靠度：是指在规定的环境条件下、在规定的时间、系统满足规定功能要求的概率。

满足规定的功能的数学表达就是满足状态输出与许用状态输出的关系不等式，其一般表达为

$$S(t) \leqslant [S](t) \tag{4-17}$$

若要求状态输出大于等于许用状态输出，则状态输出和许用状态输出均乘以负号，即

$$\begin{cases} S'(t) = -S(t) \\ [S'](t) = -[S](t) \end{cases} \tag{4-18}$$

其标准形式为

$$S'(t) \leqslant [S'](t) \tag{4-19}$$

因此，系统时变不确定性设计的可靠度可写成一般形式：

$$P\{S(t) \leqslant [S](t)\} \tag{4-20}$$

或当 $S(t)$ 均服从几何布朗运动，即

$$P\{S'(t) \leqslant [S'](t)\} \tag{4-21}$$

当 $S(t), [S](t), S'(t), [S'](t)$ 均大于零时式 (4-20) 和式 (4-21) 可转化成

$$P\{\ln S(t) \leqslant \ln [S](t)\} \tag{4-22}$$

或

$$P\{\ln S'(t) \leqslant \ln [S'](t)\} \tag{4-23}$$

然后根据式 (4-22) 或式 (4-23)，通过计算它们的漂移函数和波动函数，给出状态输出和许用状态输出的均值和方差，系统可靠度计算公式为

$$R(t)=\Phi\left(\frac{\widehat{\mu}_{\ln[S]}(t)-\widehat{\mu}_{\ln S}(t)}{\sqrt{\widehat{\sigma}_{\ln[S]}^{2}(t)+\widehat{\sigma}_{\ln S}^{2}(t)}}\right) \tag{4-24}$$

其不确定度 (或不可靠度) 为

$$F(t)=1-R(t) \tag{4-25}$$

4.4 广义系统时变不确定性参数的意义及其计算

4.4.1 意义

时变不确定性设计模型中，表达系统时变性的是漂移函数，表达系统不确定性的是波动函数。

对复杂系统的描述一般需要用复合函数，它是由多个简单函数复合而成的，这些简单函数即为系统的最底层函数，而描述最底层函数的变量即为系统的变量，这些变量的时变性和不确定性表达的参数则分别为漂移率和波动率。

漂移函数 (或漂移率) 反映了系统状态 (或变量值) 随时间变化的趋势，它描述了系统 (或变量) 是变化的，但在任何时刻它表达的系统状态 (或变量) 是确定的；波动函数 (或波动率) 反映了系统状态 (或变量) 的不确定变化的大小，它用来描述系统状态 (或变量) 任何时刻不确定的程度。

图 4-4 和图 4-5 表示了两种不同漂移率或波动率的情形：图 4-4 为相同漂移率不同波动率下 t 时刻变量 X 的值，图 4-5 为不同漂移率相同波动率下 t 时刻变量 X 的值。

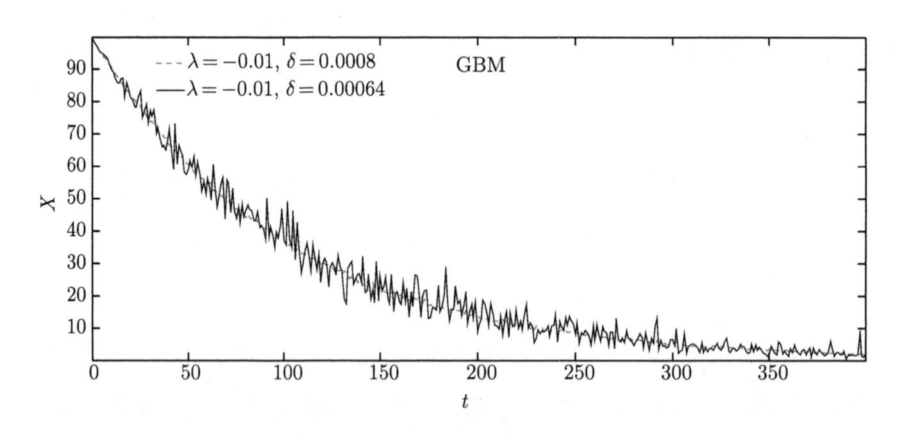

图 4-4 相同漂移率不同波动率下 t 时刻变量 X 的值

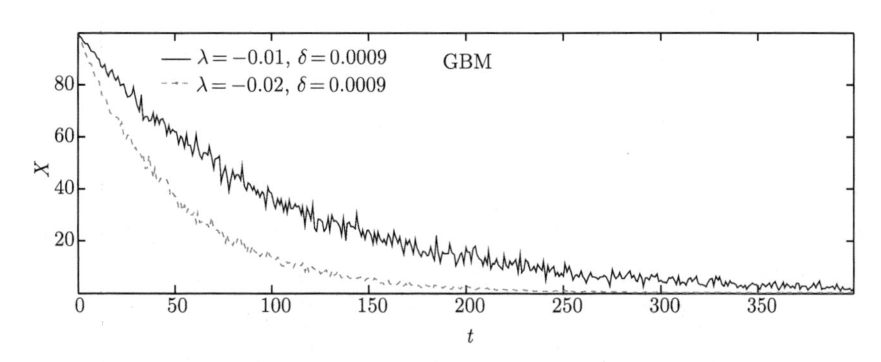

图 4-5 不同漂移率相同波动率下 t 时刻变量 X 的值

4.4.2 漂移函数和波动函数计算公式的相关推导

在对系统进行不确定性分析时，对象可以是一个比较简单的系统。系统函数符合几何布朗运动，时变不确定量服从维纳过程，它们的漂移率 λ 和波动率 δ 可以通过对历史数据分析获得。一个系统中包含的底层时变不确定量服从维纳过程，以 $x(t)$ 为例，其服从一个维纳过程，即

$$\mathrm{d}x(t) = \lambda x(t)\,\mathrm{d}t + \delta x(t)\,\mathrm{d}w_t \tag{4-26}$$

其中，λ 与 δ 均为定值，且从上式可知：$\mu(x(t),t) = \lambda x(t)$，$\sigma(x(t),t) = \delta x(t)$。则对于一个函数 $G(t) = \ln x(t)$，有

$$\frac{\partial G}{\partial x(t)} = \frac{1}{x(t)},\quad \frac{\partial G}{\partial t} = 0,\quad \frac{\partial^2 G}{\partial x^2(t)} = -\frac{1}{x^2(t)} \tag{4-27}$$

根据 2.4.2 节中的伊藤引理：

$$\begin{aligned}\mathrm{d}\ln x(t) &= \left(\frac{1}{x(t)}\cdot\lambda\cdot x(t) - \frac{1}{2}\frac{1}{x^2(t)}\cdot\delta^2 x^2(t)\right)\mathrm{d}t + \frac{1}{x(t)}\cdot\delta\cdot x(t)\,\mathrm{d}w_t \\ &= \left(\lambda - \frac{\delta^2}{2}\right)\mathrm{d}t + \delta\mathrm{d}w_t\end{aligned} \tag{4-28}$$

即 $\ln x(t)$ 也服从一个维纳过程，其漂移率为 $\lambda - \dfrac{\delta^2}{2}$，波动率为 δ。因此，t 时刻 $\ln x(t)$ 服从均值为 $\ln x(0) + \left(\lambda - \dfrac{\delta^2}{2}\right)t$、方差为 $\delta^2 t$ 的正态分布。

对数正态分布 X 的均值 $E(X)$、方差 $\mathrm{var}(X)$ 和正态分布 $\ln X$ 的均值 $\widehat{\mu}_{\ln X}$、

方差 $\widehat{\sigma}^2_{\ln X}$ 满足关系式：

$$\begin{cases} E\left(X\right)=\mathrm{e}^{\widehat{\mu}_{\ln X}+\widehat{\sigma}_{\ln X/2}} \\ \mathrm{var}\left(X\right)=\left(\mathrm{e}^{\widehat{\sigma}^2_{\ln X}}-1\right)\mathrm{e}^{2\widehat{\mu}_{\ln X}+\widehat{\sigma}^2_{\ln X}} \end{cases} \tag{4-29}$$

研究对象也可以是一个多层次的系统，如图 4-6 所示，系统 S 有 m 个不同的子系统 S_m，同一层次的不同子系统 S_{21} 至 S_{2n} 之间又存在差异，系统最终的输出是各个子系统相互作用的结果，当系统的输入值改变后，它将通过各个中间过程的状态改变，进而影响系统的输出值 S。将系统的最底层函数 S_{mn} 整理成伊藤定理的一般形式，求得漂移率 μ_{mn} 和波动率 σ_{mn}，根据 4.1 节建立的数学模型，求得系统 S 的漂移函数 μ 和波动函数 σ。

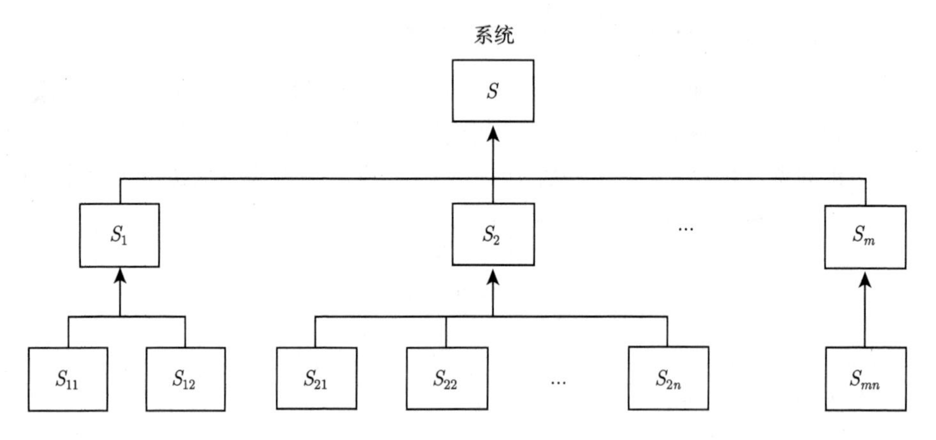

图 4-6　多层次系统分解

对于时变参数 $x\left(t\right)$，其均值和方差分别为

$$\begin{cases} E\left(x(t)\right)=x(0)\cdot\mathrm{e}^{\lambda t} \\ \mathrm{var}\left(x(t)\right)=\left(x(0)\cdot\mathrm{e}^{\lambda t}\right)^2\left(\mathrm{e}^{\delta^2 t}-1\right) \end{cases} \tag{4-30}$$

又系统函数 $S(t)$ 的均值 $E\left(S(t)\right)$ 和方差 $\mathrm{var}(S(t))$ 的求解公式为

$$\begin{cases} E\left(S(t)\right)=S\left(0\right)+\displaystyle\int_0^t\mu_S\left(S\right)\mathrm{d}S \\ \mathrm{var}\left(S(t)\right)=\left(\displaystyle\int_0^t\sigma_S\left(S\right)\mathrm{d}w_S\right)^2 \end{cases} \tag{4-31}$$

系统漂移函数 $\mu_S\left(t\right)$ 和波动函数 $\sigma_S\left(t\right)$ 最终均可表示为变量 $x(t)$ 的函数，故函数 $S(t)$ 的均值和方差是可求的。利用求得的函数 $S(t)$ 的均值和方差，可求 $\ln S(t)$ 的

均值和方差，求解公式为

$$\begin{cases} \widehat{\mu}_{\ln S}(t) = \ln\left(E\left(S(t)\right)\right) - \dfrac{1}{2}\ln\left(1 + \dfrac{\operatorname{var}\left(S(t)\right)}{\left(E\left(S(t)\right)\right)^2}\right) \\ \widehat{\sigma}^2_{\ln S}(t) = \ln\left(1 + \dfrac{\operatorname{var}\left(S(t)\right)}{\left(E\left(S(t)\right)\right)^2}\right) \end{cases} \tag{4-32}$$

$\ln S(t)$ 服从均值为 $\widehat{\mu}_{\ln S}(t)$、方差为 $\widehat{\sigma}^2_{\ln S}(t)$ 的正态分布。

4.4.3 漂移率和波动率的几点说明

对于漂移率估计值 $\widehat{\lambda}$ 和波动率估计值 $\widehat{\delta}$，可以利用一个时间序列数据求得。具体步骤可参考 3.2.2 节中漂移率和波动率的计算方法。假如拥有多组历史数据，则可以对各组数据分别求出漂移率估计值 $\widehat{\lambda}$ 和波动率估计值 $\widehat{\delta}$，然后对这些估计值取平均，即可作为该时变参数的漂移率和波动率。显然同一个参数的数据组数越多，求得的漂移率和波动率越趋近于工程实际，误差也就越小。

实际工程中，当估计漂移率和波动率时，数据不一定要求是全寿命过程的数据。可以根据已有时间段内的数据，计算求得这一段时间的漂移率和波动率，进而作为全寿命周期的漂移率和波动率抑或作为今后一段较长时间段的漂移率和波动率。这样不仅缩短了试验所需的时间而且降低了试验成本。同时，有了新的时间序列数据还可以在现有基础上重新修正漂移率和波动率，即进行动态的修正。

4.5 广义系统安全裕度

裕度是指留有一定余地的程度。系统的安全裕度 (margin of safety) 等于系统的许用状态输出 $[S](t)$ 和状态输出 $S(t)$ 的比值减去 1 后的值，用以表征系统安全性的富余程度。

一般来说，系统的许用状态输出 $[S](t)$ 和状态输出 $S(t)$ 均是随机变量，故系统的安全裕度 $A(t)$ 也是一个随机变量。

$$A(t) = \frac{[S](t)}{S(t)} - 1$$

考虑许用状态输出 $[S](t)$ 和状态输出 $S(t)$ 的分散性，取平均安全裕度，定义为许用状态输出的均值和状态输出的均值的比值减去 1 后的值，即

$$\overline{A}(t) = \frac{E\left([S](t)\right)}{E\left(S(t)\right)} - 1 \tag{4-33}$$

根据式 (3-57) 和式 (3-38)，易得到

$$\begin{cases} E\left(S\left(t\right)\right) = S\left(0\right)\cdot\exp\left(\lambda_S t\right) \\ E\left(\left[S\right]\left(t\right)\right) = \left[S\right]\left(0\right)\cdot\exp\left(\lambda_{[S]} t\right) \end{cases}$$

许用状态输出 $[S](t)$ 和状态输出 $S(t)$ 的初值均为定值。

将上述结果代入式 (4-33) 得

$$\overline{A}\left(t\right) = \frac{\left[S\right]\left(0\right)}{S\left(0\right)}\cdot \mathrm{e}^{\left(\lambda_{[S]}-\lambda_S\right)t} - 1 \tag{4-34}$$

4.6　系统时变可靠度的单调性问题

(1) 假设系统状态函数为 $S(t)$，系统许用状态函数为 $[S](t)$。

(2) 假设 S 与 $[S]$ 服从对数正态分布。

基于时变不确定性分析模型，系统可靠度 $R(t)$ 与时间 t 满足关系式：

$$R\left(t\right) = \varPhi\left(\frac{\widehat{\mu}_{\ln[S]}\left(t\right) - \widehat{\mu}_{\ln S}\left(t\right)}{\sqrt{\widehat{\sigma}^2_{\ln[S]}\left(t\right) + \widehat{\sigma}^2_{\ln S}\left(t\right)}}\right) \quad 或 \quad R\left(t\right) = \varPhi\left(\frac{\widehat{\mu}_{\ln S}\left(t\right) - \widehat{\mu}_{\ln[S]}\left(t\right)}{\sqrt{\widehat{\sigma}^2_{\ln S}\left(t\right) + \widehat{\sigma}^2_{\ln[S]}\left(t\right)}}\right) \tag{4-35}$$

当系统要求状态函数小于许用状态函数时，使用前一个式子计算；当系统要求状态函数大于许用状态函数时，使用后一个式子计算。

(3) 假设 $S(t)$ 和 $[S](t)$ 服从特殊伊藤过程：

$$\begin{cases} \mathrm{d}S\left(t\right) = \lambda_S\cdot S\left(t\right)\mathrm{d}t + \delta_S\cdot S\left(t\right)\mathrm{d}w_t \\ \mathrm{d}\left[S\right]\left(t\right) = \lambda_{[S]}\cdot\left[S\right]\left(t\right)\mathrm{d}t + \delta_{[S]}\cdot\left[S\right]\left(t\right)\mathrm{d}w_t \end{cases}$$

(4) 假设零时刻 S 与 $[S]$ 为定值 (即初始方差为 0)。

根据伊藤引理：

$$\begin{cases} \mathrm{d}\ln S\left(t\right) = \left(\lambda_S - \dfrac{\delta_S^2}{2}\right)\mathrm{d}t + \delta_S \mathrm{d}w_t \\ \mathrm{d}\ln\left[S\right]\left(t\right) = \left(\lambda_{[S]} - \dfrac{\delta_{[S]}^2}{2}\right)\mathrm{d}t + \delta_{[S]}\mathrm{d}w_t \end{cases}$$

即 $\ln S\left(t\right)$ 服从漂移率为 $\lambda_S - \dfrac{\delta_S^2}{2}$、波动率为 δ_S 的维纳过程；$\ln\left[S\right]\left(t\right)$ 服从其漂移率为 $\lambda_{[S]} - \dfrac{\delta_{[S]}^2}{2}$、波动率为 $\delta_{[S]}$ 的维纳过程。

因此，$\ln S(t)$ 服从均值为 $\ln S(0)+\left(\lambda_S-\dfrac{\delta_S^2}{2}\right)t$、方差为 $\delta_S^2 t$ 的正态分布；$\ln[S](t)$ 服从均值为 $\ln[S](0)+\left(\lambda_{[S]}-\dfrac{\delta_{[S]}^2}{2}\right)t$、方差为 $\delta_{[S]}^2 t$ 的正态分布。

(5) 当系统状态函数小于许用状态函数时系统可靠。

将假设 (4) 结果代入式 (4-35) 得

$$
\begin{aligned}
R(t)=&\varPhi\left(\frac{\left(\ln[S](0)+\left(\lambda_{[S]}-\dfrac{\delta_{[S]}^2}{2}\right)t\right)-\left(\ln S(0)+\left(\lambda_S-\dfrac{\delta_S^2}{2}\right)t\right)}{\sqrt{\left(\delta_{[S]}^2+\delta_S^2\right)t}}\right)\\
=&\varPhi\left(\frac{\ln[S](0)-\ln S(0)+\left(\lambda_{[S]}-\lambda_S+\dfrac{\delta_S^2}{2}-\dfrac{\delta_{[S]}^2}{2}\right)t}{\sqrt{\left(\delta_{[S]}^2+\delta_S^2\right)t}}\right)
\end{aligned}
$$

$R=\varPhi(x)$ 在 $(-\infty,+\infty)$ 上单调递增，因此时变可靠度函数 $R(t)$ 是否单调取决于等号右侧括号内的函数，即取决于：

$$
F(t)=\frac{\ln[S](0)-\ln S(0)+\left(\lambda_{[S]}-\lambda_S+\dfrac{\delta_S^2}{2}-\dfrac{\delta_{[S]}^2}{2}\right)t}{\sqrt{\left(\delta_{[S]}^2+\delta_S^2\right)t}}
$$

令 $A=\ln S(0)-\ln[S](0)$，$B=\lambda_{[S]}-\lambda_S+\dfrac{\delta_S^2}{2}-\dfrac{\delta_{[S]}^2}{2}$，$C=\sqrt{\delta_{[S]}^2+\delta_S^2}$，则

$$
F(t)=\frac{Bt-A}{C\sqrt{t}}
$$

对上式两边进行求导得

$$
F'(t)=\frac{Bt+A}{2C\cdot t\sqrt{t}}
$$

该模型适用于机械系统，根据工程实际与假设，$t>0$，$C=\sqrt{\delta_{[S]}^2+\delta_S^2}>0$，因此，$F'(t)$ 的正负性取决于 $Bt+A$。

当系统状态函数小于许用状态函数时系统可靠，要使模型具有工程意义，需满足：$A=\ln S(0)-\ln[S](0)<0$。要保证数据不失真，需满足 $\delta^2\ll\lambda$，则 $B\approx\lambda_{[S]}-\lambda_S$。

(a) 当 $\lambda_{[S]}>\lambda_S$ 时，$[S](t)$ 的增长速度大于 $S(t)$ 的增长速度，或 $[S](t)$ 的减小

速度小于 $S(t)$ 的减小速度，或 $[S](t)$ 增长且 $S(t)$ 减小。当 $0 < t < \dfrac{-A}{B}$ 时，可靠度函数 $R(t)$ 单调递减；当 $t > \dfrac{-A}{B}$ 时，可靠度函数 $R(t)$ 单调递增。可靠度函数如图 4-7 所示。

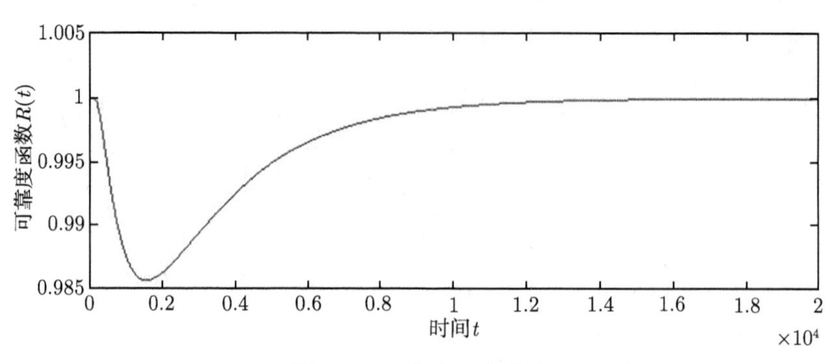

图 4-7 可靠度函数曲线

在实际工程中，不存在这种情形。

(b) 当 $\lambda_{[S]} \leqslant \lambda_S$ 时，$[S](t)$ 的增长速度小于 $S(t)$ 的增长速度，或 $[S](t)$ 的减小速度大于 $S(t)$ 的减小速度，或 $[S](t)$ 减小且 $S(t)$ 增大。由于 $B \approx \lambda_{[S]} - \lambda_S \leqslant 0$ 且 $A < 0$，故 $Bt + A < 0$，$F'(t) < 0$。当 $t > 0$ 时，可靠度函数 $R(t)$ 单调递减。可靠度函数如图 4-8 所示。

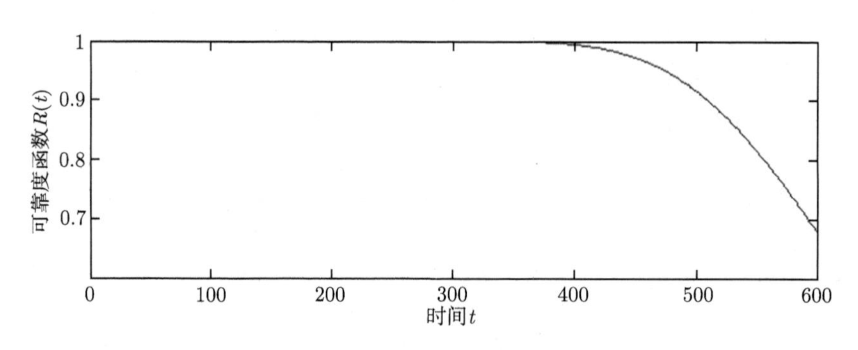

图 4-8 可靠度函数曲线

(6) 当系统状态函数大于许用状态函数时系统可靠。

$$R(t) = \Phi\left(\frac{\left(\ln S(0) + \left(\lambda_S - \dfrac{\delta_S^2}{2}\right)t\right) - \left(\ln [S](0) + \left(\lambda_{[S]} - \dfrac{\delta_{[S]}^2}{2}\right)t\right)}{\sqrt{\left(\delta_S^2 + \delta_{[S]}^2\right)t}}\right)$$

$$=\Phi\left(\frac{\ln S(0)-\ln[S](0)+\left(\lambda_S-\lambda_{[S]}+\dfrac{\delta_{[S]}^2}{2}-\dfrac{\delta_S^2}{2}\right)t}{\sqrt{\left(\delta_S^2+\delta_{[S]}^2\right)t}}\right)$$

$R=\Phi(x)$ 在 $(-\infty,+\infty)$ 上单调递增，因此时变可靠度函数 $R(t)$ 是否单调取决于等号右侧括号内的函数，即取决于：

$$F(t)=\frac{\ln S(0)-\ln[S](0)+\left(\lambda_S-\lambda_{[S]}+\dfrac{\delta_{[S]}^2}{2}-\dfrac{\delta_S^2}{2}\right)t}{\sqrt{\left(\delta_S^2+\delta_{[S]}^2\right)t}}$$

令 $A=\ln[S](0)-\ln S(0)$，$B=\lambda_S-\lambda_{[S]}+\dfrac{\delta_{[S]}^2}{2}-\dfrac{\delta_S^2}{2}$，$C=\sqrt{\delta_S^2+\delta_{[S]}^2}$，则

$$F(t)=\frac{Bt-A}{C\sqrt{t}}$$

上式两边求导得

$$F'(t)=\frac{Bt+A}{2C\cdot t\sqrt{t}}$$

该模型适用于机械系统，根据工程实际与假设，$t>0$，$C=\sqrt{\delta_{[S]}^2+\delta_S^2}>0$，因此，$F'(t)$ 的正负性取决于 $Bt+A$。

当系统状态函数大于许用状态函数时系统可靠，要使模型具有工程意义，需满足：$A=\ln[S](0)-\ln S(0)<0$。要保证数据不失真，需满足 $\delta^2\ll\lambda$，则 $B\approx\lambda_S-\lambda_{[S]}$。

(a) 当 $\lambda_S>\lambda_{[S]}$ 时，$S(t)$ 的增长速度大于 $[S](t)$ 的增长速度，或 $S(t)$ 的减小速度小于 $[S](t)$ 的减小速度，或 $S(t)$ 增长且 $[S](t)$ 减小。当 $0<t<\dfrac{-A}{B}$ 时，可靠度函数 $R(t)$ 单调递减；当 $t>\dfrac{-A}{B}$ 时，可靠度函数 $R(t)$ 单调递增。在实际工程中，不存在这种实例。

(b) 当 $\lambda_S\leqslant\lambda_{[S]}$ 时，$S(t)$ 的增长速度小于 $[S](t)$ 的增长速度，或 $S(t)$ 的减小速度大于 $[S](t)$ 的减小速度，或 $S(t)$ 减小且 $[S](t)$ 增大。由于 $B\approx\lambda_S-\lambda_{[S]}\leqslant 0$ 且 $A<0$，故 $Bt+A<0$，$F'(t)<0$。当 $t>0$ 时，可靠度函数 $R(t)$ 单调递减。

(7) 以上假设基于 $S(t)$ 和 $[S](t)$ 服从特殊伊藤过程，对于复杂机械系统，基于时变不确定性分析模型，将其状态函数 $S(t)$ 和许用状态函数 $[S](t)$ 转化为服从特殊伊藤过程，求出系统状态函数 $S(t)$ 和许用状态函数 $[S](t)$ 的漂移率和波动率的近似值。

4.7 设计算例

已知系统 S 的状态输出 $S = x_1 \cdot x_2$，x_1、x_2 是系统变量，并且 x_1、x_2 服从几何布朗运动。在零时刻许用状态输出的值为 $[S](0)=35$，许用状态输出 $[S]$ 的漂移率为 $\lambda_{[S]} = -0.001$，波动率为 $\delta_{[S]} = 0.005$。x_1 与 x_2 的漂移率和波动率分别为

x_1：漂移率 $\lambda_1 = 0.002$，波动率 $\delta_1 = 0.01$。

x_2：漂移率 $\lambda_2 = 0.002$，波动率 $\delta_2 = 0.01$。

设计该系统，要求 S 在 $t=100$ 时可靠度 $R(100) \geqslant 65\%$。

解　该设计要求 S 在 $t=100$ 时可靠度 $R(100) \geqslant 65\%$。即求：满足可靠度要求 $R(100) \geqslant 65\%$ 的 $x_1(0)$ 和 $x_2(0)$。

因为 x_1、x_2 服从几何布朗运动，所以

$$\mathrm{d}x_1 = \lambda_1 x_1(t)\,\mathrm{d}t + \delta_1 x_1(t)\,\mathrm{d}w_{1t}$$

$$\mathrm{d}x_2 = \lambda_2 x_2(t)\,\mathrm{d}t + \delta_2 x_2(t)\,\mathrm{d}w_{2t}$$

又

$$\frac{\partial \ln S}{\partial x_1} = \frac{1}{x_1}, \quad \frac{\partial \ln S}{\partial x_2} = \frac{1}{x_2},$$

$$\frac{\partial^2 \ln S}{\partial x_1^2} = -\frac{1}{x_1^2}, \quad \frac{\partial^2 \ln S}{\partial x_2^2} = -\frac{1}{x_2^2}, \quad \frac{\partial^2 \ln S}{\partial x_1 \partial x_2} = 0$$

根据公式 (4-7) 得

$$\begin{aligned}\mathrm{d}\ln S &= \left[\frac{\partial \ln S}{\partial x_1} x_1 \cdot \lambda_1 + \frac{\partial \ln S}{\partial x_2} x_2 \cdot \lambda_2 + \frac{1}{2}\left(\frac{\partial^2 \ln S}{\partial x_1^2} x_1^2 \cdot \delta_1^2 + \frac{\partial^2 \ln S}{\partial x_2^2} x_2^2 \cdot \delta_2^2\right)\right]\mathrm{d}t \\ &\quad + \frac{\partial \ln S}{\partial x_1} x_1 \cdot \delta_1 \mathrm{d}w_{1t} + \frac{\partial \ln S}{\partial x_2} x_2 \cdot \delta_2 \mathrm{d}w_{2t} \\ &= \left[\lambda_1 + \lambda_2 - \frac{1}{2}\left(\delta_1^2 + \delta_2^2\right)\right]\mathrm{d}t + \delta_1 \mathrm{d}w_{1t} + \delta_2 \mathrm{d}w_{2t}\end{aligned}$$

则 t 时刻 $\ln S(t)$ 服从均值为 $\ln S(0) + \left[\lambda_1 + \lambda_2 - \frac{1}{2}\left(\delta_1^2 + \delta_2^2\right)\right] t$、方差为 $\left(\delta_1^2 + \delta_2^2\right) t$ 的正态分布。

对于许用状态输出 $[S]$，满足：

$$\mathrm{d}\ln[S] = \left(\lambda_{[S]} - \frac{\delta_{[S]}^2}{2}\right)\mathrm{d}t + \delta_{[S]}^2 \mathrm{d}w_t$$

则 t 时刻 $\ln[S]$ 服从均值为 $\ln[S](0) + \left(\lambda_{[S]} - \frac{\delta_{[S]}^2}{2}\right) t$、方差为 $\delta_{[S]}^2 t$ 的正态分布。

根据公式 (4-22) 可以得到

$$
\begin{aligned}
R(t) =& P\left\{\ln[S](t)-\ln S(t)\geqslant 0\right\}\\
=&\Phi\left(\frac{\left[\ln[S](0)+\left(\lambda_{[S]}-\dfrac{\delta_{[S]}^2}{2}\right)t\right]-\left[\ln S(0)+\left(\lambda_1+\lambda_2-\dfrac{1}{2}\left(\delta_1^2+\delta_2^2\right)\right)t\right]}{\sqrt{\left(\delta_{[S]}^2+\left(\delta_1^2+\delta_2^2\right)\right)t}}\right)
\end{aligned}
$$

所以当 $t=100$ 时，代入已知条件有

$$R(100)=\Phi(0.39)\approx 0.65173\geqslant 65\%$$

解得

$$S(0)\leqslant 20.1983$$

系统初始安全裕度为

$$A(0)=\frac{[S](0)}{S(0)}-1=\frac{35}{20.1983}-1=0.732$$

$t=100$ 时，系统安全裕度为

$$A(100)=\frac{[S](100)}{S(100)}-1=\frac{31.6693}{20.1983}-1=0.567$$

$x_1(0)$ 和 $x_2(0)$ 的解组合有多种。可分别取 4 和 5；或按任意比例分配。图 4-9 为 x_1 和 x_2 随时间 t 的变化曲线。

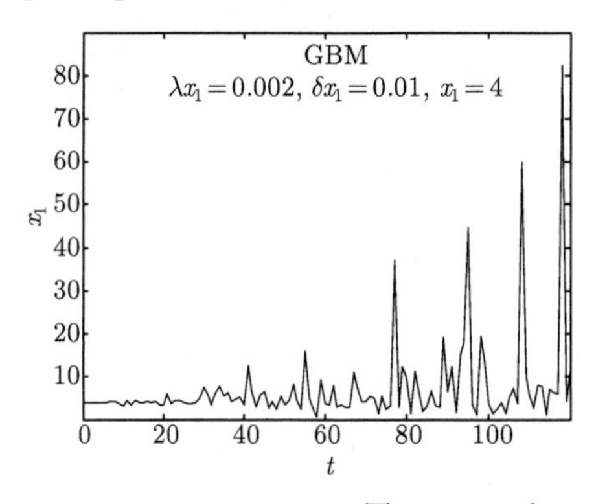

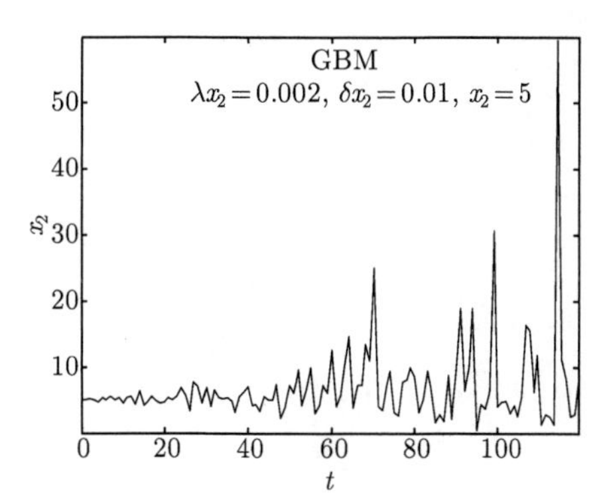

图 4-9　x_1 和 x_2 随时间 t 的变化曲线

本算例以系统 S 为例，在已知许用状态输出 $[S]$ 的漂移率 $\lambda_{[S]}$ 和波动率 $\delta_{[S]}$ 以及零时刻许用状态输出的值为 $[S](0)$ 的情况下，经实验测得 x_1 与 x_2 的漂移率 λ 和波动率 δ。根据时变不确定性设计理论得到满足时间 t=100 时要求的可靠度的

初始值 $S(0)$。对于复杂的多层次系统，利用 4.1 节时变不确定性设计的数学模型，求得系统时变不确定性设计的状态输出函数和许用状态输出函数，进而应用基于演化的不确定思想求得系统的可靠度。

4.8 小　结

基于系统随时间演化的不确定性思想，提出了系统时变不确定性设计中的状态输出和许用状态输出概念；给出了系统时变不确定性设计模型的一般表达形式；应用漂移函数和波动函数描述了系统输出随时间的漂移和波动。系统漂移函数和波动函数仅由多个底层随机过程的两个重要参数——漂移率和波动率来表达，最后对系统状态输出和许用状态输出任意时刻的均值和方差进行估计。同时也给出了基于时变不确定性理论的系统安全裕度的分析方法。对系统时变可靠度也进行了单调性讨论。由于本章的时变不确定性设计方法并不是针对特定系统而建立的，所以该方法具有较好的普适性，可应用于其他领域的时变不确定性设计中。

第 5 章　圆柱螺旋弹簧时变不确定性设计

5.1　概　　述

在传统的弹簧设计计算方法中，设计者认为弹簧应力满足弹簧材料许用应力，不同用途的弹簧还需要其满足疲劳强度要求，稳定性要求，并且避开其共振频率要求等。该方法认为其许用应力、疲劳强度、稳定性、自振频率等参数均不随时间变化。将时变不确定性理论引入弹簧设计后，设计者需利用时变函数模型，对一定时间之后的弹簧各参数进行计算，并利用第 3 章的应力–强度干涉模型求得可靠度。

弹簧种类繁多，选择和评定各类弹簧的重要依据是弹簧的特性曲线。载荷 F,T 与其变形 λ,φ 之间关系的曲线，称为弹簧特性曲线。常见的弹簧特性曲线有四种：直线型、渐增型、渐减型和混合型。普通圆柱压缩和拉伸螺旋弹簧应用最广，本章给出其时变不确定性设计方法。

弹簧端部结构设计方法无需用时变可靠度模型，设计方法根据 GB/T23935-2009。

弹簧失效的形式有下列几种。

(1) 塑性变形：外部载荷产生的应力大于材料的屈服强度。外部载荷撤掉后，弹簧不能恢复到原尺寸和形状。

(2) 快速脆性断裂：某些弹簧存在材料缺陷、加工缺陷、热处理缺陷等，当受到过大的冲击载荷时，可能发生脆性断裂。

(3) 疲劳断裂：在交变应力作用下，弹簧表面缺陷处会产生疲劳断裂 [63,64]。

5.2　圆柱螺旋弹簧时变不确定性计算模型

圆柱螺旋弹簧时变不确定性设计需要的计算模型有：①强度：防止其发生塑性变形；②一阶自振频率：防止其发生断裂。

5.2.1　切应力

$$\tau=\left(\frac{4D_2-d}{4D_2-4d}+\frac{0.615d}{D_2}\right)\frac{8FD_2}{\pi d^3} \tag{5-1}$$

其中，F——轴向载荷，N；

D_2——弹簧中径，mm；

d——簧丝直径，mm。

轴向载荷 F 有多种形式，其常见形式有：①静载荷；②稳定循环变载荷；③规律性不稳定变载荷；④随机变载荷。除静载荷外，其他形式的载荷的期望不为常数，即不服从维纳过程。在对称循环变应力作用下 F 的值可能为负值，即 $\ln F$ 无意义；又因为弹簧材料的许用应力是根据材料疲劳曲线和极限应力曲线图计算的，载荷 F 的符号实际意义是载荷 F 的方向，所以计算时只需知道载荷 F 的大小 $|F|$，观测值的无效点 $(F=0)$ 可忽略。为简化计算，认为 $\ln|F|$ 服从维纳过程 (实际上 $\ln|F|$ 漂移率不为定值，且在各时刻方差变化很小)。这样在对 $\ln|F|$ 进行期望和方差估计时，无需对各时刻的样本数据进行同分布化处理，即 $\ln|F|$ 在各时刻独立同分布。期望的估计值为 $\overline{\ln|F|}=\dfrac{1}{n}\sum\limits_{i=0}^{n}\ln|F_i|$，方差的估计值为 $S^2(\ln|F|)=\dfrac{1}{n-1}\left(\ln|F|-\overline{\ln|F_i|}\right)^2$。设计时只需要计算 T 时刻系统的可靠度，由于 $\ln|F|$ 独立同分布，所以 $\ln|F|$ 的波动率为 $\delta=\sqrt{\dfrac{S^2(\ln|F|)}{T}}$。

式 (5-1) 中，F, D_2, d 均视为服从几何布朗运动的随机变量，即

$$
\begin{cases}
\mathrm{d}F(t)=\lambda_F F(t)\,\mathrm{d}t+\delta_F F(t)\,\mathrm{d}w_{1t}\\
\mathrm{d}D_2(t)=\lambda_{D_2} D_2(t)\,\mathrm{d}t+\delta_{D_2} D_2(t)\,\mathrm{d}w_{2t}\\
\mathrm{d}d(t)=\lambda_d d(t)\,\mathrm{d}t+\delta_d d(t)\,\mathrm{d}w_{3t}
\end{cases}
$$

$$
\begin{cases}
\mu_F=\lambda_F\cdot F(t),\sigma_F=\delta_F\cdot F(t)\\
\mu_{D_2}=\lambda_{D_2}\cdot D_2(t),\sigma_{D_2}=\delta_{D_2}\cdot D_2(t)\\
\mu_d=\lambda_d\cdot d(t),\sigma_d=\delta_d\cdot d(t)
\end{cases}
$$

对切应力 τ 取对数：

$$
\ln\tau=\ln\left(4D_2^2+1.46D_2d-2.46d^2\right)-\ln(D_2-d)+\ln F-3\ln d+\ln\frac{2}{\pi}
$$

$$
\frac{\partial\ln\tau}{\partial F}=\frac{1}{F},\quad \frac{\partial\ln\tau}{\partial D_2}=\frac{8D_2+1.46d}{4D_2^2+1.46D_2d-2.46d^2}-\frac{1}{D_2-d}
$$

$$
\frac{\partial\ln\tau}{\partial d}=\frac{1.46D_2-4.92d}{4D_2^2+1.46D_2d-2.46d^2}+\frac{1}{D_2-d}-\frac{3}{d}
$$

$$
\frac{\partial^2\ln\tau}{\partial F^2}=-\frac{1}{F^2},\quad \frac{\partial^2\ln\tau}{\partial D_2^2}=\frac{-11.68D_2d-21.8116d^2-32D_2^2}{\left(4D_2^2+1.46D_2d-2.46d^2\right)^2}+\frac{1}{(D_2-d)^2}
$$

$$
\frac{\partial^2\ln\tau}{\partial d^2}=\frac{21.8116D_2^2+7.1832D_2d-12.1032d^2}{\left(4D_2^2+1.46D_2d-2.46d^2\right)^2}+\frac{1}{(D_2-d)^2}+\frac{3}{d^2}
$$

$$\frac{\partial^2 \ln \tau}{\partial F \partial D_2} = 0, \quad \frac{\partial^2 \ln \tau}{\partial F \partial d} = 0$$

$$\frac{\partial^2 \ln \tau}{\partial D_2 \partial d} = \frac{-5.84D_2^2 + 39.36D_2 d + 3.5916d^2}{\left(4D_2^2 + 1.46D_2 d - 2.46d^2\right)^2} - \frac{1}{\left(D_2 - d\right)^2}$$

$$\begin{aligned}
\mathrm{d}\ln\tau =& \left(\left(\frac{\partial}{\partial F}\mu_F + \frac{\partial}{\partial D_2}\mu_{D_2} + \frac{\partial}{\partial d}\mu_d\right) + \frac{1}{2}\left(\frac{\partial}{\partial F}\sigma_F + \frac{\partial}{\partial D_2}\sigma_{D_2} + \frac{\partial}{\partial d}\sigma_d\right)^2\right)\ln\tau \mathrm{d}t \\
&+ \left(\frac{\partial}{\partial F}\sigma_F \mathrm{d}w_{1t} + \frac{\partial}{\partial D_2}\sigma_{D_2}\mathrm{d}w_{2t} + \frac{\partial}{\partial d}\sigma_d \mathrm{d}w_{3t}\right)\ln\tau \\
=& \left(\left(\frac{1}{F}\mu_F + \left(\frac{8D_2 + 1.46d}{4D_2^2 + 1.46D_2 d - 2.46d^2} - \frac{1}{D_2 - d}\right)\mu_{D_2}\right.\right. \\
&\left. + \left(\frac{1.46D_2 - 4.92d}{4D_2^2 + 1.46D_2 d - 2.46d^2} + \frac{1}{D_2 - d} - \frac{3}{d}\right)\mu_d\right) \\
&+ \frac{1}{2}\left(-\frac{1}{F^2}\sigma_F^2 + \left(\frac{-11.68D_2 d - 21.8116d^2 - 32D_2^2}{\left(4D_2^2 + 1.46D_2 d - 2.46d^2\right)^2} + \frac{1}{\left(D_2 - d\right)^2}\right)\sigma_{D_2}^2\right. \\
&+ \left(\frac{21.8116D_2^2 + 7.1832D_2 d - 12.1032d^2}{\left(4D_2^2 + 1.46D_2 d - 2.46d^2\right)^2} + \frac{1}{\left(D_2 - d\right)^2} + \frac{3}{d^2}\right)\sigma_d^2 \\
&\left.\left. + \left(\frac{-5.84D_2^2 + 39.36D_2 d + 3.5916d^2}{\left(4D_2^2 + 1.46D_2 d - 2.46d^2\right)^2} - \frac{1}{\left(D_2 - d\right)^2}\right)\sigma_{D_2}\sigma_d\right)\right)\mathrm{d}t \\
&+ \left(\frac{1}{F}\sigma_F \mathrm{d}w_{1t} + \left(\frac{8D_2 + 1.46d}{4D_2^2 + 1.46D_2 d - 2.46d^2} - \frac{1}{D_2 - d}\right)\sigma_{D_2}\,\mathrm{d}w_{2t}\right. \\
&\left. + \left(\frac{1.46D_2 - 4.92d}{4D_2^2 + 1.46D_2 d - 2.46d^2} + \frac{1}{D_2 - d} - \frac{3}{d}\right)\sigma_d \mathrm{d}w_{3t}\right)
\end{aligned}$$

$\ln\tau$ 的均值和方差分别为

$$\begin{aligned}
\widehat{\mu}_{\ln\tau}(t) =& \ln\tau(0) + \int_0^t \left(\left(\lambda_F + \left(\frac{8D_2 + 1.46d}{4D_2^2 + 1.46D_2 d - 2.46d^2} - \frac{1}{D_2 - d}\right)\lambda_{D_2} \cdot D_2\right.\right. \\
&\left. + \left(\frac{1.46D_2 - 4.92d}{4D_2^2 + 1.46D_2 d - 2.46d^2} + \frac{1}{D_2 - d} - \frac{3}{d}\right)\lambda_d \cdot d\right) \\
&+ \frac{1}{2}\left(-\delta_F^2 + \left(\frac{-11.68D_2 d - 21.8116d^2 - 32D_2^2}{\left(4D_2^2 + 1.46D_2 d - 2.46d^2\right)^2} + \frac{1}{\left(D_2 - d\right)^2}\right)\delta_{D_2}^2 \cdot D_2^2\right. \\
&+ \left(\frac{21.8116D_2^2 + 7.1832D_2 d - 12.1032d^2}{\left(4D_2^2 + 1.46D_2 d - 2.46d^2\right)^2} + \frac{1}{\left(D_2 - d\right)^2} + \frac{3}{d^2}\right)\delta_d^2 \cdot d^2
\end{aligned}$$

$$+\left(\frac{-5.84D_2^2+39.36D_2d+3.5916d^2}{\left(4D_2^2+1.46D_2d-2.46d^2\right)^2}-\frac{1}{\left(D_2-d\right)^2}\right)\delta_{D_2}\delta_d D_2 d\Bigg)\Bigg)\mathrm{d}s \tag{5-2}$$

$$\widehat{\sigma}_{\ln\tau}^2(t)=\left(\int_0^t\delta_F\mathrm{d}w_{1t}\right)^2+\left(\int_0^t\left(\frac{8D_2+1.46d}{4D_2^2+1.46D_2d-2.46d^2}-\frac{1}{D_2-d}\right)\delta_{D_2}\cdot D_2\mathrm{d}w_{2t}\right)^2$$
$$+\left(\int_0^t\left(\frac{1.46D_2-4.92d}{4D_2^2+1.46D_2d-2.46d^2}+\frac{1}{D_2-d}-\frac{3}{d}\right)\delta_d\cdot d\mathrm{d}w_{3t}\right)^2$$

许用应力 $[\tau]$ 可视作服从几何布朗运动，漂移率为 $\lambda_{[\tau]}$，波动率为 $\delta_{[\tau]}$，则可靠度为

$$R(t)=P\{\tau\leqslant[\tau]\}=P\{\ln[\tau]-\ln\tau\geqslant 0\} \tag{5-3}$$

根据式 (3-22) 可得

$$\ln[\tau](t)\sim N\left(\ln[\tau](0)+\left(\lambda_{[\tau]}-\frac{\delta_{[\tau]}^2}{2}\right)t,\left(\delta_{[\tau]}\sqrt{t}\right)^2\right) \tag{5-4}$$

则弹簧切应力的可靠度 $R(t)$ 为

$$R(t)=\varPhi\left(\frac{\ln[\tau](0)+\left(\lambda_{[\tau]}-\frac{\delta_{[\tau]}^2}{2}\right)t-\widehat{\mu}_{\ln\tau}(t)}{\sqrt{\delta_{[\tau]}^2t+\widehat{\sigma}_{\ln\tau}^2(t)}}\right) \tag{5-5}$$

5.2.2　刚度

弹簧刚度是指使弹簧产生单位变形的载荷，影响弹簧刚度的参数有切边模量、弹簧丝的直径、弹簧中径、弹簧的有效圈数。实际测量中，切边模量的测量是通过测量材料并且通过大量数据平均得到的，显然，$t=0$ 时刻方差明显不为 0，即不服从伊藤过程。严格来说系统内所有元素均有序列相关性，即不服从严格的伊藤过程，而切边模量的序列相关性更加明显。其表现为一旦选定某一个零件，该零件的切边模量几乎确定，即漂移率和波动率都很小。也就是说切边模量的变化对其所在的系统影响很小，故按定值计算。弹簧的刚度为

$$c=\frac{F}{\lambda}=\frac{Gd^4}{8D_2^3n} \tag{5-6}$$

其中，F——弹簧的轴向拉压力，N；

λ——弹簧的轴向伸长量或压缩量；

G——弹簧的切边模量；

n——弹簧的有效圈数。

根据式 (5-6)，对弹簧的刚度取对数：

$$\ln c = \ln G + 4\ln d - 3\ln D_2 - \ln 8n \tag{5-7}$$

式中，D_2、d 均视为服从几何布朗运动的随机变量，即

$$\begin{cases} \mathrm{d}D_2(t) = \lambda_{D_2} D_2(t)\,\mathrm{d}t + \delta_{D_2} D_2(t)\,\mathrm{d}w_{1t} \\ \mathrm{d}d(t) = \lambda_d d(t)\,\mathrm{d}t + \delta_d d(t)\,\mathrm{d}w_{2t} \end{cases} \tag{5-8}$$

$$\begin{cases} \mu_{D_2} = \lambda_{D_2} \cdot D_2(t), \sigma_{D_2} = \delta_{D_2} \cdot D_2(t) \\ \mu_d = \lambda_d \cdot d(t), \sigma_d = \delta_d \cdot d(t) \end{cases}$$

$$\frac{\partial \ln c}{\partial D_2} = -\frac{3}{D_2},\quad \frac{\partial \ln c}{\partial d} = \frac{4}{d},\quad \frac{\partial^2 \ln c}{\partial D_2^2} = \frac{3}{D_2^2},\quad \frac{\partial^2 \ln c}{\partial d^2} = -\frac{4}{d^2},\quad \frac{\partial^2 \ln c}{\partial D_2 \partial d} = 0$$

$$\begin{aligned} \mathrm{d}\ln c =& \left(\left(\frac{\partial}{\partial D_2}\mu_{D_2} + \frac{\partial}{\partial d}\mu_d\right) + \frac{1}{2}\left(\frac{\partial}{\partial D_2}\sigma_{D_2} + \frac{\partial}{\partial d}\sigma_d\right)^2\right)\ln c\mathrm{d}t \\ &+ \left(\frac{\partial}{\partial D_2}\sigma_{D_2}\mathrm{d}w_{1t} + \frac{\partial}{\partial d}\sigma_d\mathrm{d}w_{2t}\right)\ln c \\ =& \left(\left(-\frac{3}{D_2}\mu_{D_2} + \frac{4}{d}\mu_d\right) + \frac{1}{2}\left(\frac{3}{D_2^2}\sigma_{D_2}^2 - \frac{4}{d^2}\sigma_d^2\right)\right)\mathrm{d}t \\ &+ \left(-\frac{3}{D_2}\sigma_{D_2}\mathrm{d}w_{1t} + \frac{4}{d}\sigma_d\mathrm{d}w_{2t}\right) \\ =& \left((-3\lambda_{D_2} + 4\lambda_d) + \frac{1}{2}\left(3\delta_{D_2}^2 - 4\delta_d^2\right)\right)\mathrm{d}t + (-3\delta_{D_2}\mathrm{d}w_{1t} + 4\delta_d\mathrm{d}w_{2t}) \end{aligned}$$

$\ln c$ 的均值和方差分别为

$$\begin{cases} \widehat{\mu}_{\ln c}(t) = \ln\tau(0) + \displaystyle\int_0^t \left((-3\lambda_{D_2} + 4\lambda_d) + \frac{1}{2}\left(3\delta_{D_2}^2 - 4\delta_d^2\right)\right)\mathrm{d}s \\ \qquad\qquad = \ln\tau(0) + \left((-3\lambda_{D_2} + 4\lambda_d) + \dfrac{1}{2}\left(3\delta_{D_2}^2 - 4\delta_d^2\right)\right)t \\ \widehat{\sigma}_{\ln c}^2(t) = \left(\displaystyle\int_0^t 3\delta_{D_2}\mathrm{d}w_{1t}\right)^2 + \left(\displaystyle\int_0^t 4\delta_d\mathrm{d}w_{2t}\right)^2 \end{cases} \tag{5-9}$$

许用刚度 $[c]$ 可视作服从几何布朗运动，漂移率为 $\lambda_{[c]}$，波动率为 $\delta_{[c]}$，则可靠度为

$$R(t) = P\{c \leqslant [c]\} = P\{\ln[c] - \ln c \geqslant 0\} \tag{5-10}$$

根据式 (3-22) 可得

$$\ln c(t) \sim N\left(\ln c\,(0) + \left(\lambda_c - \frac{\delta_c^2}{2}\right)t, \left(\delta_c\sqrt{t}\right)^2\right) \tag{5-11}$$

$$\ln[c](t) \sim N\left(\ln[c]\,(0) + \left(\lambda_{[c]} - \frac{\delta_{[c]}^2}{2}\right)t, \left(\delta_{[c]}\sqrt{t}\right)^2\right) \tag{5-12}$$

弹簧刚度的可靠度 $R(t)$ 为

$$R\,(t) = \varPhi\left(\frac{\ln\,[c]\,(0) + \left(\lambda_{[c]} - \frac{\delta_{[c]}^2}{2}\right)t - \widehat{\mu}_{\ln c}(t)}{\sqrt{\delta_{[c]}^2 t + \widehat{\sigma}_{\ln c}^2(t)}}\right) \tag{5-13}$$

5.2.3　一阶自振频率

弹簧受交变应力作用，其外载荷的频率与弹簧自身固有频率相近时，容易引起共振。所以需要验算弹簧自身一阶自振频率的变化。按照弹簧的连接方式可分为三种：①一端固定一端自由；②两端固定；③一端固定一端连接有其他零部件。计算一阶自振频率可靠度时，需计算 $\dfrac{f}{f_r}$ 的值 (f_r 为受迫振动频率，取使 $\dfrac{f}{f_r}$ 的值最接近 0.2 的 f_r 即可)，此时 $\ln\dfrac{f}{f_r} \sim N(\mu_{\ln\frac{f}{f_r}}, \sigma^2_{\ln\frac{f}{f_r}})$。要确保弹簧不发生共振需要保证 $\dfrac{f}{f_r} > 10$ 或 $\dfrac{f}{f_r} < 0.5$。当 $\dfrac{f}{f_r} > 10$ 时需要用到的干涉模型为 $\varPhi\left(\dfrac{\mu_{\ln\frac{f}{f_r}} - \mu_{\ln[\frac{f}{f_r}]}}{\sqrt{\sigma^2_{\ln\frac{f}{f_r}} + \sigma^2_{\ln\frac{f}{f_r}}}}\right) = \varPhi\left(\dfrac{\mu_{\ln\frac{f}{f_r}} - \ln 10}{\sqrt{\sigma^2_{\ln\frac{f}{f_r}}}}\right) = \varPhi\left(\dfrac{\mu_{\ln\frac{f}{f_r}} - \ln 10}{\sigma_{\ln\frac{f}{f_r}}}\right)$，当 $\dfrac{f}{f_r} < 0.5$ 时需要用到的干涉模型为 $\varPhi\left(\dfrac{\mu_{\ln[\frac{f}{f_r}]} - \mu_{\ln\frac{f}{f_r}}}{\sqrt{\sigma^2_{\ln\frac{f}{f_r}} + \sigma^2_{\ln\frac{f}{f_r}}}}\right) = \varPhi\left(\dfrac{-\ln 2 - \mu_{\ln\frac{f}{f_r}}}{\sigma_{\ln\frac{f}{f_r}}}\right)$。

其时变可靠度模型如下。

(1) 一端固定一端自由：

$$f = \frac{1}{4}\sqrt{\frac{c}{m}} = \frac{\sqrt{2}}{16}\sqrt{\frac{Gd^4}{D_2^3 nm}} \tag{5-14}$$

其中，m——弹簧的有效圈数。

对弹簧的一阶自振频率取对数：

$$\ln f=\ln\frac{\sqrt{2G}}{16\sqrt{n}}+2\ln d-\frac{3}{2}\ln D_2-\frac{1}{2}\ln m \tag{5-15}$$

式中，D_2、d、m 均视为服从几何布朗运动的随机变量, 即

$$\begin{cases}\mathrm{d}D_2(t)=\lambda_{D_2}D_2(t)\,\mathrm{d}t+\delta_{D_2}D_2(t)\,\mathrm{d}w_{1t}\\ \mathrm{d}d(t)=\lambda_d d(t)\,\mathrm{d}t+\delta_d d(t)\,\mathrm{d}w_{2t}\\ \mathrm{d}m(t)=\lambda_m m(t)\,\mathrm{d}t+\delta_m m(t)\,\mathrm{d}w_{3t}\end{cases}$$

$$\begin{cases}\mu_{D_2}=\lambda_{D_2}\cdot D_2(t)\,,\sigma_{D_2}=\delta_{D_2}\cdot D_2(t)\\ \mu_d=\lambda_d\cdot d(t)\,,\sigma_d=\delta_d\cdot d(t)\\ \mu_m=\lambda_m\cdot m(t)\,,\sigma_m=\delta_m\cdot m(t)\end{cases}$$

$$\frac{\partial\ln f}{\partial D_2}=-\frac{3}{2D_2}\frac{\partial\ln f}{\partial d}=\frac{2}{d}\frac{\partial\ln f}{\partial m}=-\frac{1}{2m}\frac{\partial^2\ln f}{\partial D_2^2}=\frac{3}{2D_2^2}\frac{\partial^2\ln f}{\partial d^2}=-\frac{2}{d^2}$$

$$\frac{\partial^2\ln f}{\partial m^2}=\frac{1}{2m^2}\frac{\partial^2\ln f}{\partial D_2\partial d}=\frac{\partial^2\ln f}{\partial D_2\partial m}=\frac{\partial^2\ln f}{\partial m\partial d}=0$$

$$\begin{aligned}\mathrm{d}\ln f=&\left(\left(\frac{\partial}{\partial D_2}\mu_{D_2}+\frac{\partial}{\partial d}\mu_d+\frac{\partial}{\partial m}\mu_m\right)+\frac{1}{2}\left(\frac{\partial}{\partial D_2}\sigma_{D_2}+\frac{\partial}{\partial d}\sigma_d+\frac{\partial}{\partial m}\sigma_m\right)^2\right)\ln f\mathrm{d}t\\&+\left(\frac{\partial}{\partial D_2}\sigma_{D_2}\mathrm{d}w_{1t}+\frac{\partial}{\partial d}\sigma_d\mathrm{d}w_{2t}+\frac{\partial}{\partial m}\sigma_m\mathrm{d}w_{3t}\right)\ln f\\=&\left(\left(-\frac{3}{2}\lambda_{D_2}+2\lambda_d-\frac{1}{2}\lambda_m\right)+\frac{1}{2}\left(\frac{3}{2}\delta_{D_2}^2-2\delta_d^2+\frac{1}{2}\delta_m^2\right)\right)\mathrm{d}t\\&+\left(-\frac{3}{2}\delta_{D_2}\mathrm{d}w_{1t}+2\delta_d\mathrm{d}w_{2t}-\frac{1}{2}\delta_m\mathrm{d}w_{3t}\right)\end{aligned}$$

$\ln f$ 的均值和方差分别为

$$\begin{cases}\widehat{\mu}_{\ln f}(t)=\ln f(0)+\displaystyle\int_0^t\left(\left(-\frac{3}{2}\lambda_{D_2}+2\lambda_d-\frac{1}{2}\lambda_m\right)+\frac{1}{2}\left(\frac{3}{2}\delta_{D_2}^2-2\delta_d^2+\frac{1}{2}\delta_m^2\right)\right)\mathrm{d}s\\ \qquad\qquad=\ln f(0)+\left(\left(-\frac{3}{2}\lambda_{D_2}+2\lambda_d-\frac{1}{2}\lambda_m\right)+\frac{1}{2}\left(\frac{3}{2}\delta_{D_2}^2-2\delta_d^2+\frac{1}{2}\delta_m^2\right)\right)t\\ \widehat{\sigma}_{\ln f}^2(t)=\left(\displaystyle\int_0^t\frac{3}{2}\delta_{D_2}\mathrm{d}w_{1t}\right)^2+\left(\displaystyle\int_0^t 2\delta_d\mathrm{d}w_{2t}\right)^2+\left(\displaystyle\int_0^t\frac{1}{2}\delta_m\mathrm{d}w_{3t}\right)^2\end{cases} \tag{5-16}$$

(2) 两端固定:

$$f=\frac{1}{2}\sqrt{\frac{c}{m}}=\frac{d}{2\pi D_2^2 n}\sqrt{\frac{G}{2\rho}}=3.56\times10^5\frac{d^2}{nD_2^2} \tag{5-17}$$

其中，ρ——弹簧的材料密度。

对弹簧的一阶自振频率取对数：

$$\ln f = \ln\left(\frac{3.56 \times 10^5}{n}\right) + 2\ln d - 2\ln D_2 \tag{5-18}$$

式中，D_2、d 均视为服从几何布朗运动的随机变量，即

$$\begin{cases} \mathrm{d}D_2(t) = \lambda_{D_2} D_2(t)\,\mathrm{d}t + \delta_{D_2} D_2(t)\,\mathrm{d}w_{1t} \\ \mathrm{d}d(t) = \lambda_d d(t)\,\mathrm{d}t + \delta_d d(t)\,\mathrm{d}w_{2t} \end{cases}$$

$$\begin{cases} \mu_{D_2} = \lambda_{D_2} \cdot D_2(t), \sigma_{D_2} = \delta_{D_2} \cdot D_2(t) \\ \mu_d = \lambda_d \cdot d(t), \sigma_d = \delta_d \cdot d(t) \end{cases}$$

$$\frac{\partial \ln f}{\partial d} = \frac{2}{d}, \quad \frac{\partial \ln f}{\partial D_2} = -\frac{2}{D_2}, \quad \frac{\partial^2 \ln f}{\partial d^2} = -\frac{2}{d^2}, \quad \frac{\partial^2 f}{\partial D_2^2} = \frac{2}{D_2^2}, \quad \frac{\partial^2 f}{\partial d \partial D_2} = 0$$

$$\begin{aligned} \mathrm{d}f &= \left(\left(\frac{\partial}{\partial D_2}\mu_{D_2} + \frac{\partial}{\partial d}\mu_d\right) + \frac{1}{2}\left(\frac{\partial}{\partial D_2}\sigma_{D_2} + \frac{\partial}{\partial d}\sigma_d\right)^2\right)\ln f\mathrm{d}t \\ &\quad + \left(\frac{\partial}{\partial D_2}\sigma_{D_2}\mathrm{d}w_{1t} + \frac{\partial}{\partial d}\sigma_d\mathrm{d}w_{2t}\right)\ln f \\ &= \left(\left(-\frac{2}{D_2}\mu_{D_2} + \frac{2}{d}\mu_d\right) + \frac{1}{2}\left(\frac{2}{D_2^2}\sigma_{D^2}^2 - \frac{2}{d^2}\sigma_d^2\right)\right)\mathrm{d}t \\ &\quad + \left(-\frac{2}{D_2}\sigma_{D_2}\mathrm{d}w_{1t} + \frac{2}{d}\sigma_d\mathrm{d}w_{2t}\right) \\ &= \left((-2\lambda_{D_2} + 2\lambda_d) + \frac{1}{2}\left(2\delta_{D^2}^2 - 2\delta_d^2\right)\right)\mathrm{d}t + (-2\delta_{D_2}\mathrm{d}w_{1t} + 2\delta_d\mathrm{d}w_{2t}) \end{aligned}$$

$\ln f$ 的均值和方差分别为

$$\begin{cases} \widehat{\mu}_{\ln f}(t) = \ln f(0) + \displaystyle\int_0^t \left((-2\lambda_{D_2} + 2\lambda_d) + \frac{1}{2}\left(2\delta_{D^2}^2 - 2\delta_d^2\right)\right)\mathrm{d}s \\ \qquad\qquad = \ln f(0) + \left((-2\lambda_{D_2} + 2\lambda_d) + \dfrac{1}{2}\left(2\delta_{D^2}^2 - 2\delta_d^2\right)\right)t \\ \widehat{\sigma}_{\ln f}^2(t) = \left(\displaystyle\int_0^t 2\delta_{D_2}\mathrm{d}w_{1t}\right)^2 + \left(\displaystyle\int_0^t 2\delta_d\mathrm{d}w_{2t}\right)^2 \end{cases} \tag{5-19}$$

(3) 一端固定，一端连接有其他零部件：

$$f = \frac{1}{2\pi}\sqrt{\frac{c}{m_c + \frac{1}{3}m}} = \frac{1}{2\pi}\sqrt{\frac{Gd^4}{8D_2^3 n} \cdot \frac{1}{m_c + \frac{1}{3}m}}$$

$$=\frac{1}{2\pi}\sqrt{\frac{Gd^4}{8D_2^3n}\cdot\frac{1}{m_c+\dfrac{1}{3}m}}=\frac{\sqrt{2}}{8\pi}\sqrt{\frac{Gd^4}{D_2^3n}\cdot\frac{1}{m_c+\dfrac{1}{3}m}} \tag{5-20}$$

其中，m_c——零部件的质量，kg。

对弹簧的一阶自振频率取对数：

$$\ln f=\ln\frac{1}{8\pi}\sqrt{\frac{2G}{n}}+2\ln d-\frac{3}{2}\ln D_2-\frac{1}{2}\ln\left(m_c+\frac{1}{3}m\right) \tag{5-21}$$

式中，D_2、d、m、m_c 均视为服从几何布朗运动的随机变量，即

$$\begin{cases}\mathrm{d}D_2(t)=\lambda_{D_2}D_2(t)\,\mathrm{d}t+\delta_{D_2}D_2(t)\,\mathrm{d}w_{1t}\\ \mathrm{d}d(t)=\lambda_d d(t)\,\mathrm{d}t+\delta_d d(t)\,\mathrm{d}w_{2t}\\ \mathrm{d}m(t)=\lambda_m m(t)\,\mathrm{d}t+\delta_m m(t)\,\mathrm{d}w_{3t}\\ \mathrm{d}m_c(t)=\lambda_{m_c}m_c(t)\,\mathrm{d}t+\delta_{m_c}m_c(t)\,\mathrm{d}w_{4t}\end{cases}$$

$$\begin{cases}\mu_{D_2}=\lambda_{D_2}\cdot D_2(t),\sigma_{D_2}=\delta_{D_2}\cdot D_2(t)\\ \mu_d=\lambda_d\cdot d(t),\sigma_d=\delta_d\cdot d(t)\\ \mu_m=\lambda_m\cdot m(t),\sigma_m=\delta_m\cdot d(t)\\ \mu_{m_c}=\lambda_{m_c}\cdot m_c(t),\sigma_{m_c}=\delta_{m_c}\cdot d(t)\end{cases}$$

$$\frac{\partial\ln f}{\partial D_2}=-\frac{3}{2D_2},\quad\frac{\partial\ln f}{\partial d}=\frac{2}{d}$$

$$\frac{\partial\ln f}{\partial m}=-\frac{1}{6\left(m_c+\dfrac{1}{3}m\right)},\quad\frac{\partial f}{\partial m_c}=-\frac{1}{2\left(m_c+\dfrac{1}{3}m\right)}$$

$$\frac{\partial^2\ln f}{\partial D_2^2}=\frac{3}{2D_2^2},\quad\frac{\partial^2\ln f}{\partial d^2}=-\frac{2}{d^2}$$

$$\frac{\partial^2\ln f}{\partial m^2}=\frac{1}{18\left(m_c+\frac{1}{3}m\right)^2},\quad\frac{\partial^2 f}{\partial m_c^2}=\frac{1}{2\left(m_c+\dfrac{1}{3}m\right)^2}$$

$$\frac{\partial^2\ln f}{\partial D_2\partial d}=\frac{\partial^2\ln f}{\partial D_2\partial m_c}=\frac{\partial^2\ln f}{\partial D_2\partial m}=\frac{\partial^2\ln f}{\partial d\partial m_c}=\frac{\partial^2\ln f}{\partial d\partial m}=0$$

$$\frac{\partial^2 \ln f}{\partial m \partial m_c} = \frac{1}{6\left(m_c + \dfrac{1}{3}m\right)^2}$$

$$\frac{\partial^2 \ln f}{\partial m \partial m_c} = \frac{1}{6\left(m_c + \dfrac{1}{3}m\right)^2}$$

$$\begin{aligned}
\mathrm{d}f =& \Bigg(\left(\frac{\partial}{\partial D_2}\mu_{D_2} + \frac{\partial}{\partial d}\mu_d + \frac{\partial}{\partial m}\mu_m + \frac{\partial}{\partial m_c}\mu_{m_c}\right) \\
&+ \frac{1}{2}\left(\frac{\partial}{\partial D_2}\sigma_{D_2} + \frac{\partial}{\partial d}\sigma_d + \frac{\partial}{\partial m}\sigma_m + \frac{\partial}{\partial m_c}\sigma_{m_c}\right)^2\Bigg) \ln f \mathrm{d}t \\
&+ \left(\frac{\partial}{\partial D_2}\sigma_{D_2}\mathrm{d}w_t + \frac{\partial}{\partial d}\sigma_d\mathrm{d}w_t + \frac{\partial}{\partial m}\sigma_m\mathrm{d}w_t + \frac{\partial}{\partial m_c}\sigma_{m_c}\mathrm{d}w_t\right) \ln f \\
=& \Bigg(\left(-\frac{3}{2D_2}\mu_{D_2} + \frac{2}{d}\mu_d - \frac{1}{6\left(m_c + \dfrac{1}{3}m\right)}\mu_m - \frac{1}{2\left(m_c + \dfrac{1}{3}m\right)}\mu_{m_c}\right) \\
&+ \frac{1}{2}\left(\frac{3}{2D_2}\sigma_{D_2}^2 - \frac{2}{d^2}\sigma_d^2 + \frac{1}{18\left(m_c + \dfrac{1}{3}m\right)^2}\sigma_m^2 + \frac{1}{2\left(m_c + \dfrac{1}{3}m\right)^2}\sigma_{m_c}^2\right) \\
&+ \frac{1}{6\left(m_c + \dfrac{1}{3}m\right)^2}\sigma_m\sigma_{m_c}\Bigg)\mathrm{d}t + \Bigg(-\frac{3}{2D_2}\sigma_{D_2}\mathrm{d}w_{1t} + \frac{2}{d}\sigma_d\mathrm{d}w_{2t} \\
&- \frac{1}{6\left(m_c + \dfrac{1}{3}m\right)}\sigma_m\mathrm{d}w_{3t} - \frac{1}{2\left(m_c + \dfrac{1}{3}m\right)}\sigma_{m_c}\mathrm{d}w_{4t}\Bigg) \\
=& \Bigg(\left(-\frac{3}{2}\lambda_{D_2} + 2\lambda_d - \frac{1}{6\left(m_c + \dfrac{1}{3}m\right)}\lambda_m m - \frac{1}{2\left(m_c + \dfrac{1}{3}m\right)}\lambda_{m_c} m_c\right) \\
&+ \frac{1}{2}\left(\frac{3}{2}\delta_{D_2}^2 - 2\delta_d^2 + \frac{1}{18\left(m_c + \dfrac{1}{3}m\right)^2}\delta_m^2 m^2 + \frac{1}{2\left(m_c + \dfrac{1}{3}m\right)^2}\delta_{m_c}^2 m_c^2\right) \\
&+ \frac{1}{6\left(m_c + \dfrac{1}{3}m\right)^2}\delta_m\delta_{m_c} m m_c\Bigg)\mathrm{d}t + \Bigg(-\frac{3}{2}\delta_{D_2}\mathrm{d}w_{1t} + 2\delta_d\mathrm{d}w_{2t}
\end{aligned}$$

$$-\frac{1}{6\left(m_c+\frac{1}{3}m\right)}\delta_m m \mathrm{d}w_{3t}-\frac{1}{2\left(m_c+\frac{1}{3}m\right)}\delta_{m_c}m_c\mathrm{d}w_{4t}\Bigg)$$

$\ln f$ 的均值和方差分别为

$$\begin{cases}\widehat{\mu}_{\ln f}(t)\\=\ln f(0)+\displaystyle\int_0^t\left(\left(-\frac{3}{2}\lambda_{D_2}+2\lambda_d-\frac{1}{6\left(m_c+\frac{1}{3}m\right)}\lambda_m m-\frac{1}{2\left(m_c+\frac{1}{3}m\right)}\lambda_{m_c}m_c\right)\right.\\\quad+\dfrac{1}{2}\left(\dfrac{3}{2}\delta_{D_2}^2-2\delta_d^2+\dfrac{1}{18\left(m_c+\frac{1}{3}m\right)^2}\delta_m^2m^2+\dfrac{1}{2\left(m_c+\frac{1}{3}m\right)^2}\delta_{m_c}^2m_c^2\right)\\\quad\left.+\dfrac{1}{6\left(m_c+\frac{1}{3}m\right)^2}\delta_m\delta_{m_c}mm_c\right)\mathrm{d}s\\\widehat{\sigma}_{\ln f}^2(t)=\left(\displaystyle\int_0^t\frac{3}{2}\delta_{D_2}\mathrm{d}w_{1t}\right)^2+\left(\displaystyle\int_0^t 2\delta_d\mathrm{d}w_{2t}\right)^2\\\quad+\left(\displaystyle\int_0^t\frac{1}{6\left(m_c+\frac{1}{3}m\right)}\delta_m m\mathrm{d}w_{3t}\right)^2\\\quad+\left(\displaystyle\int_0^t\frac{1}{2\left(m_c+\frac{1}{3}m\right)}\delta_{m_c}m_c\mathrm{d}w_{4t}\right)^2\end{cases}\tag{5-22}$$

设计计算时，根据实际弹簧连接方式和 f/f_r 的值选择 $\varPhi\left(\dfrac{\widehat{\mu}_{\ln f}(t)-\ln f_r-\ln 10}{\widehat{\sigma}_{\ln f}(t)}\right)$ 或 $\varPhi\left(\dfrac{-\ln 2-(\widehat{\mu}_{\ln f}(t)-\ln f_r)}{\widehat{\sigma}_{\ln f}(t)}\right)$。

5.3 圆柱螺旋弹簧时变不确定性设计

算例 圆柱螺旋压缩弹簧的设计

设计一结构形式为 YI 的阀门弹簧，要求弹簧外径 $D_2\leqslant 34.8\text{mm}$；阀门关闭时 $H_1\leqslant 43\text{mm}$，负荷 $F_1=270\text{N}$；阀门全开时，$H_2=32\text{mm}$，负荷 $F_2=540\text{N}$，最高工作频率为 25Hz，循环次数 $N>10^7$ 次。(摘自 GB/T 23935-2009) 设计可靠度两年后至少为 95%，设计过程根据 GB/T 23935-2009，设计结果如表 5-1 所示。

表 5-1　设计结果

序号	参数名称	代号	数值	单位	序号	参数名称	代号	数值	单位
1	旋绕比	C	7.4		10	试验应力	τ_s	811.9	N
2	曲度系数	K	1.200		11	刚度	F'	24.67	
3	弹簧中径	D	30.4	mm	12	自振频率	f_c	394.8	Hz
4	压并负荷	F_b	722.8	N	13	强迫振动频率	f_r	25	
5	压并高度	H_b	24.6	mm	14	循环次数	N	$>10^7$	mm
6	试验负荷下高度	H_s	24.6		15	展开长度	L	572.7	
7	抗拉强度	R_{ca}	1810	MPa	16	质量	m	0.0593	kg
8	压并应力	τ_b	811.9		17	许用切应力	$[\tau]$	754.4	MPa
9	工作应力	τ_1	362.6		18	有效圈数	n	4.02	
		τ_2	728.6						

1. 切应力

各元素漂移率 λ、波动率 δ(计算时需要实际测得，本算例中仅给出特定条件下数据) 为

$$\lambda_F = 1\times10^{-4},\quad \lambda_D = 0,\quad \lambda_d = 0,\quad \delta_F = 1\times10^{-4},\quad \delta_D = 1\times10^{-5},\quad \delta_d = 1\times10^{-5}$$

$$\overline{F} = \frac{F_1+F_2}{2} = \frac{270+540}{2} = 405\text{N}，则 \ln\left|\overline{F}\right| = \ln 405 = 6.0039$$

$$d = \frac{D_2}{C} = \frac{30.4}{7.4} = 4.1$$

$\Delta t = 1$，求和代换积分，根据式 (5-5) 解得 $\ln\tau(730)\sim N(6.3759, 0.0768^2)$。

许用切应力漂移率 λ 和波动率 δ 分别为 $\lambda_{[\tau]} = -1\times10^{-4}, \delta_{[\tau]} = 1.5\times10^{-4}$。

$$\ln[\tau](t)\sim N\left(\ln[\tau](0) + \left(\lambda_{[\tau]} - \frac{\delta_{[\tau]}^2}{2}\right)t, \left(\delta_{[\tau]}\sqrt{t}\right)^2\right)$$

解得 $\ln[\tau](730)\sim N(6.5529, 0.0014^2)$。

根据式 (5-6)，切应力可靠度为

$$R_{[\tau]}(730) = \Phi\left(\frac{6.5529-6.3759}{\sqrt{0.0768^2+0.0014^2}}\right) = \Phi(2.30) \approx 98.93\%$$

2. 一阶自振频率

该弹簧为两端固定型弹簧，各元素漂移率 λ、波动率 δ(计算时需要实际测得，本算例中仅给出特定条件下数据) 为

$$\lambda_D = 0,\quad \lambda_d = 0,\quad \delta_D = 1\times10^{-5},\quad \delta_d = 1\times10^{-5}$$

自振频率 $f_c = 394.8\text{Hz}$，强迫振动频率 $f_r = 25\text{Hz}$。

根据公式 (5-19)，解得 $\dfrac{\ln f(730)}{f_r} \sim N(2.7295, 0.0206^2)$。

$\dfrac{f}{f_r} > 10$ 选择 $\varPhi\left(\dfrac{\widehat{\mu}_{\ln f}(t) - \ln f_r - \ln 10}{\widehat{\sigma}_{\ln f}(t)}\right), R_{\frac{f}{f_r}}(730) = \varPhi\left(\dfrac{2.7295 - 2.3026}{0.0206}\right) = \varPhi\,(22.1295) \approx 1$

$$R(730) = R_{[\tau]}(730) R_{\frac{f}{f_r}}(730) = 98.93\%$$

满足要求。

5.4 小　　结

本章基于时变不确定性模型，对圆柱螺旋弹簧进行设计，推导了相应的时变不确定性计算公式。利用时变不确定性模型建立螺旋弹簧的状态函数和许用状态函数，系统安全的条件为：系统状态函数小于许用状态函数。系统状态函数和许用状态函数的漂移函数和波动函数，可由本章中的时变元素表达。通过积分求得状态函数和许用状态函数的均值和方差，再利用系统漂移函数与波动函数关系求出给定时刻系统可靠度，为螺旋弹簧的设计提供指导。

第6章　螺栓连接时变不确定性设计

6.1　概　　述

螺纹连接是利用带有螺纹的零件构成的可拆连接，其具有结构简单、拆装方便等特点。螺纹连接在机械设计中应用广泛，在高质量的工程设计中，所要求的螺纹连接的可靠性极高。螺纹连接类型分为螺栓连接、双头螺柱连接、螺钉连接和紧定螺钉连接。本章将利用时变可靠度模型来分析计算螺纹连接及螺栓组的可靠度。

螺纹连接根据载荷性质的不同，其失效形式也不同。受静载荷时，失效的主要形式为塑性变形，受变载荷时，失效的主要形式为疲劳破坏。若按所受载荷方向区分，受轴向载荷的螺纹的失效形式为塑性变形或断裂，受横向载荷的螺纹的失效形式为压溃或剪断。就紧连接螺栓而言，预紧力和摩擦力的逐渐减小和瞬时消失也是失效形式之一。就整个连接而言，失效形式还包括被连接件的滑移，出现间隙、压溃、断裂等 [63,65]。

6.2　单个螺栓连接的时变不确定性设计

6.2.1　松连接螺栓时变不确定性设计

松连接螺栓在装配时不需要拧紧，螺栓只受拉伸工作载荷 F 的作用，其螺纹强度条件为 $F \leqslant \frac{\pi d_1^2}{4}[\sigma]$，即

$$\sigma = \frac{4F}{\pi d_1^2} \leqslant [\sigma] \tag{6-1}$$

其中，$[\sigma]$——许用应力，MPa；

F——轴向拉力，N；

d_1——螺纹部分危险截面直径，mm。

根据式 (6-1)，取对数得

$$\ln\sigma = \ln\frac{4}{\pi} + \ln F - 2\ln d_1 \tag{6-2}$$

$$\frac{\partial \ln\sigma}{\partial F} = \frac{1}{F}, \quad \frac{\partial \ln\sigma}{\partial d_1} = -\frac{2}{d_1}, \quad \frac{\partial^2 \ln\sigma}{\partial F^2} = -\frac{1}{F^2}$$

$$\frac{\partial^2 \ln \sigma}{\partial d_1^2} = \frac{2}{d_1^2}, \quad \frac{\partial^2 \ln \sigma}{\partial F \partial d_1} = 0$$

式中，F、d_1 均视为服从几何布朗运动的随机变量。

$$\begin{cases} \mathrm{d}F(t) = \lambda_F F(t)\,\mathrm{d}t + \delta_F F(t)\,\mathrm{d}w_{1t} \\ \mathrm{d}d_1(t) = \lambda_{d_1} d_1(t)\,\mathrm{d}t + \delta_{d_1} d_1(t)\,\mathrm{d}w_{2t} \end{cases}$$

$$\begin{cases} \mu_F = \lambda_F \cdot F(t), \sigma_F = \delta_F \cdot F(t) \\ \mu_{d_1} = \lambda_{d_1} \cdot d_1(t), \sigma_{d_1} = \delta_{d_1} \cdot d_1(t) \end{cases}$$

$$\begin{aligned} \mathrm{d}\ln\sigma =& \left(\left(\frac{\partial}{\partial F}\mu_F + \frac{\partial}{\partial d_1}\mu_{d_1}\right) + \frac{1}{2}\left(\frac{\partial}{\partial F}\sigma_F + \frac{\partial}{\partial d_1}\sigma_{d_1}\right)^2\right)\ln\sigma\mathrm{d}t \\ &+ \left(\frac{\partial}{\partial F}\sigma_F\mathrm{d}w_{1t} + \frac{\partial}{\partial d_1}\sigma_{d_1}\mathrm{d}w_{2t}\right)\ln\sigma \\ =& \left(\left(\frac{1}{F}\mu_F - \frac{2}{d_1}\mu_{d_1}\right) + \frac{1}{2}\left(-\frac{1}{F^2}\sigma_F^2 + \frac{2}{d_1^2}\sigma_{d_1}^2\right)\right)\mathrm{d}t + \left(\frac{1}{F}\sigma_F\mathrm{d}w_{1t} - \frac{2}{d_1}\sigma_{d_1}\mathrm{d}w_{2t}\right) \\ =& \left((\lambda_F - 2\lambda_{d_1}) + \frac{1}{2}\left(-\delta_F^2 + 2\delta_{d_1}^2\right)\right)\mathrm{d}t + \left(\delta_F\mathrm{d}w_{1t} - 2\delta_{d_1}\mathrm{d}w_{2t}\right) \end{aligned}$$

$\ln\sigma$ 的均值和方差分别为

$$\begin{cases} \widehat{\mu}_{\ln\sigma}(t) = \ln\sigma(0) + \int_0^t \left((\lambda_F - 2\lambda_{d_1}) + \frac{1}{2}\left(-\delta_F^2 + 2\delta_{d_1}^2\right)\right)\mathrm{d}t \\ \qquad = \ln\sigma(0) + \left((\lambda_F - 2\lambda_{d_1}) + \frac{1}{2}\left(-\delta_F^2 + 2\delta_{d_1}^2\right)\right)t \\ \widehat{\sigma}_{\ln\sigma}^2(t) = \left(\int_0^t \delta_F\mathrm{d}w_{1t}\right)^2 + \left(\int_0^t 2\delta_{d_1}\mathrm{d}w_{2t}\right)^2 \end{cases} \tag{6-3}$$

许用应力 $[\sigma]$ 可视作服从几何布朗运动，漂移率为 $\lambda_{[\sigma]}$，波动率为 $\delta_{[\sigma]}$。根据 2.4.2 节中的伊藤引理：

$$\ln[\sigma](t) \sim N\left(\ln[\sigma](0) + \left(\lambda_{[\sigma]} - \frac{\delta_{[\sigma]}^2}{2}\right)t, \left(\delta_{[\sigma]}\sqrt{t}\right)^2\right)$$

则螺栓可靠度为

$$\begin{aligned} R(t) =& P\{\sigma \leqslant [\sigma]\} = P\{\ln[\sigma] - \ln\sigma \geqslant 0\} \\ =& \Phi\left(\frac{\ln[\sigma](0) + \left(\lambda_{[\sigma]} - \frac{\delta_{[\sigma]}^2}{2}\right)t - \widehat{\mu}_{\ln\sigma}(t)}{\sqrt{\delta_{[\sigma]}^2 t + \widehat{\sigma}_{\ln\sigma}^2(t)}}\right) \end{aligned} \tag{6-4}$$

6.2.2　只受预紧力的紧连接螺栓时变不确定性设计

螺栓只受预紧力作用时，螺纹部分受预紧力 F_p 和螺纹力矩 T_1 的作用。

$$T_1 = \tan(\gamma + \psi_v) F_p \frac{d_2}{2} \tag{6-5}$$

其中，γ——螺纹的螺旋升角；

ψ_v——螺纹副的当量摩擦角 ($\psi_v = \arctan f_v$，f_v 为螺纹副的当量摩擦因数)；

F_p——预紧力，N；

d_2——螺纹中径，mm；

相应的拉应力 σ 为

$$\sigma = \frac{4F_p}{\pi d_1^2} \tag{6-6}$$

扭转切应力 τ 为

$$\tau = \frac{\tan(\gamma + \psi_v) F_p \dfrac{d_2}{2}}{\dfrac{\pi}{16} d_1^3} \tag{6-7}$$

螺栓处于拉伸和扭转复合应力作用之下。螺栓材料为塑性，根据第四强度理论，其当量应力 σ_v 为

$$\sigma_v = \sqrt{\sigma^2 + 3\tau^2} \tag{6-8}$$

对于 $M10 \sim M68$ 的普通螺栓取 $\gamma = 2°30'$，$d_2/d_1 = 1.04 \sim 1.08$，则

$$\tau \approx 0.5\sigma, \quad \sigma_v = \sqrt{\sigma^2 + 3\tau^2} \approx \sqrt{\sigma^2 + 3(0.5\sigma)^2} \approx 1.3\sigma \tag{6-9}$$

所以单个只受预紧力作用的螺栓，其强度条件为

$$\sigma = \frac{1.3 \times 4F_p}{\pi d_1^2} \leqslant [\sigma] \tag{6-10}$$

设计方法与松连接螺栓相似，故时变可靠度模型略。

6.2.3　受轴向工作载荷的紧连接螺栓时变不确定性设计

紧连接螺栓受工作载荷 F 作用时，其预紧力减小为F_p'，螺栓所受总拉力F_0为

$$F_0 = F_p' + F \tag{6-11}$$

由胡克定律和变形协调条件得

$$F_0 = F_p + \frac{c_1}{c_1 + c_2} F \tag{6-12}$$

求出单个螺栓所受的总拉力后，即可进行强度计算，考虑到拧紧螺母时螺纹副中的扭矩影响，需引入扭矩影响系数 1.3，则受轴向工作载荷的紧连接螺栓的强度条件为

$$\sigma = \frac{1.3 \times 4F_0}{\pi d_1^2} \leqslant [\sigma] \tag{6-13}$$

设计方法与松连接螺栓相似，故时变可靠度模型略。

6.2.4 铰制孔用受剪螺栓连接时变不确定性设计

铰制孔用受剪螺栓连接如图 6-1 所示。靠螺栓杆侧面受挤压和螺栓杆受剪切传递横向载荷 F。受剪螺栓需考虑挤压强度条件和剪切强度条件，其挤压强度条件为

$$\sigma_p = \frac{F}{d_0 L_{\min}} \leqslant [\sigma_p] \tag{6-14}$$

其中，$L_{\min}$——螺杆与孔壁之间最小挤压高度，mm；

d_0——铰制孔用螺栓杆无螺纹部分的直径，mm；

$[\sigma_p]$——螺栓的许用挤压压力，MPa。

剪切强度条件为

$$\tau = \frac{4F}{m\pi d_0^2} \leqslant [\tau] \tag{6-15}$$

其中，m——螺栓受剪工作面数；

$[\tau]$——螺栓的许用切应力，MPa。

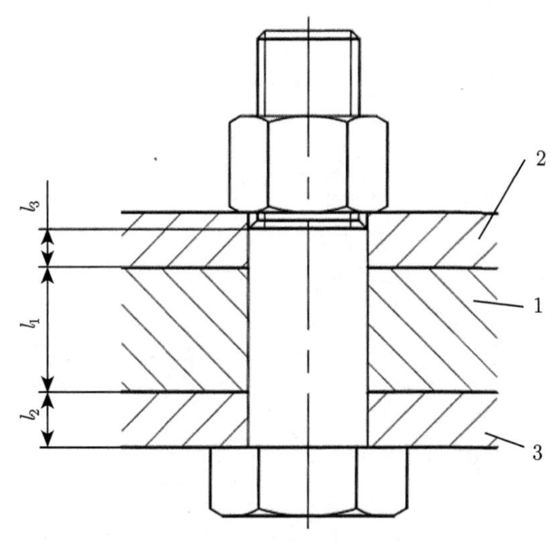

图 6-1 铰制孔用受剪螺栓连接

1. 梁；2. 上搭板；3. 下搭板

对挤压应力取对数：

$$\ln\sigma_p = \ln F - \ln d_0 - \ln L_{\min} \tag{6-16}$$

$$\frac{\partial \ln\sigma_p}{\partial F} = \frac{1}{F}, \quad \frac{\partial \sigma_p}{\partial d_0} = -\frac{1}{d_0}, \quad \frac{\partial \sigma_p}{\partial L_{\min}} = -\frac{1}{L_{\min}}$$

$$\frac{\partial^2 \ln\sigma_p}{\partial F^2} = -\frac{1}{F^2}, \quad \frac{\partial^2 \sigma_p}{\partial d_0^2} = \frac{1}{d_0^2}, \quad \frac{\partial^2 \sigma_p}{\partial L_{\min}^2} = \frac{1}{L_{\min}^2}$$

$$\frac{\partial^2 \ln\sigma_p}{\partial F \partial d_0} = \frac{\partial^2 \ln\sigma_p}{\partial F \partial L_{\min}} = \frac{\partial^2 \ln\sigma_p}{\partial d_0 \partial L_{\min}} = 0$$

式中，F、d_0 和 $L_{\min}$ 可视作服从几何布朗运动的随机变量。

$$\begin{cases} \mathrm{d}F(t) = \lambda_F F(t)\,\mathrm{d}t + \delta_F F(t)\,\mathrm{d}w_{1t}, \\ \mathrm{d}d_0(t) = \lambda_{d_0} d_0(t)\,\mathrm{d}t + \delta_{d_0} d_0(t)\,\mathrm{d}w_{2t}, \\ \mathrm{d}L_{\min}(t) = \lambda_{L_{\min}} L_{\min}(t)\,\mathrm{d}t + \delta_{L_{\min}} L_{\min}(t)\,\mathrm{d}w_{3t}, \end{cases}$$

$$\begin{cases} \mu_F = \lambda_F \cdot F(t), \sigma_F = \delta_F \cdot F(t) \\ \mu_{d_0} = \lambda_{d_0} \cdot d_0(t), \sigma_{d_0} = \delta_{d_0} \cdot d_0(t) \\ \mu_{L_{\min}} = \lambda_{L_{\min}} \cdot D_{\min}(t), \sigma_{L_{\min}} = \delta_{L_{\min}} \cdot D_{L_{\min}}(t) \end{cases}$$

$$\begin{aligned} \mathrm{d}\ln\sigma_p =& \left(\left(\frac{\partial}{\partial F}\mu_F + \frac{\partial}{\partial d_0}\mu_{d_0} + \frac{\partial}{\partial L_{\min}}\mu_{L_{\min}} \right) \right. \\ & \left. + \frac{1}{2}\left(\frac{\partial}{\partial F}\sigma_F + \frac{\partial}{\partial d_0}\sigma_{d_0} + \frac{\partial}{\partial L_{\min}}\sigma_{L_{\min}} \right)^2 \right) \ln\sigma_p \mathrm{d}t \\ & + \left(\frac{\partial}{\partial F}\sigma_F \mathrm{d}w_{1t} + \frac{\partial}{\partial d_0}\sigma_{d_0}\mathrm{d}w_{2t} + \frac{\partial}{\partial L_{\min}}\sigma_{L_{\min}}\mathrm{d}w_{3t} \right) \ln\sigma_p \\ =& \left(\left(\frac{1}{F}\mu_F - \frac{1}{d_0}\mu_{d_0} - \frac{1}{L_{\min}}\mu_{L_{\min}} \right) + \frac{1}{2}\left(-\frac{1}{F^2}\sigma_F^2 + \frac{1}{d_0^2}\sigma_{d_0}^2 + \frac{1}{L_{\min}^2}\sigma_{L_{\min}}^2 \right) \right) \mathrm{d}t \\ & + \left(\frac{1}{F}\sigma_F \mathrm{d}w_{1t} - \frac{1}{d_0}\sigma_{d_0}\mathrm{d}w_{2t} - \frac{1}{L_{\min}}\sigma_{L_{\min}}\mathrm{d}w_{3t} \right) \\ =& \left((\lambda_F - \lambda_{d_0} - \lambda_{L_{\min}}) + \frac{1}{2}\left(-\delta_F^2 + \delta_{d_0}^2 + \delta_{L_{\min}}^2 \right) \right) \mathrm{d}t \\ & + (\delta_F \mathrm{d}w_{1t} - \delta_{d_0}\mathrm{d}w_{2t} - \delta_{L_{\min}}\mathrm{d}w_{3t}) \end{aligned}$$

$\ln\sigma_p$ 的均值和方差分别为

$$\begin{cases} \widehat{\mu}_{\ln\sigma_p}(t) = \ln\sigma_p(0) + \displaystyle\int_0^t \left(\left(\frac{1}{F}\mu_F - \frac{1}{d_0}\mu_{d_0} - \frac{1}{L_{\min}}\mu_{L_{\min}} \right) \right. \\ \qquad \left. + \dfrac{1}{2}\left(-\dfrac{1}{F^2}\sigma_F^2 + \dfrac{1}{d_0^2}\sigma_{d_0}^2 + \dfrac{1}{L_{\min}^2}\sigma_{L_{\min}}^2 \right) \right) \mathrm{d}t \\ \qquad = \ln\sigma_p(0) + \left((\lambda_F - \lambda_{d_0} - \lambda_{L_{\min}}) + \dfrac{1}{2}\left(-\delta_F^2 + \delta_{d_0}^2 + \delta_{L_{\min}}^2 \right) \right) t \\ \widehat{\sigma}_{\ln\sigma_p}^2(t) = \left(\displaystyle\int_0^t \delta_F \mathrm{d}w_{1t} \right)^2 + \left(\displaystyle\int_0^t \delta_{d_0} \mathrm{d}w_{2t} \right)^2 + \left(\displaystyle\int_0^t \delta_{L_{\min}} \mathrm{d}w_{3t} \right)^2 \end{cases} \tag{6-17}$$

许用应力 $[\sigma_p]$ 可视作服从几何布朗运动，漂移率为 $\lambda_{[\sigma]}$，波动率为 $\delta_{[\sigma]}$。根据 2.4.2 节中的伊藤引理：

$$\ln\sigma_p(t) \sim N\left(\ln\sigma_p(0) + \left(\lambda_{\sigma_p} - \frac{\delta_{\sigma_p}^2}{2} \right) t, \left(\delta_{\sigma_p}\sqrt{t} \right)^2 \right)$$

$$\ln[\sigma_p](t) \sim N\left(\ln[\sigma_p](0) + \left(\lambda_{[\sigma_p]} - \frac{\delta_{[\sigma_p]}^2}{2} \right) t, \left(\delta_{[\sigma_p]}\sqrt{t} \right)^2 \right)$$

则螺栓挤压可靠度为

$$\begin{aligned} R(t) =& P\{\sigma_p \leqslant [\sigma_p]\} = P\{\ln[\sigma_p] - \ln\sigma_p \geqslant 0\} \\ =& \Phi\left(\frac{\ln[\sigma_p](0) + \left(\lambda_{[\sigma_p]} - \dfrac{\delta_{[\sigma_p]}^2}{2} \right) t - \widehat{\mu}_{\ln\sigma_p}(t)}{\sqrt{\delta_{[\sigma_p]}^2 t + \widehat{\sigma}_{\ln\sigma_p}^2(t)}} \right) \end{aligned} \tag{6-18}$$

剪切应力的时变可靠度模型与式 (6-4) 相同，只需将式 (6-4) 中的正应力 σ、$[\sigma]$ 换成切应力 τ、$[\tau]$ 即可。

6.3 螺栓组连接时变不确定性分析

螺栓组连接结构设计考虑的主要原则有形状简单、便于分度、各螺栓受力均匀等。螺栓组连接的几种典型布置结构如图 6-2 所示。

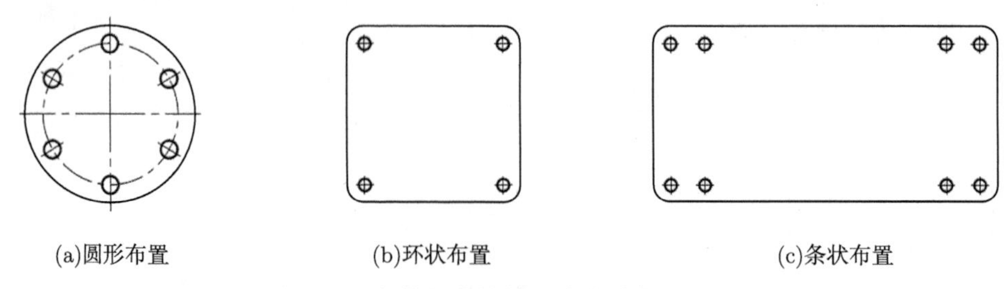
(a)圆形布置　(b)环状布置　(c)条状布置

图 6-2　螺栓组连接的几种典型布置结构

不同的布置结构在受到工作载荷作用时，各螺栓受力可能会不同，这就需要利用不同的可靠度模型。

6.3.1　螺栓组受轴向载荷的不确定性分析

螺栓组在受轴向作用时，可认为各螺栓受力相同，所以螺栓受力与布置结构无关。可利用表决系统可靠度模型对其进行设计。设计时可认为各螺栓服从相同的随机过程，且相互独立，当螺栓组有 N 个螺栓时，其中有 M 个失效，则认为螺栓组失效。在 t 时刻，单个螺栓的可靠度为 $R(t)$，螺栓组可靠度为

$$R_S(t) = 1 - \mathrm{C}_N^M (1 - R(t))^M R(t)^{N-M} \tag{6-19}$$

当 $M = N$ 时，$R_S(t) = 1 - (1 - R(t))^N$，此时系统为并联系统。

6.3.2　螺栓组受横向载荷的不确定性分析

螺栓组在受横向作用时，可认为各螺栓受力相同，所以螺栓受力与布置结构无关，其设计方法与螺栓组受轴向载荷时相似。但因为螺栓受横向载荷时，需分别计算螺栓的剪切可靠度和挤压可靠度 (紧连接螺栓还需计算轴向应力可靠度)，所以在设计受横向载荷作用的螺栓时，需分别计算上述可靠度，并取其 t 时刻最小值，用表决系统可靠度模型，即式 (6-18) 计算。

1. 采用普通螺栓连接

采用普通螺栓连接时，拧紧各螺栓使其受相同的预紧力 F_p，则单个螺栓处产生的摩擦力为 $F_f = F_p f$，螺栓组连接力平衡条件为 $ZF_p fm \geqslant K_f F_\Sigma$。单个螺栓最小预紧力：

$$F_p \geqslant [F_p] = \frac{K_f F_\Sigma}{Zfm} \tag{6-20}$$

其中，Z——螺栓个数；

F_Σ——外载荷，N；

F_p——单个螺栓预紧力，N；

f——连接结合面摩擦因数；
m——摩擦面数目；
K_f——可靠性系数。

F_p、F_Σ 为时变元素，由于等式两边均只有一个时变元素，则

$$\mathrm{d}\ln F_p=\left(\lambda_{F_p}-\frac{1}{2}\delta_{F_p}^2\right)\mathrm{d}t+\delta_{F_p}\mathrm{d}w_t$$

$$\mathrm{d}\ln\left[F_p\right]=\left(\lambda_{F_\Sigma}-\frac{1}{2}\delta_{F_\Sigma}^2\right)\mathrm{d}t+\delta_{F_\Sigma}\mathrm{d}w_t$$

可靠度为

$$R(t)=\varPhi\left(\frac{\ln\left[F_p\right](0)-\ln F_p(0)+\left(\lambda_{F_\Sigma}-\dfrac{\delta_{F_\Sigma}^2}{2}\right)t-\left(\lambda_{F_p}-\dfrac{\delta_{F_p}^2}{2}\right)t}{\sqrt{\left(\delta_{F_\Sigma}^2+\delta_{F_p}^2\right)t}}\right) \tag{6-21}$$

2. 采用铰制孔螺栓连接

采用铰制孔螺栓连接，在强度计算时预紧力和摩擦力均不考虑。因此单个螺栓只承受工作载荷 $F=\dfrac{F_\Sigma}{Z}$，设计方法与单个铰制孔用螺栓设计方法相似。

6.3.3　螺栓组受转矩的不确定性分析

螺栓组受到转矩作用时，圆形布置和环状布置的螺栓组各螺栓受力相当于横向载荷作用。故设计计算方法与受到横向载荷的螺栓组相同。在螺栓组条状布置情况下，各螺栓受力情况如图 6-3、图 6-4 所示。

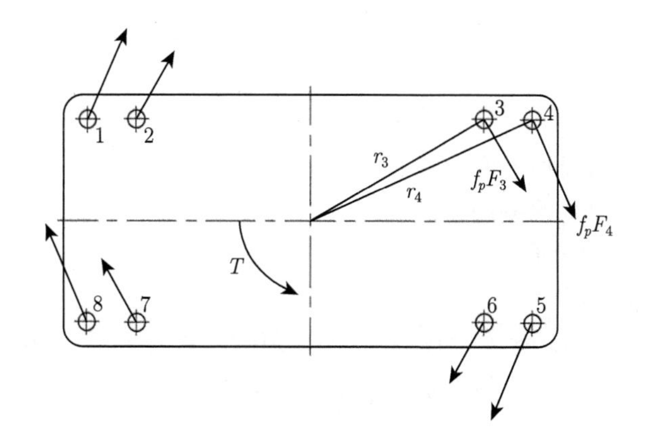

图 6-3　受转矩作用的螺栓组 (普通螺栓连接)

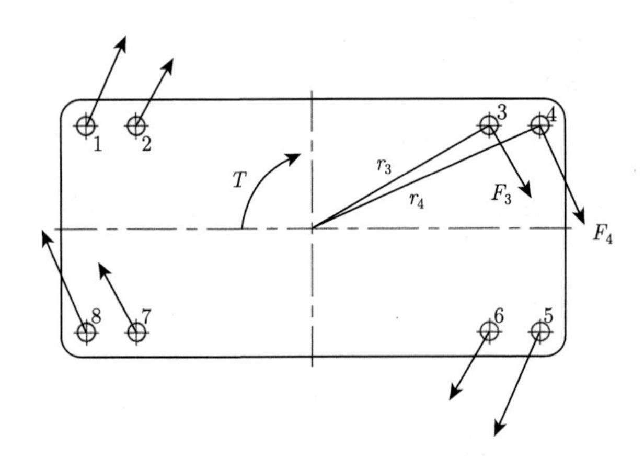

图 6-4　受转矩作用的螺栓组 (铰制孔用螺栓连接)

1. 采用普通螺栓连接

采用普通螺栓连接时，外加转矩为 T，拧紧各螺栓使其受相同的预紧力 F_p，摩擦产生的力矩 $\sum\limits_{i=1}^{n} F_p f r_i$ 与转矩 T 平衡，平衡条件为 $F_p f \sum\limits_{i=1}^{n} r_i \geqslant K_f T$，$K_f$ 为可靠性系数，单个螺栓最小预紧力为 $F_p \geqslant \dfrac{K_f T}{f\sum\limits_{i=1}^{n} r_i}$。若不采取防松措施，松脱的发生率要比其他形式失效的发生率高得多。所以该螺栓组连接必须采取防松措施。此时螺栓组连接的失效与 T、f 有关，最小预紧力下降到一定值时，则结合面可能产生滑移。预紧力：

$$F_p \geqslant [F_p] = \frac{K_f T}{f\sum\limits_{i=1}^{n} r_i} \tag{6-22}$$

其中，T——转矩，N · mm；

F_p——单个螺栓预紧力，N；

f——连接结合面摩擦因数；

r_i——第 i 个螺栓的回转半径，mm；

K_f——可靠性系数。

由于时变元素只有转矩 T 和预紧力 F_p，因此预紧力 F_p 和许用预紧力 $[F_p]$ 可视作服从几何布朗运动，漂移率为 λ_T、λ_{F_p}，波动率为 δ_T、δ_{F_p}。

$$\mathrm{d}\ln F_p = \left(\lambda_{F_p} - \frac{1}{2}\delta_{F_p}^2\right)\mathrm{d}t + \delta_{F_p}\mathrm{d}w_t$$

$$\mathrm{d}\ln\left[F_p\right] = \left(\lambda_T - \frac{1}{2}\delta_T^2\right)\mathrm{d}t + \delta_T \mathrm{d}w_t$$

可靠度计算式与式 (6-19) 相同。

2. 采用铰制孔用螺栓连接

采用铰制孔用螺栓连接 (图 6-4)，外加转矩为 T 时，外加转矩 T 由各螺栓所受横向载荷 F 对型心 O 的转矩平衡。铰制孔用螺栓预紧力很小，故忽略预紧力和摩擦力的影响，力矩平衡条件为

$$F_1 r_1 + F_2 r_2 + \cdots + F_n r_n = \sum_{i=1}^{n} F_i r_i = T \tag{6-23}$$

其中，$r_1, r_2, \cdots, r_n$——螺栓轴线到螺栓组型心 O 的回转半径，mm；

$F_1, F_2, \cdots, F_n$——螺栓所受剪切载荷，N。

根据连接的变形协调条件有

$$\frac{F_1}{r_1} = \frac{F_2}{r_2} = \cdots = \frac{F_n}{r_n} = \frac{F_{\max}}{r_{\max}} \tag{6-24}$$

将式 (6-24) 代入式 (6-23) 可得各螺栓所受载荷为

$$F_i = \frac{T r_i}{r_1^2 + r_2^2 + \cdots + r_n^2} \tag{6-25}$$

根据 6.2.4 节单个铰制孔用受剪螺栓连接的时变不确定性设计，求得各螺栓时变可靠度。

在可靠性设计中，先找出型心 O，将相同回转半径的螺栓看成一个子螺栓组。由式 (6-24) 可知，若螺栓组失效，总是回转半径大的子螺栓组先失效，失效后则认为该子螺栓组的螺栓全部失效。

受剪螺栓失效时，由于产生了较大的塑性变形，故认为其不受横向载荷作用。以图 6-3 中螺栓组布置结构为例，螺栓 1、4、5、8 构成回转半径为 r_4 的子螺栓组，记为 1 组。螺栓 2、3、6、7 构成回转半径为 r_3 的子螺栓组，记为 2 组。

全部螺栓未失效时，$F_1 = F_4 = F_5 = F_8 = \dfrac{T r_4}{\sum\limits_{i=1}^{8} r_i^2}$，$F_2 = F_3 = F_6 = F_7 = \dfrac{T r_3}{\sum\limits_{i=1}^{8} r_i^2}$。此时需计算 1 组螺栓可靠度，记为 $R_1(t)$。因为 $r_1 = r_4 = r_5 = r_8$ 失效时，1 组螺栓先失效，1 组螺栓失效后，$F_2' = F_3' = F_6' = F_7' = \dfrac{T r_3}{r_2^2 + r_3^2 + r_6^2 + r_7^2}$，因

为无法比较 $\dfrac{Tr_4}{\sum\limits_{i=1}^{8} r_i^2}$ 与 $\dfrac{Tr_3}{r_2^2+r_3^2+r_6^2+r_7^2}$ 的大小，所以需计算此时的 2 组螺栓的可靠度，记为 $R_2(t)$，螺栓组整体的可靠度即为

$$R(t) = R_1(t) + (1 - R_1(t)) R_2(t) \tag{6-26}$$

推广至具有 n 个子螺栓组的螺栓组，则有

$$R(t) = R_1(t) + \sum_{i=2}^{n} \left(R_i(t) \cdot \prod_{j=1}^{i-1} (1 - R_j(t)) \right) \tag{6-27}$$

6.3.4 螺栓组受倾覆力矩的不确定性分析

如图 6-5 所示，螺栓组受到工作载荷 M 的作用，与螺栓组受转矩情况类似，根据力矩平衡条件和连接的变形协调条件设计。

该螺栓组静力平衡条件为

$$M = F_1 l_1 + F_2 l_2 + \cdots + F_i l_i \tag{6-28}$$

其中，M——倾覆力矩，N · mm；

$l_1, l_2, \cdots, l_n$——各螺栓轴线至螺栓组对称轴线的垂直距离，mm；

$F_1, F_2, \cdots, F_n$——各螺栓所受的工作载荷，N。

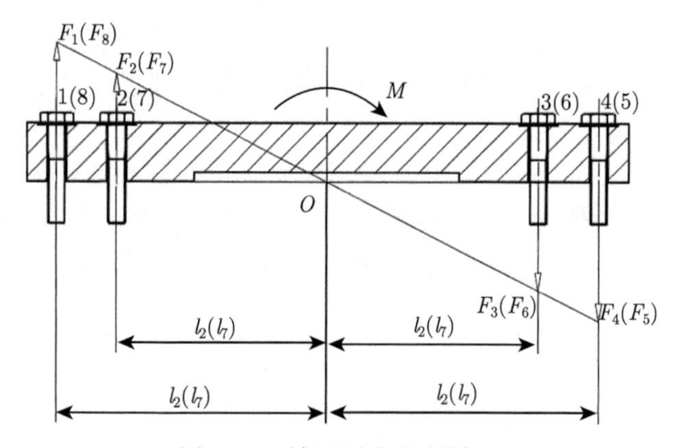

图 6-5 受倾覆力矩的螺栓组

根据变形协调条件螺栓工作压力与该螺栓至对称轴线的距离成正比：

$$\frac{F_1}{l_1} = \frac{F_2}{l_2} = \cdots = \frac{F_i}{l_i} = \frac{F_{\max}}{l_{\max}} \tag{6-29}$$

将式 (6-29) 代入式 (6-28) 得受力最大的螺栓所受的载荷 $F_{\max}$ 为

$$F_{\max}=\frac{Ml_{\max}}{l_1^2+l_2^2+\cdots+l_i^2} \tag{6-30}$$

其连接结合面压力最小处不应出现间隙，受压最大处不应出现压溃，则连接应满足条件：

$$\sigma_{p\min}\approx\frac{ZF_p}{A}-\frac{M}{W}>0 \tag{6-31}$$

$$\sigma_{p\max}=\frac{ZF_p}{A}+\frac{M}{W}\leqslant[\sigma_p] \tag{6-32}$$

其中，$\sigma_{p\min}$——结合面左侧外边缘的最小挤压应力，MPa；

Z——螺栓个数；

F_p——预紧力，N；

A——底座与支承面的接触面积，mm^2；

W——底座结合面的抗弯系数，mm^3；

$\sigma_{p\max}$——结合面右侧外边缘最大挤压应力，MPa；

$[\sigma_p]$——支承面材料的许用应力，MPa。

连接结合面压力最小处不应出现间隙即 $\sigma_{p\min}>0$，也就是 $\dfrac{ZF_p}{A}>\dfrac{M}{W}$。$F_p$、$M$ 可视作服从几何布朗运动的随机变量。

$$\begin{cases}\mathrm{d}F_p(t)=\lambda_{F_p}F_p(t)\,\mathrm{d}t+\delta_{F_p}F_p(t)\,\mathrm{d}w_{1t}\\ \mathrm{d}M(t)=\lambda_M M(t)\,\mathrm{d}t+\delta_M M(t)\,\mathrm{d}w_{2t}\end{cases}$$

$$\begin{cases}\mu_{F_p}=\lambda_{F_p}\cdot F_p(t),\sigma_{F_p}=\delta_{F_p}\cdot F_p(t)\\ \mu_M=\lambda_M\cdot M(t),\sigma_M=\delta_M\cdot M(t)\end{cases}$$

令 $\dfrac{M}{W}=X,\dfrac{ZF_p}{A}=[X]$

$$\ln X(t)\sim N\left(X(0)+\left(\lambda_{X(t)}-\frac{\delta_{X(t)}^2}{2}\right)t,\left(\delta_{X(t)}\sqrt{t}\right)^2\right)$$

$$\ln[X](t)\sim N\left(\ln[X](0)+\left(\lambda_{[X](t)}-\frac{\delta_{[X](t)}^2}{2}\right)t,\left(\delta_{[X](t)}\sqrt{t}\right)^2\right)$$

则结合面压力最小处不出现间隙的可靠度为

$$R_{\sigma_{p\min}}(t)=\varPhi\left(\frac{\ln[X](0)-\ln X(0)+\left(\lambda_{[X]}-\dfrac{\delta_{[X]}^2}{2}\right)t-\left(\lambda_X-\dfrac{\delta_X^2}{2}\right)t}{\sqrt{\left(\delta_{[X]}^2+\delta_X^2\right)t}}\right) \tag{6-33}$$

根据式 (6-32)：

$$\frac{\partial \ln \sigma_{p\max}}{\partial F_p}=\frac{1}{\dfrac{ZF_p}{A}+\dfrac{M}{W}}\cdot\frac{Z}{A}=\frac{1}{\sigma_{p\max}}\cdot\frac{Z}{A},\quad \frac{\partial \ln \sigma_{p\max}}{\partial M}=\frac{1}{\sigma_{p\max}}\cdot\frac{1}{W}$$

$$\frac{\partial^2 \ln \sigma_{p\max}}{\partial F_p^2}=-\frac{1}{\sigma_{p\max}^2}\cdot\frac{Z^2}{A^2},\quad \frac{\partial^2 \ln \sigma_{p\max}}{\partial M^2}=-\frac{1}{\sigma_{p\max}^2}\cdot\frac{1}{W^2}$$

$$\frac{\partial^2 \ln \sigma_{p\max}}{\partial F_p\partial M}=-\frac{1}{\sigma_{p\max}}\cdot\frac{Z}{AW}$$

则

$$\begin{aligned}
&\mathrm{d}\ln\sigma_{p\max}\\
=&\left(\frac{\partial}{\partial F_p}\mu_{F_p}+\frac{\partial}{\partial M}\mu_M+\frac{1}{2}\left(\frac{\partial}{\partial F_p}\sigma_{F_p}+\frac{\partial}{\partial M}\sigma_M\right)^2\right)\ln\sigma_{p\max}\mathrm{d}t\\
&+\left(\frac{\partial}{\partial F_p}\sigma_{F_p}\mathrm{d}w_{1t}+\frac{\partial}{\partial M}\sigma_M\mathrm{d}w_{2t}\right)\ln\sigma_{p\max}\\
=&\left(\frac{1}{\sigma_{p\max}}\left(\frac{Z}{A}\mu_{F_p}+\frac{1}{W}\mu_M\right)-\frac{1}{\sigma_{p\min}^2}\left(\frac{1}{2}\left(\frac{Z^2}{A^2}\sigma_F^2+\frac{1}{W^2}\sigma_M^2\right)+\frac{Z}{AW}\sigma_{F_p}\sigma_M\right)\right)\mathrm{d}t\\
&+\frac{1}{\sigma_{p\max}}\left(\frac{Z}{A}\sigma_{F_p}\mathrm{d}w_{1t}+\frac{1}{W}\sigma_M\mathrm{d}w_{2t}\right)\\
=&\left(\frac{1}{\sigma_{p\max}}\left(\frac{Z}{A}\lambda_{F_p}F_p+\frac{1}{W}\lambda_M M\right)\right.\\
&\left.-\frac{1}{\sigma_{p\min}^2}\left(\frac{1}{2}\left(\frac{Z^2}{A^2}\delta_{F_p}^2F_p^2+\frac{1}{W^2}\delta_M^2M^2\right)+\frac{Z}{AW}\sigma_{F_p}\sigma_M F_pM\right)\right)\mathrm{d}t\\
&+\frac{1}{\sigma_{p\max}}\left(\frac{Z}{A}\delta_{F_p}F_p\mathrm{d}w_{1t}+\frac{1}{W}\delta_M M\mathrm{d}w_{2t}\right)
\end{aligned}$$

$\ln\sigma_{p\ \max}$ 的均值和方差分别为

$$\left\{\begin{aligned}
\widehat{\mu}_{\ln\sigma_{p\ \max}}(t)=&\ln\sigma_{p\ \max}(0)+\int_0^t\left(\frac{1}{\sigma_{p\max}}\left(\frac{Z}{A}\lambda_{F_p}F_p+\frac{1}{W}\lambda_M M\right)\right.\\
&\left.-\frac{1}{\sigma_{p\min}^2}\left(\frac{1}{2}\left(\frac{Z^2}{A^2}\delta_{F_p}^2F_p^2+\frac{1}{W^2}\delta_M^2M^2\right)+\frac{Z}{AW}\sigma_{F_p}\sigma_M F_pM\right)\right)\mathrm{d}s\\
\widehat{\sigma}_{\ln\sigma_{p\max}}^2(t)=&\left(\int_0^t\frac{1}{\sigma_{p\max}}\frac{Z}{A}\delta_{F_p}F_p\mathrm{d}w_{1t}\right)^2+\left(\int_0^t\frac{1}{\sigma_{p\max}}\frac{1}{W}\delta_M M\mathrm{d}w_{2t}\right)^2
\end{aligned}\right.\tag{6-34}$$

则可靠度为

$$R_{\sigma_{p\max}}(t)=\varPhi\left(\frac{\ln\left[\sigma_{p\max}\right](0)+\left(\lambda_{[\sigma_{p\max}]}-\dfrac{\delta^2_{[\sigma_{p\max}]}}{2}\right)t-\widehat{\mu}_{\ln\sigma_{p\max}}(t)}{\sqrt{\delta^2_{[\sigma_{p\max}]}t+\widehat{\sigma}^2_{\ln\sigma_{p\max}}(t)}}\right) \tag{6-35}$$

总可靠度为

$$R=R_{\sigma_{p\min}}\cdot R_{\sigma_{p\max}} \tag{6-36}$$

6.4 螺栓连接时变不确定性设计

6.4.1 单个螺栓时变不确定性设计

算例 1 单个松连接螺栓

单个松连接普通螺栓，只受轴向工作载荷 $F=50\text{kN}$ 作用，设计五年后 ($t=1825$) 可靠度至少为 95%，设计该螺栓连接。

各元素漂移率、波动率为

$$\lambda_F=1\times10^{-4},\quad \delta_F=2\times10^{-3},\quad \lambda_{d_1}=-1\times10^{-4},\quad \delta_{d_1}=1\times10^{-4},$$

$$\lambda_{[S]}=-1\times10^{-5},\quad \delta_{[S]}=1\times10^{-4}$$

(计算时需要实际测得，本算例中仅给出特定条件下的数据，观测间隔 $\varDelta=1$ 天)

选用 8.0 级螺栓，$[\sigma]=\sigma_b=640\text{MPa}$，按照 $\sigma=\dfrac{\pi F}{4d_1^2}\geqslant[\sigma]$，可得

$$d_1\geqslant\sqrt{\frac{4F}{\pi[\sigma]}}=\sqrt{\frac{4\times50\times10^3}{\pi\times640}}=9.976(\text{mm})$$

初选 M16 螺栓，$d_1=13.835\text{mm}$，$\lambda_F=1\times10^{-4}$，$\delta_F=2\times10^{-3},\lambda_{d_1}=-1\times10^{-4},\delta_{d_1}=1\times10^{-4}$。

1. 拉应力 σ 计算

根据公式 (6-3)：

$$\ln\sigma=\ln\sigma(0)+\int_0^{1825}\mu_{\ln\sigma}\text{d}t+\int_0^{1825}\sigma_{\ln\sigma}\text{d}w_t$$

实际计算中用求和代换积分，即

$$\ln\sigma(1825)\sim N\left(\ln\sigma(0)+\sum_{i=0}^{1825}\mu_{\ln\sigma},\left(\sum_{i=0}^{1825}\sigma_{\ln\sigma}\right)^2\right)$$

解得

$$\sum_{i=0}^{1825}\mu_{\ln\sigma}=0.5478,\quad \sum_{i=0}^{1825}\sigma_{\ln\sigma}=2.89\times10^{-2}$$

$$\ln\sigma(1825)\sim N\left(\ln\sigma(0)+\sum_{i=0}^{1825}\mu_{\ln\sigma},\left(\sum_{i=0}^{1825}\sigma_{\ln\sigma}\right)^2\right)=N(6.3550,(2.89\times10^{-2})^2)$$

2. 许用应力 $[\sigma]$

$$\lambda_{[\sigma]}=-1\times10^{-5},\quad \delta_{[\sigma]}=1\times10^{-4}$$

$$\ln[\sigma]=\ln[\sigma](0)+\int_0^{1825}\mu_{\ln[\sigma]}\mathrm{d}t+\int_0^{1825}\sigma_{\ln[\sigma]}\mathrm{d}w_t$$

实际计算中用求和代换积分，即

$$\ln[\sigma](1825)\sim N\left(\ln[\sigma](0)+\sum_{i=0}^{1825}\mu_{\ln[\sigma]},\left(\sum_{i=0}^{1825}\sigma_{\ln[\sigma]}\right)^2\right)$$

解得

$$\sum_{i=0}^{1825}\mu_{\ln\sigma}=-0.0183,\quad \sum_{i=0}^{1825}\sigma_{\ln\sigma}=4.27\times10^{-2}$$

$$\ln[\sigma](365)\sim N\left(\ln[\sigma](0)+\sum_{i=0}^{1825}\mu_{\ln[\sigma]},\left(\sum_{i=0}^{1825}\sigma_{\ln[\sigma]}\right)^2\right)=N(6.4432,(4.27\times10^{-2})^2)$$

单个松连接普通螺栓的可靠度:

$$R(1825)=\varPhi\left(\frac{\mu_{\ln[\sigma]}(1825)-\mu_{\ln\sigma}(1825)}{\sqrt{\sigma^2_{\ln[\sigma]}(1825)+\sigma^2_{\ln\sigma}(1825)}}\right)=\varPhi(1.71)\approx95.64\%$$

因为 $R(1825)\approx95.64\%>95\%$，所以满足要求。

6.4.2 螺栓组时变不确定性设计

算例 2 受横向力矩和转矩共同作用的螺栓组

机架与边板采用 6 个普通螺栓连接，载荷 $F = 2000\text{N}$，取可靠性系数 $K_f = 1.2$，接合面摩擦因数 $f = 0.2$，摩擦面数目 $m = 1$，螺栓组看成串联系统。比较图 6-6 中的两种布置方案 (方案 1 为圆形布置，方案 2 为条状布置)。(各元素漂移率、波动率为 $\lambda_{F_p} = -1 \times 10^{-4}$，$\delta_{F_p} = 1 \times 10^{-4}$，$\lambda_{F_\Sigma} = 1 \times 10^{-4}$，$\delta_{F_\Sigma} = 1 \times 10^{-4}$，设计可靠度为 97.5%，观测间隔 $\Delta = 1$ 天) 将载荷螺栓组的受力 F 用等效受力代换，即绕螺栓组型心 O 的转矩 T 和横向载荷 F_Σ，$T = F \times 1500 = 2000 \times 1500 = 3 \times 10^6\text{N} \cdot \text{mm} = 3000\text{N} \cdot \text{m}$，$F_\Sigma = F = 2000$。图 6-7 为算例 2 两种布置方案受力分析。

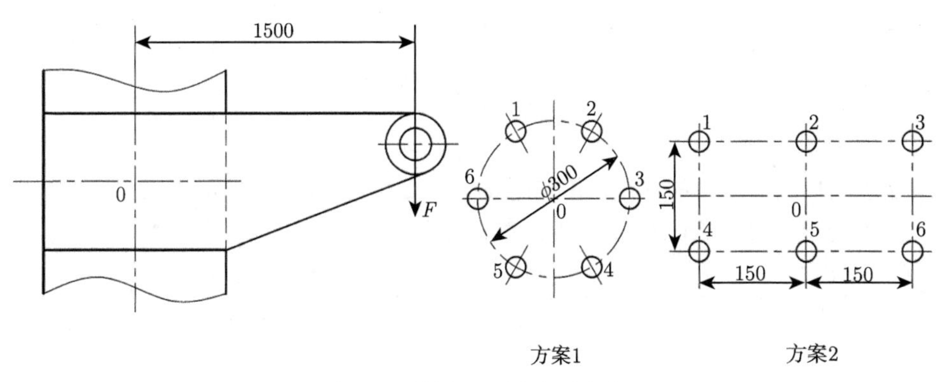

图 6-6 算例 2 两种布置方案

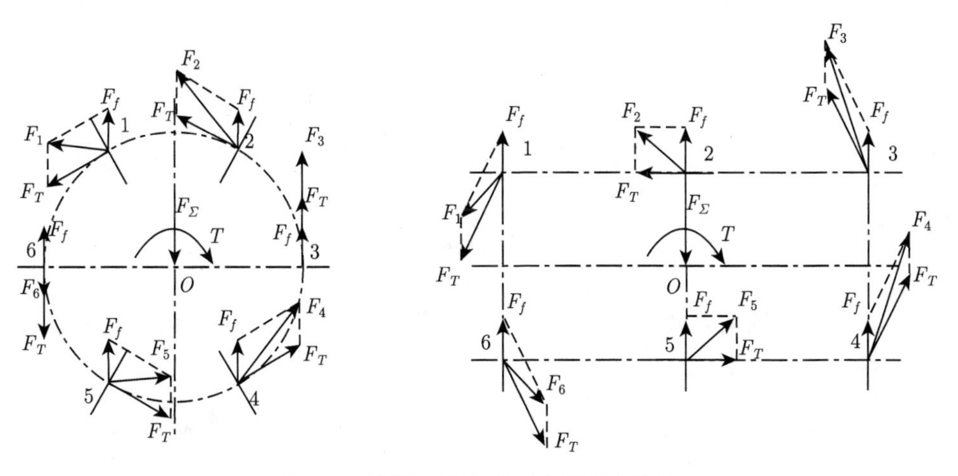

图 6-7 算例 2 两种布置方案受力分析

1. 方案 1 分析

由于横向载荷 F_Σ 的作用，各螺栓横向摩擦力为

$$F_f = \frac{K_f F_\Sigma}{Zm} = \frac{1.2 \times 2000}{6 \times 1} = 400(\mathrm{N})$$

由于转矩 T 的作用，各螺栓切向摩擦力为

$$F_T = \frac{K_f T}{m\sum\limits_{i=1}^{6} r_i} = \frac{1.2 \times 3 \times 10^6}{1 \times 6 \times 150} = 4000(\mathrm{N})$$

螺栓 3 处受力最大为

$$F_3 = F_f + F_T = 4400(\mathrm{N})$$

最小预紧力为

$$F_p = \frac{F_{\max}}{f} = \frac{4400}{0.2} = 22000(\mathrm{N})$$

2. 方案 2 分析

由于横向载荷 F_Σ 的作用，各螺栓横向摩擦力与方案 1 相同，为 $F_f = 400\mathrm{N}$。

由于转矩 T 的作用，各螺栓切向摩擦力为

$$F_T = \frac{K_f T}{m\sum\limits_{i=1}^{6} r_i} = \frac{K_f T}{1 \times (2 \times 75 + 4 \times \sqrt{150^2 + 75^2})} = \frac{1.2 \times 3 \times 10^6}{820.82} = 4385.86(\mathrm{N})$$

螺栓 3、4 处受力最大

$$\boldsymbol{F}_3 = \boldsymbol{F}_f + \boldsymbol{F}_T$$

$$\begin{aligned} F_{\max}\left|F_3\right| &= \sqrt{\left|F_f\right|^2 + \left|F_T\right|^2 - 2\left|F_f\right|\left|F_T\right|\cos\left(180^\circ - \arcsin\frac{1}{\sqrt{5}}\right)} \\ &= \sqrt{400^2 + 4385.86^2 - 2 \times 400 \times 4385.86 \times \cos 153.4^\circ} = 4746.90(\mathrm{N}) \end{aligned}$$

最小预紧力：

$$F_p = \frac{F_{\max}}{f} = \frac{4746.90}{0.2} = 23735(\mathrm{N})$$

方案 2 最小预紧力大于方案 1，若两方案螺栓采取相同的预紧力，取 25000N，根据公式 (6-4)，方案 1 可靠度为

$$R(t) = \Phi\left(\frac{\ln\sigma_p(0) - \ln\sigma_{\min}(0) + \left(\lambda_{\sigma_p} - \dfrac{\delta_{\sigma_p}^2}{2}\right)t - \left(\lambda_{\sigma_{\min}} - \dfrac{\delta_{\sigma_{\min}}^2}{2}\right)t}{\sqrt{\left(\delta_{\sigma_p}^2 + \delta_{\sigma_{\min}}^2\right)t}}\right)$$

$$=\Phi\left(\ln 25000-\ln 22000+\left(-1\times 10^{-4}-\frac{1}{2}(1\times 10^{-4})^2\right)t\right.$$

$$\left.-\left(1\times 10^{-4}-\frac{1}{2}(1\times 10^{-4})^2\right)t\right)\Big/\left(\sqrt{((1\times 10^{-4})^2+(1\times 10^{-4})^2)t}\right)$$

$$=\Phi\left(\frac{0.1278-2\times 10^{-4}t}{1.414\times 10^{-4}t}\right)\geqslant 97.5\%$$

$\dfrac{0.1278-2\times 10^{-4}t}{1.414\times 10^{-4}t}\geqslant 1.96, t\leqslant 267.8$，即在第 268 天螺栓组可靠度不满足要求。

方案 2 可靠度为

$$R(t)=\Phi\left(\frac{\ln\sigma_p(0)-\ln\sigma_{\min}(0)+\left(\lambda_{\sigma_p}-\dfrac{\delta_{\sigma_p}^2}{2}\right)t-\left(\lambda_{\sigma_{\min}}-\dfrac{\delta_{\sigma_{\min}}^2}{2}\right)t}{\sqrt{\left(\delta_{\sigma_p}^2+\delta_{\sigma_{\min}}^2\right)t}}\right)$$

$$=\Phi\left(\ln 25000-\ln 23735+\left(-1\times 10^{-4}-\frac{1}{2}(1\times 10^{-4})^2\right)t\right.$$

$$\left.-\left(1\times 10^{-4}-\frac{1}{2}(1\times 10^{-4})^2\right)t\right)\Big/\left(\sqrt{((1\times 10^{-4})^2+(1\times 10^{-4})^2)t}\right)$$

$$=\Phi\left(\frac{0.0519-2\times 10^{-4}t}{1.414\times 10^{-4}t}\right)\geqslant 97.5\%$$

$\dfrac{0.0519-2\times 10^{-4}t}{1.414\times 10^{-4}t}\geqslant 1.96, t\leqslant 108.8$，即在第 109 天螺栓组可靠度不满足要求。

因此，方案 1 优于方案 2。

6.5 小　结

本章基于时变不确定性模型，对螺栓连接进行设计建模，推导了相应的时变不确定性计算公式。利用时变不确定性模型建立松连接螺栓、只受预紧力的紧连接螺栓、受轴向工作载荷的紧连接螺栓、铰制孔用受剪连接螺栓的状态函数和许用状态函数，系统安全的条件为：系统状态函数小于许用状态函数。系统状态函数和许用状态函数的漂移函数和波动函数，可由本章中的时变元素表达。通过积分求得状态函数和许用状态函数的均值和方差，求出给定时刻的系统可靠度，为螺栓连接的设计提供指导。

第 7 章　V 带传动时变不确定性设计

7.1　概　　述

7.1.1　带传动工作原理

带传动分为摩擦型带传动和啮合型带传动，本章主要讨论摩擦型带传动。带传动一般由主动带轮 1、从动带轮 2 和挠性带 3 组成 (图 7-1)，传动带按一定的预拉力套在两轮上，带与带轮间会产生一定的正压力，主动轮转动时带与接触面产生摩擦力，主动轮通过摩擦力使带运动，挠性带通过摩擦力使从动带轮运动。通过这样的方式，主动带轮上的运动和动力可以传递给从动带轮。

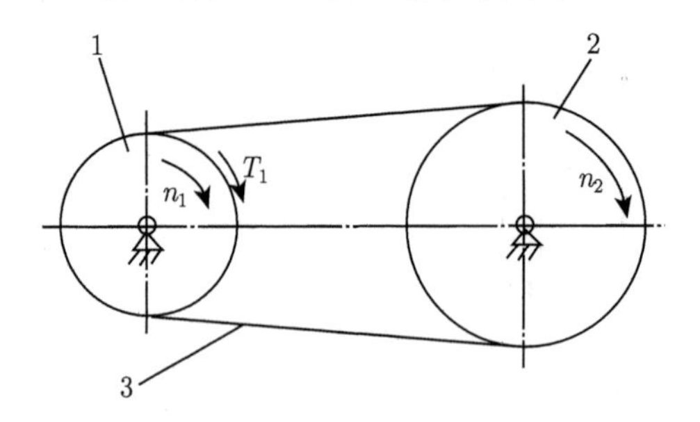

图 7-1　带传动工作原理

1. 主动带轮；2. 从动带轮；3. 挠性带

由于带传动弹性滑动不可避免，在经过一定的工作时间后皮带会产生磨损，工作时温度也会相应升高，带也会变得松弛。摩擦因数 f、每米带长质量 q、带的横截面面积 A、带的最外层到中性层的距离 h_a 等参数都会变化。这就需要用时变不确定性理论对带传动进行设计 [66,67]。

7.1.2　带传动受力分析和应力分析简述

1. 带的受力分析

带传动不工作时两边受力相等，均为张紧力 F_0，工作时紧边拉力增加至 F_1，松边拉力减小为 F_2，有效拉力为

$$F_{\mathrm{e}}=\frac{1000P}{v}=F_1-F_2 \tag{7-1}$$

其中，P——传递的功率，kW；

v——带的线速度，m/s。

2. 带传动最大有效拉力 $F_{\max}$

带传动最大有效拉力 $F_{\max}$ 为摩擦力达到极限值时，$F_{\mathrm{e}}=F_{\max}$。此时

$$F_1=F_2\mathrm{e}^{f\alpha} \tag{7-2}$$

其中，α——包角，(°)；

f——V 带传动的摩擦系数。

假设紧边拉力增加量与松边拉力减小量相等，即 $F_1-F_0=F_0-F_2$，则有

$$F_{\max}=F_1\left(1-\frac{1}{\mathrm{e}^{f_v\alpha}}\right) \tag{7-3}$$

其中，f_v——V 带传动的当量摩擦系数。

3. 带的应力分析

挠性带工作时所受应力为规律性不稳定循环变应力，带中最大应力 $S_{\max}$ 发生位置在带的紧边绕入小带轮处。最大应力 $S_{\max}$ 由紧边拉应力 $S_1=\dfrac{F_1}{A}$、离心应力 $S_c=\dfrac{qv^2}{A}$、弯曲应力 $S_{b1}=E\dfrac{2h_a}{d_d}$ 三部分组成，即

$$S_{\max}=S_1+S_c+S_{b1}=\frac{F_1}{A}+\frac{qv^2}{A}+E\frac{2h_a}{d_d} \tag{7-4}$$

其中，A——带的横截面面积，mm^2；

q——每米带长质量，kg/m；

E——带的拉压弹性模量，MPa；

d_d——带轮基本直径，mm；

h_a——带的最外层到中性层的距离，mm。

7.2 V 带传动时变不确定性计算模型

7.2.1 带传动的失效形式与设计准则

带传动的主要失效形式：打滑和疲劳破坏，带传动的基本设计准则是保证在不打滑的条件下具有一定的工作寿命。在进行时变不确定分析时，主要考虑这两个因素。

7.2.2　带传动不打滑的条件的时变不确定性计算模型

带传动不打滑的条件：

$$F_{\mathrm{e}}=\frac{1000P}{v}\leqslant F_{\max}=F_1\left(1-\frac{1}{\mathrm{e}^{f_v\alpha}}\right)\tag{7-5}$$

有效拉力：

$$\ln F_{\mathrm{e}}=\ln 1000+\ln P-\ln v\tag{7-6}$$

$$\frac{\partial\ln F_{\mathrm{e}}}{\partial P}=\frac{1}{P},\quad\frac{\partial\ln F_{\mathrm{e}}}{\partial v}=-\frac{1}{v},\quad\frac{\partial^2\ln F_{\mathrm{e}}}{\partial P\partial v}=0,\quad\frac{\partial^2\ln F_{\mathrm{e}}}{\partial P^2}=-\frac{1}{P^2},\quad\frac{\partial^2\ln F_{\mathrm{e}}}{\partial v^2}=\frac{1}{v^2}$$

式中，P、v 均视为服从几何布朗运动的随机变量。

$$\begin{cases}\mathrm{d}P(t)=\lambda_P P(t)\,\mathrm{d}t+\delta_P P(t)\,\mathrm{d}w_{1t}\\ \mathrm{d}v(t)=\lambda_v v(t)\,\mathrm{d}t+\delta_v v(t)\,\mathrm{d}w_{2t}\end{cases}$$

$$\begin{cases}\mu_P=\lambda_P\cdot P(t),\sigma_P=\delta_P\cdot P(t)\\ \mu_v=\lambda_v\cdot v(t),\sigma_v=\delta_v\cdot v(t)\end{cases}$$

$$\begin{aligned}\mathrm{d}\ln F_{\mathrm{e}}&=\left(\frac{\partial}{\partial P}\mu_P+\frac{\partial}{\partial v}\mu_v+\frac{1}{2}\left(\frac{\partial}{\partial P}\sigma_P+\frac{\partial}{\partial v}\sigma_v\right)^2\right)\ln F_{\mathrm{e}}\mathrm{d}t\\&\quad+\left(\frac{\partial}{\partial P}\sigma_P\mathrm{d}w_{1t}+\frac{\partial}{\partial v}\sigma_v\mathrm{d}w_{2t}\right)\\&=\left(\frac{1}{P}\mu_P-\frac{1}{v}\mu_v+\frac{1}{2}\left(-\frac{1}{P^2}\sigma_P^2+\frac{1}{v^2}\sigma_v^2\right)\right)\mathrm{d}t+\left(\frac{1}{P}\sigma_P\mathrm{d}w_{1t}-\frac{1}{v}\sigma_v\mathrm{d}w_{2t}\right)\\&=\left(\lambda_P-\lambda_v+\frac{1}{2}\left(-\delta_P^2+\delta_v^2\right)\right)\mathrm{d}t+\left(\delta_P\mathrm{d}w_{1t}-\delta_v\mathrm{d}w_{2t}\right)\end{aligned}$$

$\ln F_{\mathrm{e}}$ 的均值和方差分别为

$$\begin{cases}\widehat{\mu}_{\ln F_{\mathrm{e}}}(t)=\ln F_{\mathrm{e}}(0)+\displaystyle\int_0^t\left(\lambda_P-\lambda_v+\frac{1}{2}\left(-\delta_P^2+\delta_v^2\right)\right)\mathrm{d}s\\ \qquad\qquad=\ln F_{\mathrm{e}}(0)+\left(\lambda_P-\lambda_v+\dfrac{1}{2}\left(-\delta_P^2+\delta_v^2\right)\right)t\\ \widehat{\sigma}_{\ln F_{\mathrm{e}}}^2(t)=\left(\displaystyle\int_0^t\delta_P\mathrm{d}w_{1t}\right)^2+\left(\displaystyle\int_0^t\delta_v\mathrm{d}w_{2t}\right)^2=\left(\delta_P^2+\delta_v^2\right)t\end{cases}\tag{7-7}$$

根据式 (7-5)，对最大有效拉力 $F_{\max}$ 取对数 (由于小带轮包角 $\alpha\approx180^\circ-\dfrac{(d_{\mathrm{d2}}-d_{\mathrm{d1}})}{a}\times57.3^\circ$，且定期张紧，故把小带轮包角 α 看成常量计算)：

$$\ln F_{\max}=\ln F_1+\ln\left(1-\frac{1}{\mathrm{e}^{f_v\alpha}}\right)\tag{7-8}$$

$$\frac{\partial \ln F_{\max}}{\partial F_1}=\frac{1}{F_1},\quad \frac{\partial \ln F_{\max}}{\partial f_v}=\frac{\alpha}{\mathrm{e}^{f_v\alpha}-1},\quad \frac{\partial^2 \ln F_{\max}}{\partial F_1^2}=-\frac{1}{F_1^2}$$

$$\frac{\partial^2 \ln F_{\max}}{\partial f_v^2}=-\frac{\alpha^2\mathrm{e}^{f_v\alpha}}{(\mathrm{e}^{f_v\alpha}-1)^2},\quad \frac{\partial^2 \ln F_{\max}}{\partial F_1\partial f_v}=0$$

式中，F_1、f_v 均视为服从几何布朗运动的随机变量。

$$\begin{cases} \mathrm{d}F_1(t)=\lambda_{F_1}F_1(t)\,\mathrm{d}t+\delta_{F_1}F_1(t)\,\mathrm{d}w_{1t}, \\ \mathrm{d}f_v(t)=\lambda_{f_v}f_v(t)\,\mathrm{d}t+\delta_{f_v}f_v(t)\,\mathrm{d}w_{2t}, \end{cases}$$

$$\begin{cases} \mu_{F_1}=\lambda_{F_1}\cdot F_1(t),\sigma_{F_1}=\delta_{F_1}\cdot F_1(t) \\ \mu_{f_v}=\lambda_{f_v}\cdot f_v(t),\sigma_{f_v}=\delta_{f_v}\cdot f_v(t) \end{cases}$$

$$\begin{aligned} \mathrm{dln}F_{\max}=&\left(\left(\frac{\partial}{\partial F_1}\mu_{F_1}+\frac{\partial}{\partial f_v}\mu_{f_v}\right)+\frac{1}{2}\left(\frac{\partial}{\partial F_1}\sigma_{F_1}+\frac{\partial}{\partial f_v}\sigma_{f_v}\right)^2\right)\ln F_{\max}\mathrm{d}t \\ &+\left(\frac{\partial}{\partial F_1}\sigma_{F_1}\mathrm{d}w_{1t}+\frac{\partial}{\partial f_v}\sigma_{f_v}\mathrm{d}w_{2t}\right)\ln F_{\max} \\ =&\left(\left(\frac{1}{F_1}\mu_{F_1}+\frac{\alpha}{\mathrm{e}^{f_v\alpha}-1}\mu_{f_v}\right)+\frac{1}{2}\left(-\frac{1}{F_1^2}\sigma_P^2-\frac{\alpha^2\mathrm{e}^{f_v\alpha}}{(\mathrm{e}^{f_v\alpha}-1)^2}\sigma_{f_v}^2\right)\right)\mathrm{d}t \\ &+\left(\frac{1}{F_1}\sigma_{F_1}\mathrm{d}w_{1t}+\frac{\alpha}{\mathrm{e}^{f_v\alpha}-1}\sigma_{f_v}\mathrm{d}w_{2t}\right) \\ =&\left(\left(\lambda_{F_1}+\frac{\alpha}{\mathrm{e}^{f_v\alpha}-1}\lambda_{f_v}f_v\right)+\frac{1}{2}\left(-\delta_P^2-\frac{\alpha^2\mathrm{e}^{f_v\alpha}}{(\mathrm{e}^{f_v\alpha}-1)^2}\delta_{f_v}^2f_v^2\right)\right)\mathrm{d}t \\ &+\left(\delta_{F_1}\mathrm{d}w_{1t}+\frac{\alpha}{\mathrm{e}^{f_v\alpha}-1}\delta_{f_v}f_v\mathrm{d}w_{2t}\right) \end{aligned}$$

$\ln F_{\max}$ 的均值和方差分别为

$$\begin{cases} \widehat{\mu}_{\ln F_{\max}}(t)=\ln F_{\max}(0) \\ \qquad +\int_0^t\left(\left(\lambda_{F_1}+\frac{\alpha}{\mathrm{e}^{f_v\alpha}-1}\lambda_{f_v}f_v\right)+\frac{1}{2}\left(-\delta_P^2-\frac{\alpha^2\mathrm{e}^{f_v\alpha}}{(\mathrm{e}^{f_v\alpha}-1)^2}\delta_{f_v}^2f_v^2\right)\right)\mathrm{d}s \\ \widehat{\sigma}_{\ln F_{\max}}^2(t)=\left(\int_0^t\delta_{F_1}\mathrm{d}w_{1t}\right)^2+\left(\int_0^t\frac{\alpha f_v}{\mathrm{e}^{f_v\alpha}-1}\delta_{f_v}\mathrm{d}w_{1t}\right)^2 \end{cases} \tag{7-9}$$

带传动不打滑的可靠度为

$$R(t)=\Phi\left(\frac{\widehat{\mu}_{\ln F_{\max}}(t)-\widehat{\mu}_{\ln F_{\mathrm{e}}}(t)}{\sqrt{\sigma_{\ln F_{\mathrm{e}}}^2(t)+\sigma_{\ln F_{\max}}^2(t)}}\right) \tag{7-10}$$

7.2.3　带传动最大应力的时变不确定性计算模型

带传动的疲劳强度条件为

$$S_{\max} = S_1 + S_c + S_{b1} \leqslant [S] \tag{7-11}$$

最大应力 $S_{\max} = S_1 + S_c + S_{b1} = \dfrac{F_1}{A} + \dfrac{qv^2}{A} + E\dfrac{2h_a}{d_d}$(弹性模量不为时变元素)，对式 (7-11) 两边取对数:

$$\ln S_{\max} = \ln\left(\frac{F_1}{A} + \frac{qv^2}{A} + E\frac{2h_a}{d_d}\right) \tag{7-12}$$

$$\frac{\partial \ln S_{\max}}{\partial F_1} = \frac{1}{\dfrac{F_1}{A} + \dfrac{qv^2}{A} + E\dfrac{2h_a}{d_d}} \times \frac{1}{A} = \frac{1}{S_{\max}} \cdot \frac{1}{A}$$

$$\frac{\partial \ln S_{\max}}{\partial A} = -\frac{1}{S_{\max}} \cdot \frac{(F_1 + qv^2)}{A^2}, \quad \frac{\partial \ln S_{\max}}{\partial q} = \frac{1}{S_{\max}} \cdot \frac{v^2}{A}$$

$$\frac{\partial \ln S_{\max}}{\partial v} = \frac{1}{S_{\max}} \cdot \frac{2qv}{A}, \quad \frac{\partial \ln S_{\max}}{\partial h_a} = \frac{1}{S_{\max}} \cdot \frac{2E}{d_d}$$

$$\frac{\partial \ln S_{\max}}{\partial d_d} = -\frac{1}{S_{\max}} \cdot \frac{2Eh_a}{d_d^2}, \quad \frac{\partial^2 \ln S_{\max}}{\partial F_1^2} = -\frac{1}{S_{\max}^2} \cdot \frac{1}{A^2}$$

$$\frac{\partial^2 \ln S_{\max}}{\partial A^2} = -\frac{1}{S_{\max}^2} \cdot \frac{(F_1 + qv^2)^2}{A^4} + \frac{1}{S_{\max}} \cdot \frac{2(F_1 + qv^2)}{A^3}$$

$$\frac{\partial^2 \ln S_{\max}}{\partial q^2} = -\frac{1}{S_{\max}^2} \cdot \frac{v^4}{A^2}$$

$$\frac{\partial^2 \ln S_{\max}}{\partial v^2} = -\frac{1}{S_{\max}^2} \cdot \left(\frac{2qv}{A}\right)^2 + \frac{1}{S_{\max}} \cdot \frac{2q}{A}$$

$$\frac{\partial^2 \ln S_{\max}}{\partial h_a^2} = -\frac{1}{S_{\max}^2} \cdot \frac{4E^2}{d_d^2}, \quad \frac{\partial^2 \ln S_{\max}}{\partial d_d^2} = \frac{1}{S_{\max}^2} \cdot \frac{4E^2 h_a^2}{d_d^4} + \frac{1}{S_{\max}} \frac{4Eh_a}{d_d^3}$$

$$\frac{\partial^2 \ln S_{\max}}{\partial F_1 \partial A} = \frac{1}{S_{\max}^2} \cdot \frac{F_1 + qv^2}{A^3} - \frac{1}{S_{\max}} \cdot \frac{1}{A^2}$$

$$\frac{\partial^2 \ln S_{\max}}{\partial F_1 \partial q} = -\frac{1}{S_{\max}^2} \cdot \frac{v^2}{A^2}, \quad \frac{\partial^2 \ln S_{\max}}{\partial F_1 \partial v} = -\frac{1}{S_{\max}^2} \cdot \frac{2qv}{A^2}$$

$$\frac{\partial^2 \ln S_{\max}}{\partial F_1 \partial h_a} = -\frac{1}{S_{\max}^2} \cdot \frac{2E}{Ad_d}, \quad \frac{\partial^2 \ln S_{\max}}{\partial F_1 \partial d_d} = \frac{1}{S_{\max}^2} \cdot \frac{2Eh_a}{Ad_d^2}$$

$$\frac{\partial^2 \ln S_{\max}}{\partial A \partial q} = \frac{1}{S_{\max}^2} \cdot \frac{v^2(F_1 + qv^2)}{A^3} - \frac{1}{S_{\max}} \cdot \frac{v^2}{A^2}$$

$$\frac{\partial^2 \ln S_{\max}}{\partial A \partial v} = \frac{1}{S_{\max}^2} \cdot \frac{2qv(F_1 + qv^2)}{A^3} \cdot - \frac{1}{S_{\max}} \cdot \frac{2qv}{A^2}$$

$$\frac{\partial^2 \ln S_{\max}}{\partial A \partial h_a} = \frac{1}{S_{\max}^2} \cdot \frac{2E(F_1 + qv^2)}{A^2 d_d}$$

$$\frac{\partial^2 \ln S_{\max}}{\partial A \partial d_d} = -\frac{1}{S_{\max}^2} \cdot \frac{2Eh_a(F_1 + qv^2)}{A^2 d_d^2}$$

$$\frac{\partial^2 \ln S_{\max}}{\partial q \partial v} = -\frac{1}{S_{\max}^2} \cdot \frac{2qv^3}{A^2} + \frac{1}{S_{\max}} \cdot \frac{2v}{A}, \quad \frac{\partial^2 \ln S_{\max}}{\partial q \partial h_a} = -\frac{1}{S_{\max}^2} \cdot \frac{2Ev^2}{d_d A}$$

$$\frac{\partial^2 \ln S_{\max}}{\partial q \partial d_d} = \frac{1}{S_{\max}^2} \cdot \frac{2Eh_a v^2}{A d_d^2}$$

$$\frac{\partial^2 \ln S_{\max}}{\partial v \partial h_a} = -\frac{1}{S_{\max}^2} \cdot \frac{4Eqv}{A d_d}, \quad \frac{\partial^2 \ln S_{\max}}{\partial v \partial d_d} = \frac{1}{S_{\max}^2} \cdot \frac{4Eh_a qv}{A d_d^2}$$

$$\frac{\partial^2 \ln S_{\max}}{\partial h_a \partial d_d} = \frac{1}{S_{\max}^2} \cdot \frac{4E^2 h_a}{d_d^3} - \frac{1}{S_{\max}} \frac{2E}{d_d^2}$$

式中，F_1、A、q、v、h_a、d_d 均视为服从几何布朗运动的随机变量。

$$\begin{cases} \mathrm{d}F_1(t) = \lambda_{F_1} F_1(t)\,\mathrm{d}t + \delta_{F_1} F_1(t)\,\mathrm{d}w_{1t} \\ \mathrm{d}A(t) = \lambda_A A(t)\,\mathrm{d}t + \delta_A A(t)\,\mathrm{d}w_{2t} \\ \mathrm{d}q(t) = \lambda_q q(t)\,\mathrm{d}t + \delta_q q(t)\,\mathrm{d}w_{3t} \\ \mathrm{d}v(t) = \lambda_v v(t)\,\mathrm{d}t + \delta_v v(t)\,\mathrm{d}w_{4t} \\ \mathrm{d}h_a(t) = \lambda_{h_a} h_a(t)\,\mathrm{d}t + \delta_{h_a} h_a(t)\,\mathrm{d}w_{5t} \\ \mathrm{d}d_d(t) = \lambda_{d_d} d_d(t)\,\mathrm{d}t + \delta_{d_d} d_d(t)\,\mathrm{d}w_{6t} \end{cases}$$

$$\begin{cases} \mu_{F_1} = \lambda_{F_1} \cdot F_1(t), \sigma_{F_1} = \delta_{F_1} \cdot F_1(t) \\ \mu_A = \lambda_A \cdot A(t), \sigma_A = \delta_A \cdot f_A(t) \\ \mu_q = \lambda_q \cdot q(t), \sigma_q = \delta_q \cdot q(t) \\ \mu_v = \lambda_v \cdot v(t), \sigma_v = \delta_v \cdot v(t) \\ \mu_{h_a} = \lambda_{h_a} \cdot h_a(t), \sigma_{h_a} = \delta_{h_a} \cdot h_a(t) \\ \mu_{d_d} = \lambda_{d_d} \cdot d_d(t), \sigma_{d_d} = \delta_{d_d} \cdot d_d(t) \end{cases}$$

$$\begin{aligned} \mathrm{d}\ln S_{\max} = & \left(\left(\frac{\partial}{\partial F_1}\mu_{F_1} + \frac{\partial}{\partial A}\mu_A + \frac{\partial}{\partial q}\mu_q + \frac{\partial}{\partial v}\mu_v + \frac{\partial}{\partial h_a}\mu_{h_a} + \frac{\partial}{\partial d_d}\mu_{d_d} \right) \right. \\ & \left. + \frac{1}{2}\left(\frac{\partial}{\partial F_1}\sigma_{F_1} + \frac{\partial}{\partial A}\sigma_A + \frac{\partial}{\partial q}\sigma_q + \frac{\partial}{\partial v}\sigma_v + \frac{\partial}{\partial h_a}\sigma_{h_a} + \frac{\partial}{\partial d_d}\sigma_{d_d} \right)^2 \right) \ln S_{\max} \\ & + \left(\frac{\partial}{\partial F_1}\sigma_{F_1}\mathrm{d}w_{1t} + \frac{\partial}{\partial A}\sigma_A \mathrm{d}w_{2t} + \frac{\partial}{\partial q}\sigma_q \mathrm{d}w_{3t} + \frac{\partial}{\partial v}\sigma_v \mathrm{d}w_{4t} \right. \end{aligned}$$

$$
\begin{aligned}
&+\frac{\partial}{\partial h_a}\mu_{h_a}\mathrm{d}w_{5t}+\frac{\partial}{\partial d_d}\mu_{d_d}\mathrm{d}w_{6t}\Bigg)\\
=&\Bigg(\frac{1}{S_{\max}}\Bigg(\frac{F_1}{A}\lambda_{F_1}-\frac{(F_1+qv^2)}{A}\lambda_A+\frac{qv^2}{A}\lambda_q\\
&+\frac{2qv^2}{A}\lambda_v+\frac{2Eh_a}{d_d}\lambda_{h_a}-\frac{2Eh_a}{d_d}\lambda_{d_d}\Bigg)\\
&+\frac{1}{S_{\max}^2}\Bigg(\frac{1}{2}\Bigg(-\frac{F_1^2}{A^2}\delta_{F_1}^2+\left(-\frac{(F_1+qv^2)^2}{A^2}+\frac{2S_{\max}(F_1+qv^2)}{A}\right)\delta_A^2\\
&-\frac{q^2v^4}{A^2}\delta_q^2+\left(-v^2\left(\frac{2qv}{A}\right)^2+\frac{2S_{\max}qv^2}{A}\right)\delta_v^2\\
&-\frac{4E^2h_a^2}{d_d^2}\delta_{h_a}^2+\left(\frac{4E^2h_a^2}{d_d^2}+\frac{4S_{\max}Eh_a}{d_d}\right)\delta_{d_d}^2\Bigg)\\
&+\Bigg(F_1\left(\frac{(F_1+qv^2)}{A^2}-\frac{S_{\max}}{A}\right)\delta_{F_1}\delta_A-\frac{F_1qv^2}{A^2}\delta_{F_1}\delta_q\\
&-\frac{2F_1qv^2}{A^2}\delta_{F_1}\delta_v-\frac{2F_1Eh_a}{Ad_d}\delta_{F_1}\delta_{h_a}\\
&+\frac{2F_1d_dEh_a}{Ad_d^2}\delta_{F_1}\delta_{d_d}+\left(\frac{qv^2(F_1+qv^2)}{A^2}-\frac{qS_{\max}v^2}{A}\right)\delta_A\delta_q\\
&+\left(\frac{2qv^2(F_1+qv^2)}{A^2}-\frac{2S_{\max}qv^2}{A}\right)\delta_A\delta_v\\
&+\frac{2Eh_a(F_1+qv^2)}{Ad_d}\delta_A\delta_{h_a}-\frac{2Eh_a(F_1+qv^2)}{Ad_d}\delta_A\delta_{d_d}\\
&+qv\left(-\frac{2qv^3}{A^2}+\frac{2S_{\max}v}{A}\right)\delta_q\delta_v-\frac{2qh_aEv^2}{d_dA}\delta_q\delta_{h_a}+\frac{2Eqh_av^2}{Ad_d}\delta_q\delta_{d_d}\\
&-\frac{4Eqh_av^2}{Ad_d}\delta_v\delta_{h_a}+\frac{4Eh_aqv^2}{Ad_d}\delta_v\delta_{d_d}+\left(\frac{4E^2h_a^2}{d_d^2}\cdot\frac{2S_{\max}Eh_a}{d_d}\right)\delta_{h_a}\delta_{d_d}\Bigg)\Bigg)\Bigg)\mathrm{d}t\\
&+\frac{1}{S_{\max}}\Bigg(\frac{F_1}{A}\delta_{F_1}\mathrm{d}w_{1t}-\frac{(F_1+qv^2)}{A}\delta_A\mathrm{d}w_{2t}+\frac{qv^2}{A}\delta_q\mathrm{d}w_{3t}+\frac{2qv^2}{A}\delta_v\mathrm{d}w_{4t}\\
&+\frac{2Eh_a}{d_d}\delta_{h_a}\mathrm{d}w_{5t}-\frac{2Eh_ad_d}{d_d^2}\delta_{d_d}\mathrm{d}w_{6t}\Bigg)
\end{aligned}
$$

$\ln S_{\max}$ 的均值与方差分别为

$$
\widehat{\mu}_{\ln S_{\max}}(t)=\ln S_{\max}(0)+\int_0^t\Bigg(\frac{1}{S_{\max}}\Bigg(\frac{F_1}{A}\lambda_{F_1}-\frac{(F_1+qv^2)}{A}\lambda_A+\frac{qv^2}{A}\lambda_q
$$

$$
\begin{aligned}
&+\frac{2qv^2}{A}\lambda_v+\frac{2Eh_a}{d_d}\lambda_{h_a}-\frac{2Eh_a}{d_d}\lambda_{d_d}\Bigg)+\frac{1}{S_{\max}^2}\left(\frac{1}{2}\left(-\frac{F_1^2}{A^2}\delta_{F_1}^2\right.\right.\\
&+\left(-\frac{(F_1+qv^2)^2}{A^2}+\frac{2S_{\max}(F_1+qv^2)}{A}\right)\delta_A^2-\frac{q^2v^4}{A^2}\delta_q^2\\
&+\left(-v^2(\frac{2qv}{A})^2+\frac{2S_{\max}qv^2}{A}\right)\delta_v^2\\
&\left.-\frac{4E^2h_a^2}{d_d^2}\delta_{h_a}^2+\left(\frac{4E^2h_a^2}{d_d^2}+\frac{4S_{\max}Eh_a}{d_d}\right)\delta_{d_d}^2\right)\\
&+\left(F_1\left(\frac{(F_1+qv^2)}{A^2}-\frac{S_{\max}}{A}\right)\delta_{F_1}\delta_A-\frac{F_1qv^2}{A^2}\delta_{F_1}\delta_q\right.\\
&-\frac{2F_1qv^2}{A^2}\delta_{F_1}\delta_v-\frac{2F_1Eh_a}{Ad_d}\delta_{F_1}\delta_{h_a}\\
&+\frac{2F_1d_dEh_a}{Ad_d^2}\delta_{F_1}\delta_{d_d}+\left(\frac{qv^2(F_1+qv^2)}{A^2}-\frac{qS_{\max}v^2}{A}\right)\delta_A\delta_q\\
&+\left(\frac{2qv^2(F_1+qv^2)}{A^2}-\frac{2S_{\max}qv^2}{A}\right)\delta_A\delta_v\\
&+\frac{2Eh_a(F_1+qv^2)}{Ad_d}\delta_A\delta_{h_a}-\frac{2Eh_a(F_1+qv^2)}{Ad_d}\delta_A\delta_{d_d}\\
&+qv\left(-\frac{2qv^3}{A^2}+\frac{2S_{\max}v}{A}\right)\delta_q\delta_v-\frac{2qh_aEv^2}{d_dA}\delta_q\delta_{h_a}+\frac{2Eqh_av^2}{Ad_d}\delta_q\delta_{d_d}\\
&\left.\left.\left.-\frac{4Eqh_av^2}{Ad_d}\delta_v\delta_{h_a}+\frac{4Eh_aqv^2}{Ad_d}\delta_v\delta_{d_d}+\left(\frac{4E^2h_a^2}{d_d^2}\cdot-\frac{2S_{\max}Eh_a}{d_d}\right)\delta_{h_a}\delta_{d_d}\right)\right)\right)\mathrm{d}s
\end{aligned}
$$

$$
\begin{aligned}
\widehat{\sigma}_{\ln S_{\max}}^2(t)=&\left(\int_0^t\frac{F_1}{S_{\max}A}\delta_{F_1}\mathrm{d}w_{1t}\right)^2+\left(\int_0^t\frac{(F_1+qv^2)}{S_{\max}A}\delta_A\mathrm{d}w_{2t}\right)^2\\
&+\left(\int_0^t\frac{qv^2}{S_{\max}A}\delta_q\mathrm{d}w_{3t}\right)^2+\left(\int_0^t\frac{2qv^2}{S_{\max}A}\delta_v\mathrm{d}w_{4t}\right)^2\\
&+\left(\int_0^t\frac{2Eh_a}{S_{\max}d_d}\delta_{h_a}\mathrm{d}w_{5t}\right)^2+\left(\int_0^t\frac{2Eh_ad_d}{S_{\max}d_d^2}\delta_{d_d}\mathrm{d}w_{6t}\right)^2
\end{aligned}
\tag{7-13}
$$

许用应力:

$$
[S]=11.1\sqrt{\frac{CL}{3600mtv}}
\tag{7-14}
$$

因为实验常数 C 与实验条件有关且无法直接查得，所以无法通过许用应力中的各元素计算其漂移率和波动率，故计算中将许用应力看成时变元素，即漂移率和波动率恒为常数。

带传动的疲劳强度可靠度为

$$R(t)=\Phi\left(\frac{\ln[S](0)+\left(\lambda_{[S]}-\frac{\delta_{[S]}^2}{2}\right)t-\widehat{\mu}_{\ln S_{\max}}(t)}{\sqrt{\delta_{[S]}^2 t+\widehat{\sigma}_{\ln S_{\max}}^2(t)}}\right) \tag{7-15}$$

7.3　V 带传动时变不确定性设计

V 带传动设计可按照《机械设计手册》和 GB/T 10412-2002、GB/T 13575-2008、GB/T 12730-2008 进行设计，再用时变不确定模型进行检验。

算例　设计 V 带传动。已知电机功率 $P=5.5\text{kW}$，转速 $n_1=1440\text{r/min}$，传动比 $i=4$，当量摩擦因数 $f_v=0.4$，载荷变动微小，重载起动中心距 $a\approx 400\text{mm}$。设计可靠度一年后至少为 95%。

(1) 计算功率。

已知载荷变动微小，查《机械设计手册》得工作情况系数 $K_A=1.3$。

$$P_{\text{ca}}=K_A P=1.3\times 5.5=7.15(\text{kW})$$

(2)V 带类型。

根据 P_{ca},n_1 查《机械设计手册》确定选用 SPZ 型。

(3) 确定带轮基准直径。

查《机械设计手册》，根据 GB/T 10412-2002，得 $d_{d1}=90\text{mm}$，$d_{d2}=id_{d1}=4\times 90\text{mm}=360\text{mm}$，根据 GB/T 10412-2002，得 $d_{d2}=375\text{mm}$。带速

$$v=\frac{\pi d_{d1}n_1}{60\times 1000}=\frac{\pi\times 90\times 1440}{60\times 1000}=6.78(\text{m/s})$$

(4) 确定基准长度。

$$\begin{aligned}L_0=&2a_0+\frac{\pi}{2}(d_{d1}+d_{d2})+\frac{(d_{d2}-d_{d1})^2}{4a_0}=2\times 400+\frac{\pi}{2}(375+90)\\&+\frac{(375-90)^2}{4\times 400}=1580.8(\text{mm})\end{aligned}$$

根据 GB/T 13575-2008，得基准长度 $L_0=1600\text{mm}$，实际中心距为

$$a=a_0+\frac{L_d-L_0}{2}=400+\frac{1600-1580.8}{2}=409.6(\text{mm})$$

(5) 小带轮包角。

$\alpha_1 = 180° - \dfrac{d_{d_2} - d_{d_1}}{a} \times 57.3° = 180° - \dfrac{375-90}{409.6} \times 57.3° = 140.13° > 120°$ 满足要求。

(6) 窄 V 带根数。

$$Z = \frac{P_{\mathrm{ca}}}{[P]} = \frac{K_A P}{(P_0 + \Delta P_0) K_\alpha K_L}$$

由 $n_1 = 1440\mathrm{r/min}, i = 4, d_{d1} = 90\mathrm{mm}$查《机械设计手册》，根据GB/T 13575-2008，得 $P_0 = 1.98\mathrm{kW}, \Delta P_0 = 0.23\mathrm{kW}, K_\alpha = 0.91, K_L = 1.00$，$Z = \dfrac{1.3 \times 5.5}{(1.98+0.23) \times 0.91 \times 1.00}$ $= 3.6$, 取$Z = 4$.

(7) 张紧力 F_0。

$$F_0 = 500 \frac{P_{\mathrm{ca}}}{Zv} \left(\frac{2.5}{K_\alpha} - 1 \right) + qv^2$$

查《机械设计手册》，得 $q = 0.07\mathrm{kg/m}$，$F_0 = 500 \times \dfrac{7.15}{4 \times 6.78} \left(\dfrac{2.5}{0.91} - 1 \right) + 0.07 \times 6.78^2 = 233.5(\mathrm{N})$

(8) 压轴力。

$$F_Q = 2ZF_0 \sin \frac{\alpha_1}{2} = 2 \times 4 \times 233.5 \times \sin \frac{140.13°}{2} = 1756.1(\mathrm{N})$$

(9) 时变系统。

1. 检验是否打滑

①有效拉力 $F_{\mathrm{e}} = \dfrac{1000P}{vZ} = \dfrac{1000 \times 5.5}{6.78 \times 4} = 202.8(\mathrm{N})$

根据式 (7-7)，

$$\begin{cases} \widehat{\mu}_{\ln F_{\mathrm{e}}}(t) = \ln F_{\mathrm{e}}(0) + \left(\lambda_P - \lambda_v + \dfrac{1}{2}\left(-\delta_P^2 + \delta_v^2 \right) \right) t = 5.3122 \\ \widehat{\sigma}^2_{\ln F_{\mathrm{e}}}(t) = \left(\displaystyle\int_0^t \delta_P \mathrm{d}w_{1t} \right)^2 + \left(\displaystyle\int_0^t \delta_v \mathrm{d}w_{2t} \right)^2 = \left(\delta_P^2 + \delta_v^2 \right) t = 0.0183 \end{cases}$$

②最大有效拉力 $F_{\max} = F_1 \left(1 - \dfrac{1}{\mathrm{e}^{f_v \alpha}} \right) = 339.4 \times \left(1 - \dfrac{1}{\mathrm{e}^{0.4 \times 140.13/57.3}} \right) = 211.8\mathrm{N}$

各元素漂移率、波动率分别为 (计算时需要实际测得，本算例中仅给出特定条件下数据)

$$\lambda_{F_1} = 0, \quad \delta_{F_1} = 0.005, \quad \lambda_{f_v} = -1 \times 10^{-5}, \quad \delta_{f_v} = 5 \times 10^{-4}$$

根据式 (7-9) 求和代换积分，即

$$\begin{cases} \widehat{\mu}_{\ln F_{\max}}(365) = \ln F_{\max}(0) + \sum\limits_{t=1}^{365}\left(\left(\lambda_{F_1} + \dfrac{\alpha}{\mathrm{e}^{f_v\alpha}-1}\lambda_{f_v} f_v\right)\right. \\ \qquad\left. + \dfrac{1}{2}\left(-\delta_P^2 - \dfrac{\alpha^2 \mathrm{e}^{f_v\alpha}}{(\mathrm{e}^{f_v\alpha}-1)^2}\delta_{f_v}^2 f_v^2\right)\right)\Delta t = 5.3535 \\ \sigma^2_{\ln F_{\max}}(365) = \left(\delta_{F_1}^2 + \left(\dfrac{\alpha f_v}{\mathrm{e}^{f_v\alpha}-1}\delta_{f_v}\right)^2\right) t = 0.0092 \end{cases}$$

$$R(365) = \Phi\left(\frac{\widehat{\mu}_{\ln F_{\max}}(365) - \widehat{\mu}_{\ln F_{\mathrm{e}}}(365)}{\sqrt{\widehat{\sigma}^2_{\ln F_{\max}}(365) + \widehat{\sigma}^2_{\ln F_{\mathrm{e}}}(365)}}\right) = \Phi(2.55) \approx 99.46\%$$

2. 不打滑的情况下疲劳强度条件

$$F_1 = 2F_0\frac{\mathrm{e}^{f\alpha}}{\mathrm{e}^{f\alpha}+1} = 2 \times 233.5 \times \frac{\mathrm{e}^{0.4\times(140.13^\circ/57.3^\circ)}}{\mathrm{e}^{0.4\times(140.13^\circ/57.3^\circ)}+1} = 339.4(\mathrm{N})$$

时变元素初始值:

$$F_1 = 339.4\mathrm{N}, \quad A = 57\mathrm{mm}^2, \quad q = 0.07\mathrm{kg/m}$$

$$v = 6.78\mathrm{m/s}, \quad h_a = 2.0\mathrm{mm}, \quad d_d = 90\mathrm{mm}$$

弹性模量 (需实测，本例中仅给出估计值)：根据 GB/T 12730-2008，SPZ 型窄 V 带拉伸强度 $\geqslant 2.3$kN，伸长率 $\leqslant 4.0\%$:

$$E = \frac{2.3\mathrm{kN}}{57\mathrm{mm} \times 4.0\%} \approx 1000(\mathrm{MPa})$$

最大应力 $S_{\max}$ 各元素漂移率 λ、波动率 δ(计算时需要实际测得，本算例中仅给出特定条件下数据) 分别为

$$\lambda_{F_1} = 0, \quad \lambda_A = -1 \times 10^{-3}, \quad \lambda_q = -1 \times 10^{-6}$$

$$\lambda_v = 0, \quad \lambda_{h_a} = -1 \times 10^{-5}, \quad \lambda_{d_d} = -1 \times 10^{-4}$$

$$\delta_{F_1} = 0.005, \quad \delta_A = 1 \times 10^{-3}, \quad \delta_q = 0, \quad \delta_v = 5 \times 10^{-4}, \quad \delta_{h_a} = 0, \quad \delta_{d_d} = 0$$

根据式 (7-13)，求和代换积分并省略极小的 $\delta_{F_1}^2$ 等二次项，得

$$\widehat{\mu}_{\ln S_{\max}}(365) = \ln S_{\max}(0) + \sum_{t=1}^{365}\frac{1}{S_{\max}}\left(\frac{F_1}{A}\lambda_{F_1} - \frac{(F_1+qv^2)}{A}\lambda_A + \frac{qv^2}{A}\lambda_q\right.$$

$$+ \frac{2qv^2}{A}\lambda_v + \frac{2Eh_a}{d_d}\lambda_{h_a} - \frac{2Eh_a}{d_d}\lambda_{d_d}\Bigg)\Delta t = 3.7980$$

$$\widehat{\sigma}^2_{\ln S_{\max}}(365) = \Bigg(\left(\frac{F_1}{S_{\max}A}\delta_{F_1}\right)^2 + \left(\frac{(F_1+qv^2)}{S_{\max}A}\delta_A\right)^2 + \left(\frac{qv^2}{S_{\max}A}\right)^2 + \left(\frac{2qv^2}{S_{\max}A}\delta_v\right)^2$$
$$+ \left(\frac{2Eh_a}{S_{\max}d_d}\delta_{h_a}\right)^2 + \left(\frac{2Eh_a d_d}{S_{\max}d_d^2}\delta_{d_d}\right)^2\Bigg)t = 2.8165 \times 10^{-4}$$

许用应力需按 GB/T 14562-1999，GB/T 12735-2014，GB/T 11545-2008 实测，本例仅根据 $P_0 = 10^{-3}\left([S] - \frac{qv^2}{A} - 2E\frac{h_a}{d_d}\right)A\left(1 - \frac{1}{e^{f_v\alpha}}\right)v$ 计算。

查《机械设计手册》得 $P_0 = 1.98\text{kW}$，即 $[S] = 52.71\text{MPa}$，漂移率 λ、波动率 δ(计算时需要实际测得，本算例中仅给出特定条件下数据) 分别为

$$\lambda_{[S]} = -5 \times 10^{-5}, \quad \delta_{[S]} = 1 \times 10^{-5}$$

解得

$$\widehat{\mu}_{\ln[S]}(365) = 3.9466, \quad \widehat{\sigma}^2_{\ln_{[S]}}(365) = 3.33 \times 10^{-6}$$

皮带不打滑的情况下：

$$R(365) = \varPhi\left(\frac{\widehat{\mu}_{\ln[S]}(365) - \widehat{\mu}_{\ln S_{\max}}(365)}{\sqrt{\widehat{\sigma}^2_{\ln_{[S]}}(365) + \widehat{\sigma}^2_{\ln_{S_{\max}}}(365)}}\right) = \varPhi\,(8.8) \approx 1$$

V 带总可靠度：

$$R = 99.46\% \times 1 = 99.46\%$$

7.4 小　　结

本章基于时变不确定性模型，对带传动进行设计建模，推导了相应的时变不确定性计算公式。利用时变不确定性模型建立带传动系统的状态函数和许用状态函数，系统状态函数和许用状态函数的漂移函数和波动函数，可由本章中的时变元素表达。利用系统漂移函数与波动函数关系不等式决定的概率计算，求出给定时刻系统可靠度，为带传动的设计提供指导。

第 8 章　齿轮传动时变不确定性设计

8.1　概　　述

齿轮传动是机械传动中应用最广泛的一种传动，其主要优点是工作可靠、寿命长、传动比准确、传动效率高并且结构紧凑。

按照轮齿相对母线方向，齿轮传动可以分为直齿圆柱齿轮传动、斜齿圆柱齿轮传动及锥齿轮传动；按工作条件可分为开式齿轮传动和闭式齿轮传动；按齿面硬度可分为软齿面齿轮和硬齿面齿轮。

齿轮传动需要达到的设计要求包括：瞬时传动比不变、承载能力大且工作可靠、运动精度满足要求、达到预期工作寿命、结构紧凑等 [64,68]。

8.1.1　齿轮传动的失效

齿轮传动的失效一般发生在轮齿部分，两齿轮啮合时，齿面接触点和轮齿根部均受到变应力作用，使轮齿发生失效。

齿轮传动常见的失效形式包括：轮齿弯曲折断、齿面疲劳、齿面磨损、齿面胶合、塑性变形。对于开式齿轮传动，轮齿损伤和失效的主要形式为齿面磨损和轮齿弯曲折断。对于闭式齿轮传动，当齿面硬度较低 (⩽350HBW) 时，主要损伤形式为齿面疲劳点蚀；当齿面硬度较高 (>350HBW) 时，主要损伤形式为轮齿弯曲疲劳折断。在高速重载情况下，轮齿可能发生胶合失效；严重过载时，可能发生齿面塑性变形和过载断齿。

一般情况下齿轮设计准则取决于失效形式。对于齿面疲劳点蚀失效，按齿面接触疲劳承载能力进行设计，再验算轮齿弯曲疲劳承载能力；对于轮齿弯曲折断失效，按轮齿弯曲疲劳承载能力进行设计，再验算齿面接触疲劳承载能力。

不同的使用场合，对于齿轮的可靠度要求也不相同。根据其重要程度、工作要求和维修难易等因素，可靠度要求可分为：

(1) 低可靠度要求。齿轮设计寿命较短、易于更换的不重要的齿轮，取可靠度要求为 90%。

(2) 一般可靠度要求。通用齿轮和多数工业应用齿轮，其设计寿命与可靠性有一定要求，一般取可靠度接近 99%。

(3) 较高可靠度要求。长期连续运转和较长维修间隔的高参数齿轮，失效造成的经济损失或安全成本很高，其可靠度要求高达 99.9%。

(4) 高可靠度要求。特殊工作条件下可靠度要求很高的齿轮，其可靠度要求99.99%以上。

8.1.2 常用材料性能

齿轮材料及其热处理影响齿轮承载能力和使用寿命，也影响齿轮生产质量和成本。选择齿轮材料及其热处理方式时，要综合考虑轮齿的工作条件、加工工艺、材料来源及经济因素，在保证齿轮传动性能的同时，兼顾经济性。

制造齿轮的主要材料是钢，其次是球墨铸铁、灰铸铁和其他非金属材料等。最常用的是优质碳素钢和合金钢。

常用的齿轮材料及其力学性能如表 8-1 所示。

表 8-1 齿轮常用材料及力学性能

材料	热处理	力学性能	
		σ_b/MPa	σ_s/MPa
45 钢	正火	569	284
	调质	628	343
40Cr	调质	700	500
42SiMn	调质	735	461
35CrMo	调质	686	490
37SiMn2MoV	调质	814	637
40CrNiMoA	表面淬火 + 高温回火	981	834
20Cr	渗碳淬火 + 低温回火	637	392
20CrMnTi	渗碳淬火 + 低温回火	1079	834
HT300	—	300	—
QT500-7	—	500	—

8.2 齿轮传动时变不确定性计算模型

8.2.1 齿面接触疲劳强度时变不确定性分析

1. 接触强度计算公式

将赫兹应力作为齿面接触应力的计算基础，并用以评价接触强度。以渐开线圆柱齿轮为例，齿轮传动大、小轮在节点和单对齿啮合区内界点处的计算接触应力中的较大值 σ_H，均应不大于其相应的许用接触应力 $[\sigma_H]$。

大齿轮和小齿轮的计算接触应力分别为

$$\begin{cases} \sigma_{H1} = Z_B \sigma_{H0} \sqrt{K_A K_V K_{H\beta} K_{H\alpha}} \\ \sigma_{H2} = Z_D \sigma_{H0} \sqrt{K_A K_V K_{H\beta} K_{H\alpha}} \end{cases} \tag{8-1}$$

式中，K_A——使用系数；

K_V——动载系数；

$K_{H\beta}$——接触强度计算的齿向载荷分布系数；

$K_{H\alpha}$——接触强度计算的齿间载荷分配系数；

Z_B、Z_D——小齿轮、大齿轮单对齿啮合系数；

σ_{H0}——节点处计算接触应力的基本值，MPa。

计算接触应力的基本值为

$$\sigma_{H0} = Z_H Z_E Z_\varepsilon Z_\beta \sqrt{\frac{F_t}{D_1 b}\frac{u \pm 1}{u}} \tag{8-2}$$

式中，Z_H——节点区域系数；

Z_E——弹性系数，$\sqrt{\text{MPa}}$；

Z_ε——重合度系数；

Z_β——螺旋角系数；

F_t——断面内分度圆上的名义切向力，N；

D_1——小齿轮分度圆直径，mm；

b——工作齿宽，mm，指一对齿轮中的较小齿宽，$b=\varphi_d D_1$，φ_d 表示齿宽系数；

u——齿数比，$u=z_2/z_1$，z_1、z_2 分别为小齿轮和大齿轮的齿数；

$\pm$——“+”用于外啮合，“−”用于内啮合。

许用接触应力的大小为

$$[\sigma_H] = \sigma_{H\lim} Z_{NT} Z_L Z_v Z_R Z_W Z_x \tag{8-3}$$

式中，$\sigma_{H\lim}$——试验齿轮的接触疲劳极限，MPa；

Z_{NT}——接触强度计算的寿命系数；

Z_L——润滑剂系数；

Z_v——速度系数；

Z_R——粗糙度系数；

Z_W——工作硬化系数；

Z_x——接触强度计算的尺寸系数。

1) 名义切向力 F_t

名义切向力 F_t 的大小可由齿轮传递的额定转矩或额定功率计算得到，计算公式如表 8-2 所示。

影响切向力大小的参数中，额定功率 P 和额定转速 n 是可视作服从几何布朗运动的随机变量，即

$$\begin{cases} \mathrm{d}P = \lambda_P P \mathrm{d}t + \delta_P P \mathrm{d}w_{1t} \\ \mathrm{d}n = \lambda_n n \mathrm{d}t + \delta_n n \mathrm{d}w_{2t} \end{cases} \tag{8-4}$$

表 8-2 齿轮受力计算公式

作用力	计算公式	
	直齿轮	斜齿轮
切向力 F_t/N	$F_t = \dfrac{2000T}{D}$ $T = 9549\dfrac{P}{n}$	
径向力 F_r/N	$F_r = F_t \tan\alpha$	$F_r = F_t \tan\alpha_t = F_t \dfrac{\tan\alpha_n}{\cos\beta}$
轴向力 F_x/N	0	$F_x = F_t \tan\beta$
法向力 F_n/N	$F_n = \dfrac{F_t}{\cos\alpha}$	$F_n = \dfrac{F_t}{\cos\beta\cos\alpha_n}$

注：T——主动齿轮额定转矩，N·m；
D——主动齿轮的节圆直径，mm；
P——主动齿轮传递的额定功率，kW；
n—— 主动齿轮额定转速，r/min；
α——节圆压力角，rad，标准齿轮为 20°；
α_n——法面分度圆压力角，rad；
β——分度圆螺旋角，rad

有

$$\frac{\partial F_t}{\partial P} = \frac{1.9098\times 10^7}{D}\cdot\frac{1}{n},\quad \frac{\partial F_t}{\partial n} = \frac{1.9098\times 10^7}{D}\cdot\left(-\frac{P}{n^2}\right),\quad \frac{\partial^2 F_t}{\partial n^2} = \frac{1.9098\times 10^7}{D}\cdot\frac{2P}{n^3}$$

$$\frac{\partial^2 F_t}{\partial P\partial n} = \frac{1.9098\times 10^7}{D}\cdot\left(-\frac{1}{n^2}\right),\quad \frac{\partial^2 F_t}{\partial P^2} = 0$$

则

$$\begin{aligned}
\mathrm{d}F_t &= \left[\frac{\partial F_t}{\partial P}\lambda_P P(t) + \frac{\partial F_t}{\partial n}\lambda_n n(t) + \frac{1}{2}\frac{\partial^2 F_t}{\partial n^2}\delta_n^2 n^2(t) + \frac{\partial^2 F_t}{\partial P\partial n}\delta_P P(t)\,\delta_n n(t)\right]\mathrm{d}t \\
&\quad + \frac{\partial F_t}{\partial P}\delta_P P(t)\,\mathrm{d}w_{1t} + \frac{\partial F_t}{\partial n}\delta_n n(t)\,\mathrm{d}w_{2t} \\
&= \left(\lambda_P - \lambda_n + \delta_n^2 - \delta_P\delta_n\right)F(t)\,\mathrm{d}t + \delta_P F(t)\,\mathrm{d}w_{1t} - \delta_n F(t)\,\mathrm{d}w_{2t} \\
&\approx \left(\lambda_P - \lambda_n + \delta_n^2 - \delta_P\delta_n\right)F(t)\,\mathrm{d}t + \sqrt{\delta_P^2 + \delta_n^2}\,F(t)\,\mathrm{d}w_t
\end{aligned}$$

即 F_t 也是一个服从几何布朗运动的随机变量，且漂移率和波动率分别为

$$\begin{cases} \lambda_{F_t} = \lambda_P - \lambda_n + \delta_n^2 - \delta_p\delta_n \\ \delta_{F_t} = \sqrt{\delta_P^2 + \delta_n^2} \end{cases} \tag{8-5}$$

2) 载荷系数 K

载荷系数 K 的计算式为

$$K = K_A K_V K_{H\beta} K_{H\alpha} \tag{8-6}$$

使用系数 K_A 是考虑由于齿轮啮合外部因素引起的附加动载荷影响的系数，随着原动机和工作机所受冲击大小而改变。动载系数 K_V 是考虑齿轮制造精度、运转速度对轮齿内部附加动载荷影响的系数，受啮合误差影响。齿向载荷分布系数 $K_{H\beta}$ 是考虑沿齿宽方向载荷分布不均匀对齿面接触应力影响的系数，工作时轮齿、轴、轴承的变形，切向、轴向载荷及轴上的附加载荷都会影响其大小。齿间载荷分布系数 $K_{H\alpha}$ 是考虑同时啮合的各对轮齿间载荷分配不均匀影响的系数，工作时轮齿受载变形、跑合效果均会影响其大小。

将 K_A、K_V、$K_{H\beta}$ 和 $K_{H\alpha}$ 均视作服从几何布朗运动的随机变量，即

$$\begin{cases} \mathrm{d}K_A = \lambda_{K_A} K_A \mathrm{d}t + \delta_{K_A} K_A \mathrm{d}w_{1t} \\ \mathrm{d}K_V = \lambda_{K_V} K_V \mathrm{d}t + \delta_{K_V} K_V \mathrm{d}w_{2t} \\ \mathrm{d}K_{H\beta} = \lambda_{K_{H\beta}} K_{H\beta} \mathrm{d}t + \delta_{K_{H\beta}} K_{H\beta} \mathrm{d}w_{3t} \\ \mathrm{d}K_{H\alpha} = \lambda_{K_{H\alpha}} K_{H\alpha} \mathrm{d}t + \delta_{K_{H\alpha}} K_{H\alpha} \mathrm{d}w_{4t} \end{cases} \tag{8-7}$$

有

$$\frac{\partial K}{\partial K_A} = K_V K_{H\beta} K_{H\alpha}, \quad \frac{\partial K}{\partial K_V} = K_A K_{H\beta} K_{H\alpha}$$

$$\frac{\partial K}{\partial K_{H\beta}} = K_A K_V K_{H\alpha}, \quad \frac{\partial K}{\partial K_{H\alpha}} = K_A K_V K_{H\beta}$$

$$\frac{\partial^2 K}{\partial K_A \partial K_V} = K_{H\beta} K_{H\alpha}, \quad \frac{\partial^2 K}{\partial K_A \partial K_{H\beta}} = K_V K_{H\alpha}$$

$$\frac{\partial^2 K}{\partial K_A \partial K_{H\alpha}} = K_V K_{H\beta}, \quad \frac{\partial^2 K}{\partial K_V \partial K_{H\beta}} = K_A K_{H\alpha}$$

$$\frac{\partial^2 K}{\partial K_V \partial K_{H\alpha}} = K_A K_{H\beta}, \quad \frac{\partial^2 K}{\partial K_{H\beta} \partial K_{H\alpha}} = K_A K_V$$

$$\frac{\partial^2 K}{\partial K_A^2} = \frac{\partial^2 K}{\partial K_V^2} = \frac{\partial^2 K}{\partial K_{H\beta}^2} = \frac{\partial^2 K}{\partial K_{H\alpha}^2} = 0$$

则

$$\begin{aligned} \mathrm{d}K = & \left[\frac{\partial K}{\partial K_A}\lambda_{K_A}K_A + \frac{\partial K}{\partial K_V}\lambda_{K_V}K_V + \frac{\partial K}{\partial K_{H\beta}}\lambda_{K_{H\beta}}K_{H\beta} + \frac{\partial K}{\partial K_{H\alpha}}\lambda_{K_{H\alpha}}K_{H\alpha}\right]\mathrm{d}t \\ & + \left[\left(\frac{\partial^2 K}{\partial K_A \partial K_V}\delta_{K_V}K_V + \frac{\partial^2 K}{\partial K_A \partial K_{H\beta}}\delta_{K_{H\beta}}K_{H\beta}\right.\right. \\ & \left.\left. + \frac{\partial^2 K}{\partial K_A \partial K_{H\alpha}}\delta_{K_{H\alpha}}K_{H\alpha}\right)\delta_{K_A}K_A\right]\mathrm{d}t \\ & + \left[\left(\frac{\partial^2 K}{\partial K_V \partial K_{H\beta}}\delta_{K_{H\beta}}K_{H\beta} + \frac{\partial^2 K}{\partial K_V \partial K_{H\alpha}}\delta_{K_{H\alpha}}K_{H\alpha}\right)\delta_{K_V}K_V\right. \end{aligned}$$

$$
\begin{aligned}
&+\frac{\partial^2 K}{\partial K_{H\beta}\partial K_{H\alpha}}\delta_{K_{H\beta}}K_{H\beta}\delta_{K_{H\alpha}}K_{H\alpha}\Big]\,\mathrm{d}t\\
&+\frac{\partial K}{\partial K_A}\delta_{K_V}K_V\mathrm{d}w_{1t}+\frac{\partial K}{\partial K_V}\delta_{K_V}K_V\mathrm{d}w_{2t}+\frac{\partial K}{\partial K_{H\beta}}\delta_{K_{H\beta}}K_{H\beta}\mathrm{d}w_{3t}\\
&+\frac{\partial K}{\partial K_{H\alpha}}\delta_{K_{H\alpha}}K_{H\alpha}\mathrm{d}w_{4t}\\
=&\left(\lambda_{K_A}+\lambda_{K_V}+\lambda_{K_{H\beta}}+\lambda_{K_{H\alpha}}\right)K\left(t\right)\mathrm{d}t\\
&+\left(\delta_{K_A}\left(\delta_{K_V}+\delta_{K_{H\beta}}+\delta_{K_{H\alpha}}\right)+\delta_{K_V}\left(\delta_{K_{H\beta}}+\delta_{K_{H\alpha}}\right)+\delta_{K_{H\beta}}\delta_{K_{H\alpha}}\right)K\left(t\right)\mathrm{d}t\\
&+\delta_{K_A}K\left(t\right)\mathrm{d}w_{1t}+\delta_{K_V}K\left(t\right)\mathrm{d}w_{2t}+\delta_{K_{H\beta}}K\left(t\right)\mathrm{d}w_{3t}+\delta_{K_{H\alpha}}K\left(t\right)\mathrm{d}w_{4t}\\
\approx&\left(\lambda_{K_A}+\lambda_{K_V}+\lambda_{K_{H\beta}}+\lambda_{K_{H\alpha}}\right)K\left(t\right)\mathrm{d}t\\
&+\sqrt{\delta_{K_A}^2+\delta_{K_V}^2+\delta_{K_{H\beta}}^2+\delta_{K_{H\alpha}}^2}K\left(t\right)\mathrm{d}w_t\\
&+\left(\delta_{K_A}\left(\delta_{K_V}+\delta_{K_{H\beta}}+\delta_{K_{H\alpha}}\right)+\delta_{K_V}\left(\delta_{K_{H\beta}}+\delta_{K_{H\alpha}}\right)+\delta_{K_{H\beta}}\delta_{K_{H\alpha}}\right)K\left(t\right)\mathrm{d}t
\end{aligned}
$$

即 K 也是一个服从几何布朗运动的随机变量，且漂移率和波动率分别为

$$
\left\{
\begin{aligned}
\lambda_K=&\lambda_{K_A}+\lambda_{K_V}+\lambda_{K_{H\beta}}+\lambda_{K_{H\alpha}}+\delta_{K_A}\left(\delta_{K_V}+\delta_{K_{H\beta}}+\delta_{K_{H\alpha}}\right)\\
&+\delta_{K_V}\left(\delta_{K_{H\beta}}+\delta_{K_{H\alpha}}\right)+\delta_{K_{H\beta}}\delta_{K_{H\alpha}}\\
\delta_K=&\sqrt{\delta_{K_A}^2+\delta_{K_V}^2+\delta_{K_{H\beta}}^2+\delta_{K_{H\alpha}}^2}
\end{aligned}
\right.
\tag{8-8}
$$

3) 小齿轮、大齿轮单对齿啮合系数 Z_B、Z_D

$\varepsilon_\alpha \leqslant 2$ 时的单对齿啮合系数 Z_B 是把小齿轮节点处的接触应力转化到小齿轮单对齿啮合区内界点处啮合的接触应力的系数；Z_D 是把大齿轮节点处的接触应力转化到大齿轮单对齿啮合区内界点处啮合的接触应力的系数。在时变不确定计算模型中，将其视作固定值。

4) 节点区域系数 Z_H

节点区域系数 Z_H是考虑节点处齿廓曲率对接触应力的影响，并将分度圆上的切向力折算为节圆上的法向力。对于直齿圆柱齿轮传动，$Z_H=\sqrt{\dfrac{2}{\sin\alpha\cos\alpha}}$；对于斜齿圆柱齿轮传动，$Z_H=\sqrt{\dfrac{2\cos\beta_b}{\sin\alpha_t'\cos\alpha_t'}}$。在时变不确定计算模型中，将其视作固定值。

5) 弹性系数 Z_E

弹性系数 Z_E 用以考虑材料弹性模量 E 和泊松比 ν 对赫兹应力的影响，其数值为

$$
Z_E=\sqrt{\frac{1}{\pi\left(\dfrac{1-\nu_1^2}{E_1}+\dfrac{1-\nu_2^2}{E_2}\right)}}
\tag{8-9}
$$

在时变不确定计算模型中，将其视作固定值。

6) 重合度系数 Z_ε

重合度系数 Z_ε 是用以考虑重合度对单位齿宽载荷的影响。对于直齿轮：

$$Z_\varepsilon = \sqrt{\frac{4-\varepsilon_\alpha}{3}} \tag{8-10}$$

对于斜齿轮：

$$\begin{cases} \text{当 } \varepsilon_\beta < 1 \text{ 时,} \quad Z_\varepsilon = \sqrt{\dfrac{4-\varepsilon_\alpha}{3}(1-\varepsilon_\beta) + \dfrac{\varepsilon_\beta}{\varepsilon_\alpha}} \\ \text{当 } \varepsilon_\beta \geqslant 1 \text{ 时,} \quad Z_\varepsilon = \sqrt{\dfrac{1}{\varepsilon_\alpha}} \end{cases} \tag{8-11}$$

重合度系数不随时间变化。

7) 螺旋角系数 Z_β

螺旋角系数 Z_β 是考虑螺旋角造成的接触线倾斜对接触应力影响的系数，$Z_\beta = \cos\beta$。

8) 许用接触应力 $[\sigma_H]$

影响许用接触应力的参数中，试验齿轮的接触疲劳极限 $\sigma_{H\lim}$、齿面工作硬化系数 Z_W 和接触强度计算的尺寸系数 Z_x 可视作定值。接触强度计算的寿命系数 Z_{NT} 随时间变化，其大小查表可得。润滑油膜影响系数 Z_L、Z_v 和 Z_R 受润滑效果影响，随时间变化。

将 Z_{NT}、Z_L、Z_v 和 Z_R 均视作服从几何布朗运动的随机变量，即

$$\begin{cases} \mathrm{d}Z_{NT} = \lambda_{Z_{NT}} Z_{NT}\mathrm{d}t + \delta_{Z_{NT}} Z_{NT}\mathrm{d}w_{1t} \\ \mathrm{d}Z_L = \lambda_{Z_L} Z_L\mathrm{d}t + \delta_{Z_L} Z_L\mathrm{d}w_{2t} \\ \mathrm{d}Z_v = \lambda_{Z_v} Z_v\mathrm{d}t + \delta_{Z_v} Z_v\mathrm{d}w_{3t} \\ \mathrm{d}Z_R = \lambda_{Z_R} Z_R\mathrm{d}t + \delta_{Z_R} Z_R\mathrm{d}w_{4t} \end{cases} \tag{8-12}$$

类似载荷系数 K 的计算，$[\sigma_H]$ 也是一个服从几何布朗运动的随机变量，且漂移率和波动率分别为

$$\begin{cases} \lambda_{[\sigma_H]} = \lambda_{Z_{NT}} + \lambda_{Z_L} + \lambda_{Z_v} + \lambda_{Z_R} + \delta_{Z_{NT}}(\delta_{Z_L} + \delta_{Z_v} + \delta_{Z_R}) \\ \qquad\qquad + \delta_{Z_L}(\delta_{Z_v} + \delta_{Z_R}) + \delta_{Z_v}\delta_{Z_R} \\ \delta_{[\sigma_H]} = \sqrt{\delta_{Z_{NT}}^2 + \delta_{Z_L}^2 + \delta_{Z_v}^2 + \delta_{Z_R}^2} \end{cases} \tag{8-13}$$

2. 时变不确定性计算模型

假设小齿轮为主动轮，以其为例，对于计算接触应力 σ_H，影响其大小的时变因素有载荷系数 K 和名义切向力 F_t，二者均服从几何布朗运动。令 $Z = Z_B Z_H Z_E Z_\varepsilon Z_\beta$，为简化计算，对计算接触应力 σ_H 取对数，则状态函数为

$$G=\ln\sigma_H=\frac{1}{2}\ln\left(\frac{Z^2}{D_1b}\frac{u\pm1}{u}\right)+\frac{1}{2}\ln F_t+\frac{1}{2}\ln K \tag{8-14}$$

有

$$\frac{\partial G}{\partial F_t}=\frac{1}{2F_t},\quad \frac{\partial G}{\partial K}=\frac{1}{2K},\quad \frac{\partial^2 G}{\partial F_t^2}=-\frac{1}{2F_t^2},\quad \frac{\partial^2 G}{\partial K^2}=-\frac{1}{2K^2},\quad \frac{\partial^2 G}{\partial F_t\partial K}=0$$

则

$$\begin{aligned}\mathrm{d}G=&\left[\frac{\partial G}{\partial F_t}\lambda_{F_t}F_t(t)+\frac{\partial G}{\partial K}\lambda_K K(t)+\frac{1}{2}\left(\frac{\partial^2 G}{\partial F_t^2}\delta_{F_t}^2F_t^2(t)+\frac{\partial^2 G}{\partial K^2}\delta_K^2K^2(t)\right)\right]\mathrm{d}t\\&+\frac{\partial G}{\partial F_t}\delta_{F_t}F_t(t)\,\mathrm{d}w_{1t}+\frac{\partial G}{\partial K}\delta_K K(t)\,\mathrm{d}w_{2t}\\=&\left(\frac{1}{2}(\lambda_{F_t}+\lambda_K)-\frac{1}{4}\left(\delta_{F_t}^2+\delta_K^2\right)\right)\mathrm{d}t+\frac{1}{2}\delta_{F_t}\mathrm{d}w_{1t}+\frac{1}{2}\delta_K\mathrm{d}w_{2t}\end{aligned}$$

$\ln\sigma_H(t)$ 的均值和方差分别为

$$\begin{cases}\widehat{\mu}_{\ln\sigma_H}(t)=\ln\sigma_H(0)+\displaystyle\int_0^t\left(\frac{1}{2}(\lambda_{F_t}+\lambda_K)-\frac{1}{4}\left(\delta_{F_t}^2+\delta_K^2\right)\right)\mathrm{d}s\\ \qquad\qquad\;=\ln\sigma_H(0)+\left(\dfrac{1}{2}(\lambda_{F_t}+\lambda_K)-\dfrac{1}{4}\left(\delta_{F_t}^2+\delta_K^2\right)\right)t\\ \widehat{\sigma}_{\ln\sigma_H}^2(t)=\left(\dfrac{1}{2}\displaystyle\int_0^t\delta_{F_t}\mathrm{d}w_{1s}\right)^2+\left(\dfrac{1}{2}\displaystyle\int_0^t\delta_K\mathrm{d}w_{2s}\right)^2=\dfrac{1}{4}\left(\delta_{F_t}^2+\delta_K^2\right)t\end{cases} \tag{8-15}$$

由于许用接触应力 $[\sigma_H]$ 也服从几何布朗运动，故 t 时刻齿面接触疲劳强度的可靠度计算式为

$$\begin{aligned}R(t)&=\varPhi\left(\frac{\widehat{\mu}_{\ln[\sigma_H]}(t)-\widehat{\mu}_{\ln\sigma_H}(t)}{\sqrt{\widehat{\sigma}_{\ln[\sigma_H]}^2+\widehat{\sigma}_{\ln\sigma_H}^2(t)}}\right)\\&=\varPhi\left(\frac{\ln[\sigma_H](0)+\left(\lambda_{[\sigma_H]}-\dfrac{\delta_{[\sigma_H]}^2}{2}\right)t-\widehat{\mu}_{\ln\sigma_H}(t)}{\sqrt{\delta_{\ln[\sigma_H]}^2t+\widehat{\sigma}_{\ln\sigma_H}^2(t)}}\right)\end{aligned} \tag{8-16}$$

8.2.2 轮齿弯曲疲劳强度的时变不确定分析

1. 弯曲强度计算公式

以载荷作用侧的齿廓根部的最大拉应力作为名义弯曲应力，并经相应的系数修正后计算齿根应力 σ_F。考虑到使用条件、要求及尺寸的不同，将修正后的试件弯曲疲劳极限作为许用齿根应力 σ_{F_p}。轮齿弯曲强度应满足条件：

$$\sigma_F\leqslant\sigma_{F_p} \tag{8-17}$$

齿根应力为

$$\sigma_F = \sigma_{F0} K_A K_V K_{F\beta} K_{F\alpha} \tag{8-18}$$

式中，$K_{F\beta}$——弯曲强度计算的齿向载荷分布系数；

$K_{F\alpha}$——弯曲强度计算的齿间载荷分配系数；

σ_{F0}——齿根应力的基本值，MPa，大、小齿轮应力值不同。

齿根应力的基本值为

$$\sigma_{F0} = \frac{F_t}{bm_n} Y_F Y_S Y_\beta \tag{8-19}$$

式中，m_n——法向模数，mm；

Y_F——载荷作用于单对齿啮合区外界点时的齿形系数；

Y_S——载荷作用于单对齿啮合区外界点时的应力修正系数；

Y_β——螺旋角系数。

许用齿根应力的大小为

$$\sigma_{Fp} = \sigma_{F\lim} Y_{ST} Y_{NT} Y_{\delta\mathrm{rel}T} Y_{\mathrm{Rrel}T} Y_X \tag{8-20}$$

式中，$\sigma_{F\lim}$——试验齿轮的齿根弯曲疲劳极限，MPa；

Y_{ST}——试验齿轮的应力修正系数；

Y_{NT}——弯曲强度计算的寿命系数；

$Y_{\delta\mathrm{rel}T}$——相对齿根圆角敏感系数；

$Y_{\mathrm{Rrel}T}$——相对齿面表面状况系数；

Y_X——弯曲强度计算的尺寸系数。

1) 载荷系数 K

载荷系数 K 的计算式为

$$K = K_A K_V K_{F\beta} K_{F\alpha} \tag{8-21}$$

使用系数 K_A 和动载系数 K_V 与齿面接触疲劳强度计算过程中的相同。齿向载荷分布系数 $K_{F\beta}$，考虑沿齿宽载荷分布对齿根弯曲应力的影响，可按下式计算：

$$K_{F\beta} = (K_{H\beta})^N \tag{8-22}$$

式中，$K_{H\beta}$——接触强度计算的螺旋线载荷分布系数；

N——幂指数，计算式为

$$N = \frac{(b/h)^2}{1 + (b/h) + (b/h)^2} \tag{8-23}$$

式中，b——齿宽，mm；

h——齿高，mm。

b/h 取大小齿轮中的小值。

弯曲强度计算的齿间载荷分配系数 $K_{F\alpha}$ 与接触强度计算的齿间载荷分配系数 $K_{H\alpha}$ 完全相同，即 $K_{F\alpha}=K_{H\alpha}$。

仍是将 K_A、K_V、$K_{H\beta}$ 和 $K_{H\alpha}$ 均视作服从几何布朗运动的随机变量，则

$$\begin{aligned}
\mathrm{d}K &= \left[\frac{\partial K}{\partial K_A}\lambda_{K_A}K_A+\frac{\partial K}{\partial K_V}\lambda_{K_V}K_V+\frac{\partial K}{\partial K_{H\beta}}\lambda_{K_{H\beta}}K_{H\beta}+\frac{\partial K}{\partial K_{H\alpha}}\lambda_{K_{H\alpha}}K_{H\alpha}\right]\mathrm{d}t \\
&\quad+\left[\left(\frac{\partial^2 K}{\partial K_A\partial K_V}\delta_{K_V}K_V+\frac{\partial^2 K}{\partial K_A\partial K_{H\beta}}\delta_{K_{H\beta}}K_{H\beta}\right.\right. \\
&\quad\left.\left.+\frac{\partial^2 K}{\partial K_A\partial K_{H\alpha}}\delta_{K_{H\alpha}}K_{H\alpha}\right)\delta_{K_A}K_A\right]\mathrm{d}t+\frac{1}{2}\frac{\partial^2 K}{\partial K_{H\beta}^2}\delta_{K_{H\beta}}^2K_{H\beta}^2\mathrm{d}t \\
&\quad+\left[\left(\frac{\partial^2 K}{\partial K_V\partial K_{H\beta}}\delta_{K_{H\beta}}K_{H\beta}+\frac{\partial^2 K}{\partial K_V\partial K_{H\alpha}}\delta_{K_{H\alpha}}K_{H\alpha}\right)\delta_{K_V}K_V\right. \\
&\quad\left.+\frac{\partial^2 K}{\partial K_{H\beta}\partial K_{H\alpha}}\delta_{K_{H\beta}}K_{H\beta}\delta_{K_{H\alpha}}K_{H\alpha}\right]\mathrm{d}t \\
&\quad+\frac{\partial K}{\partial K_A}\delta_{K_V}K_V\mathrm{d}w_{1t}+\frac{\partial K}{\partial K_V}\delta_{K_V}K_V\mathrm{d}w_{2t} \\
&\quad+\frac{\partial K}{\partial K_{H\beta}}\delta_{K_{H\beta}}K_{H\beta}\mathrm{d}w_{3t}+\frac{\partial K}{\partial K_{H\alpha}}\delta_{K_{H\alpha}}K_{H\alpha}\mathrm{d}w_{4t} \\
&=\left(\lambda_{K_A}+\lambda_{K_V}+N\lambda_{K_{H\beta}}+\lambda_{K_{H\alpha}}\right)K(t)\,\mathrm{d}t+\frac{1}{2}N(N-1)\,\delta_{K_{H\beta}}^2K(t)\,\mathrm{d}t \\
&\quad+\left(\delta_{K_A}\left(\delta_{K_V}+N\delta_{K_{H\beta}}+\delta_{K_{H\alpha}}\right)\right. \\
&\quad\left.+\delta_{K_V}\left(N\delta_{K_{H\beta}}+\delta_{K_{H\alpha}}\right)+N\delta_{K_{H\beta}}\delta_{K_{H\alpha}}\right)K(t)\,\mathrm{d}t \\
&\quad+\delta_{K_A}K(t)\,\mathrm{d}w_{1t}+\delta_{K_V}K(t)\,\mathrm{d}w_{2t}+N\delta_{K_{H\beta}}K(t)\,\mathrm{d}w_{3t}+\delta_{K_{H\alpha}}K(t)\,\mathrm{d}w_{4t} \\
&\approx\left(\lambda_{K_A}+\lambda_{K_V}+\lambda_{K_{H\beta}}+\lambda_{K_{H\alpha}}\right)K(t)\,\mathrm{d}t \\
&\quad+\sqrt{\delta_{K_A}^2+\delta_{K_V}^2+N^2\delta_{K_{H\beta}}^2+\delta_{K_{H\alpha}}^2}\,K(t)\,\mathrm{d}w_t \\
&\quad+\left(\frac{1}{2}N(N-1)\,\delta_{K_{H\beta}}^2+\delta_{K_A}\left(\delta_{K_V}+\delta_{K_{H\beta}}+\delta_{K_{H\alpha}}\right)\right. \\
&\quad\left.+\delta_{K_V}\left(\delta_{K_{H\beta}}+\delta_{K_{H\alpha}}\right)+\delta_{K_{H\beta}}\delta_{K_{H\alpha}}\right)K(t)\,\mathrm{d}t
\end{aligned}$$

即载荷系数 K 也服从几何布朗运动，漂移率和波动率分别为

$$\left\{\begin{aligned}
\lambda_K &= \lambda_{K_A}+\lambda_{K_V}+N\lambda_{K_{H\beta}}+\lambda_{K_{H\alpha}}+\frac{1}{2}N(N-1)\,\delta_{K_{H\beta}}^2 \\
&\qquad+\delta_{K_A}\left(\delta_{K_V}+\delta_{K_{H\beta}}+\delta_{K_{H\alpha}}\right)+\delta_{K_V}\left(\delta_{K_{H\beta}}+\delta_{K_{H\alpha}}\right)+\delta_{K_{H\beta}}\delta_{K_{H\alpha}} \\
\delta_K &= \sqrt{\delta_{K_A}^2+\delta_{K_V}^2+N^2\delta_{K_{H\beta}}^2+\delta_{K_{H\alpha}}^2}
\end{aligned}\right. \tag{8-24}$$

2) 齿廓系数 Y_F

齿廓系数 Y_F 用于考虑齿廓对名义弯曲应力的影响，其与齿数 z、变位系数 x、插齿刀的参数有关，在做分析时可将其视作定值。

3) 应力修正系数 Y_S

应力修正系数 Y_S 是将名义弯曲应力换算成齿根局部应力的系数，它考虑了齿根过渡曲线处的应力集中效应，以及弯曲应力以外的其他应力对齿根应力的影响。Y_S 的值与齿厚、弯曲力臂和齿根圆角参数有关，不随时间变化。

4) 螺旋角系数 Y_β

螺旋角系数 Y_β 是考虑螺旋角造成的接触线倾斜对齿根应力产生影响的系数，其数值可由下式计算：

$$Y_\beta = 1 - \varepsilon_\beta \frac{\beta}{120^\circ} \tag{8-25}$$

式中，当 $\varepsilon_\beta > 1$ 时，按 $\varepsilon_\beta = 1$ 计算；当 $Y_\beta < 0.75$ 时，取 $Y_\beta = 0.75$；当 $\beta > 30^\circ$ 时，按 $\beta = 30^\circ$ 计算。

5) 许用齿根应力 σ_{F_p}

许用齿根应力 σ_{F_p} 计算如式 (8-20) 所示。

试验齿轮的弯曲疲劳极限 $\sigma_{F\lim}$ 是指某种材料的齿轮经长期的重复载荷作用后，齿根保持不破坏的极限应力。其主要影响因素有：材料成分、力学性能、热处理及硬化层深度。硬度梯度、结构 (锻、轧、铸)、残余应力、材料的纯度和缺陷等。$\sigma_{F\lim}$ 可由齿轮负载运转试验获得，它是随时间变化的。

寿命系数 Y_{NT} 是考虑齿轮寿命小于或大于持久寿命条件循环次数 N_c 时，其可承受的弯曲应力值与相应的条件循环次数 N_c 的比例系数。它与材料、热处理、载荷平稳程度、轮齿尺寸及残余应力有关。

尺寸系数 Y_X 是考虑因尺寸增大使材料强度降低的尺寸效应因素，用于弯曲强度计算。

相对齿根圆角敏感系数 $Y_{\delta\mathrm{rel}T}$ 是考虑齿轮材料、几何尺寸等对齿根应力的敏感度与试验齿轮不同而引进的系数，定义为所计算齿轮的齿根圆角敏感系数与试验齿轮的齿根圆角敏感系数的比值。

相对齿根表面状况系数 $Y_{R\mathrm{rel}T}$ 是考虑齿廓根部的表面状况，主要是齿根圆角处的粗糙度对齿根弯曲强度的影响。$Y_{R\mathrm{rel}T}$ 为所计算齿轮的齿根表面状况系数与试验齿轮的齿根表面状况系数的比值。

将 $\sigma_{F\lim}$、Y_{NT} 和 $Y_{R\mathrm{rel}T}$ 视作服从几何布朗运动的随机变量，易知许用齿根应力 σ_{F_p} 也服从几何布朗运动，且其漂移率和波动率为

$$\left\{\begin{array}{l} \lambda_{\sigma_{Fp}} = \lambda_{\sigma_{F\lim}} + \lambda_{Y_{NT}} + \lambda_{Y_{R\mathrm{rel}T}} + \delta_{\sigma_{F\lim}}\left(\delta_{Y_{NT}} + \delta_{Y_{R\mathrm{rel}T}}\right) + \delta_{Y_{NT}}\delta_{Y_{R\mathrm{rel}T}} \\ \delta_{\sigma_{Fp}} = \sqrt{\delta^2_{\sigma_{F\lim}} + \delta^2_{Y_{NT}} + \delta^2_{Y_{R\mathrm{rel}T}}} \end{array}\right. \tag{8-26}$$

2. 时变不确定性计算模型

对于计算齿根应力 σ_F，影响其大小的时变因素包括载荷系数 K 和名义切向力 F_t，假设齿根应力 σ_F 服从几何布朗运动。对 σ_F 取对数，得状态函数 G，即

$$G = \ln \sigma_F = \ln \frac{Y_F Y_S Y_\beta}{b m_n} + \ln K + \ln F_t \tag{8-27}$$

有

$$\frac{\partial G}{\partial F_t} = \frac{1}{F_t},\quad \frac{\partial G}{\partial K} = \frac{1}{K},\quad \frac{\partial^2 G}{\partial F_t^2} = -\frac{1}{F_t^2},\quad \frac{\partial^2 G}{\partial K^2} = -\frac{1}{K^2},\quad \frac{\partial^2 G}{\partial F_t \partial K} = 0$$

则

$$\begin{aligned}
\mathrm{d}G &= \left[\frac{\partial G}{\partial F_t}\lambda_{F_t} F_t(t) + \frac{\partial G}{\partial K}\lambda_K K(t) + \frac{1}{2}\left(\frac{\partial^2 G}{\partial F_t^2}\delta_{F_t}^2 F_t^2(t) + \frac{\partial^2 G}{\partial K^2}\delta_K^2 K^2(t)\right)\right]\mathrm{d}t \\
&\quad + \frac{\partial G}{\partial F_t}\delta_{F_t} F_t(t)\,\mathrm{d}w_{1t} + \frac{\partial G}{\partial K}\delta_K K(t)\,\mathrm{d}w_{2t} \\
&= \left(\lambda_{F_t} + \lambda_K - \left(\delta_{F_t}^2 + \delta_K^2\right)\right)\mathrm{d}t + \delta_{F_t}\mathrm{d}w_{1t} + \delta_K \mathrm{d}w_{2t}
\end{aligned}$$

$\ln \sigma_F$ 的均值和方差分别为

$$\begin{cases}
\widehat{\mu}_{\ln \sigma_F}(t) = \ln \sigma_F(0) + \displaystyle\int_0^t \left(\lambda_{F_t} + \lambda_K - \left(\delta_{F_t}^2 + \delta_K^2\right)\right)\mathrm{d}s \\
\qquad\qquad = \ln\sigma_F(0) + \left(\lambda_{F_t} + \lambda_K - \left(\delta_{F_t}^2 + \delta_K^2\right)\right)t \\
\widehat{\sigma}_{\ln \sigma_F}^2(t) = \left(\displaystyle\int_0^t \delta_{F_t}\mathrm{d}w_{1s}\right)^2 + \left(\displaystyle\int_0^t \delta_K \mathrm{d}w_{2s}\right)^2 = \left(\delta_{F_t}^2 + \delta_K^2\right)t
\end{cases} \tag{8-28}$$

由于许用接触应力 σ_{F_p} 也服从几何布朗运动，故 t 时刻齿面接触疲劳强度的可靠度计算式为

$$R(t) = \varPhi\left(\frac{\widehat{\mu}_{\ln \sigma_{F_p}}(t) - \widehat{\mu}_{\ln \sigma_F}(t)}{\sqrt{\widehat{\sigma}_{\ln \sigma_{F_p}}^2(t) + \widehat{\sigma}_{\ln \sigma_F}^2(t)}}\right) = \varPhi\left(\frac{\ln \sigma_{F_p}(0) + \left(\lambda_{\sigma_{F_p}} - \dfrac{\delta_{\sigma_{F_p}}^2}{2}\right)t - \widehat{\mu}_{\ln \sigma_F}(t)}{\sqrt{\delta_{\sigma_{F_p}}^2 t + \widehat{\sigma}_{\ln \sigma_F}^2(t)}}\right) \tag{8-29}$$

8.3 齿轮传动时变不确定性设计

假设按传统设计方法设计了一组闭式硬齿面斜齿圆柱齿轮传动，其主要失效形式是轮齿弯曲疲劳折断。其中小齿轮为主动轮，转速为 $n_1 = 1400\mathrm{r/min}$，传递功

率为 $P=12\text{kW}$，减速比为 $u=3$，传动精度系数为 7。分别按照小齿轮齿面接触疲劳强度和轮齿弯曲疲劳强度求运行 2000 天后的可靠度，要求不低于 98%。齿轮传动已知参数见表 8-3。

表 8-3 斜齿圆柱齿轮传动参数

参数 \ 名称	小齿轮	大齿轮
法向模数 m_n/mm	2.5	2.5
法向压力角 $\alpha/(^\circ)$	20	20
螺旋角 $\beta/(^\circ)$	12	12
齿数 z	20	60
分度圆直径 D/mm	51.117	153.351
啮合齿宽 b/mm	52	52
齿高 h/mm	5.625	5.625
齿廓系数 Y_F	4.33	3.95
应力修正系数 Y_S	1.55	1.53
螺旋角系数 Y_β	0.91	0.91
单对齿啮合系数 $Z_{B(\text{D})}$	1	1
节点区域系数 Z_H	2.45	2.45
弹性系数 $Z_E/(\text{MPa})^{1/2}$	189.9	189.9
螺旋角系数 Z_β	0.989	0.989
重合度系数 Z_ε	1	1
使用系数 K_A	1.35	1.35
动载系数 K_V	1.13	1.13
螺旋线载荷分布系数 $K_{H\beta}$	1.17	1.17
齿间载荷分配系数 $K_{H\alpha}$	1.2	1.2
幂指数 N	0.893	0.893
许用接触应力 $[\sigma_H]/\text{MPa}$	1170	980
许用齿根应力 $[\sigma_{F_p}]/\text{MPa}$	490	410

8.3.1 轮齿弯曲疲劳强度校核

齿轮齿根计算应力为

$$\sigma_F=\frac{KF_t}{bm_n}Y_FY_SY_\beta$$

其中，$K=K_AK_V\left(K_{H\beta}\right)^NK_{H\alpha}$，且服从几何布朗运动。所有服从几何布朗运动的底层随机变量的漂移率与波动率见表 8-4。

根据式 (8-24) 可得载荷系数 K 的漂移率和波动率为

$$\begin{cases}\lambda_K=\lambda_{K_A}+\lambda_{K_V}+N\lambda_{K_{H\beta}}+\lambda_{K_{H\alpha}}+\dfrac{1}{2}N\left(N-1\right)\delta_{K_{H\beta}}^2\\ \qquad+\delta_{K_A}\left(\delta_{K_V}+\delta_{K_{H\beta}}+\delta_{K_{H\alpha}}\right)+\delta_{K_V}\left(\delta_{K_{H\beta}}+\delta_{K_{H\alpha}}\right)+\delta_{K_{H\beta}}\delta_{K_{H\alpha}}\\ \qquad=1.1012\times10^{-4}\\ \delta_K=\sqrt{\delta_{K_A}^2+\delta_{K_V}^2+N^2\delta_{K_{H\beta}}^2+\delta_{K_{H\alpha}}^2}=\sqrt{14}\times10^{-4}\end{cases}$$

表 8-4 随机变量的时变参数

随机变量	漂移率 λ	波动率 δ
使用系数 K_A	5×10^{-5}	3×10^{-4}
动载系数 K_V	2×10^{-5}	1×10^{-4}
螺旋线载荷分布系数 $K_{H\beta}$	0	0
齿间载荷分配系数 $K_{H\alpha}$	4×10^{-5}	2×10^{-4}
传递功率 P/kW	1×10^{-5}	6×10^{-5}
转速 $n/(\text{r}\cdot\text{min}^{-1})$	-1×10^{-5}	2×10^{-4}

注：计算时需要实际测得，本算例中仅给出特定条件下的数据

根据式 (8-5) 算得名义切向力 F_t 的漂移率和波动率为

$$\begin{cases} \lambda_{F_t} = \lambda_P - \lambda_n + \delta_n^2 - \delta_p\delta_n = 2.0028\times10^{-5} \\ \delta_{F_t} = \sqrt{\delta_P^2+\delta_n^2} = \sqrt{4.36}\times10^{-4} \end{cases}$$

则 $\ln\sigma_{F_p}(t)$ 的均值和方差分别为

$$\begin{cases} \widehat{\mu}_{\ln\sigma_{F_p}}(t) = \ln\sigma_{F_p}(0) + \left(\lambda_{F_t}+\lambda_K-\left(\delta_{F_t}^2+\delta_K^2\right)\right)t = 5.7585+1.2996\times10^{-4}t \\ \widehat{\sigma}^2_{\ln\sigma_{F_p}}(t) = \left(\delta_{F_t}^2+\delta_K^2\right)t = 1.836\times10^{-7}t \end{cases}$$

为简化计算，现已知许用齿根应力 $\sigma_{[F_p]}$ 的漂移率为 $\lambda_{[\sigma_{F_p}]}=-6\times10^{-5}$，波动率为 $\delta_{[\sigma_{F_p}]}=1\times10^{-4}$。根据式 (8-27) 算得 t=2000 时可靠度为

$$\begin{aligned} R(t) =& \varPhi\left(\frac{\ln[\sigma_{F_p}](0)+\left(\lambda_{[\sigma_{F_p}]}-\dfrac{\delta^2_{[\sigma_{F_p}]}}{2}\right)t-\widehat{\mu}_{\ln\sigma_{F_p}}(t)}{\sqrt{\delta^2_{[\sigma_{F_p}]}t+\widehat{\sigma}^2_{\ln\sigma_F}}}\right) \\ &\approx \varPhi(2.8447)\approx 99.78\% \end{aligned}$$

可靠度满足要求。

8.3.2 齿面接触疲劳强度校核

接触应力计算式为

$$\sigma_H = Z_{B(D)}Z_HZ_EZ_\varepsilon Z_\beta\sqrt{\frac{KF_t}{d_1b}\frac{u\pm1}{u}}$$

其中，$K=K_AK_VK_{H\beta}K_{H\alpha}$，且服从几何布朗运动。

根据式 (8-8) 算得载荷系数 K 的漂移率和波动率为

$$\begin{cases} \lambda_K = \lambda_{K_A}+\lambda_{K_V}+\lambda_{K_{H\beta}}+\lambda_{K_{H\alpha}}+\delta_{K_A}\left(\delta_{K_V}+\delta_{K_{H\beta}}+\delta_{K_{H\alpha}}\right) \\ \qquad +\delta_{K_V}\left(\delta_{K_{H\beta}}+\delta_{K_{H\alpha}}\right)+\delta_{K_{H\beta}}\delta_{K_{H\alpha}} = 1.1012\times10^{-4} \\ \delta_K = \sqrt{\delta_{K_A}^2+\delta_{K_V}^2+\delta_{K_{H\beta}}^2+\delta_{K_{H\alpha}}^2} = \sqrt{14}\times10^{-4} \end{cases}$$

则 $\ln\sigma_H(t)$ 的均值和方差分别为

$$\begin{cases} \widehat{\mu}_{\ln\sigma_H}(t)=\ln\sigma_H(0)+\left(\dfrac{1}{2}(\lambda_{F_t}+\lambda_K)-\dfrac{1}{4}(\delta_{F_t}^2+\delta_K^2)\right)t=6.7409+1.2996\times10^{-4}t \\ \widehat{\sigma}_{\ln\sigma_H}^2(t)=\dfrac{1}{4}(\delta_{F_t}^2+\delta_K^2)t=4.59\times10^{-8}t \end{cases}$$

为简化计算，现已知许用接触应力 $[\sigma_H]$ 的漂移率为 $\lambda_{[\sigma_H]}=-2\times10^{-5}$，波动率为 $\delta_{[\sigma_H]}=1\times10^{-4}$。根据式 (8-14) 算得 t=2000 时可靠度为

$$R(t)=\Phi\left(\frac{\ln[\sigma_H](0)+\left(\lambda_{[\sigma_H]}-\dfrac{\delta_{[\sigma_H]}^2}{2}\right)t-\widehat{\mu}_{\ln\sigma_H}(t)}{\sqrt{\delta_{[\sigma_H]}^2t+\widehat{\sigma}_{\ln\sigma_H}^2}}\right)$$

$$\approx\Phi(2.2631)\approx98.82\%$$

满足可靠度要求。

8.4 小　　结

本章基于时变不确定性模型，对齿轮传动进行设计，推导了相应的时变不确定性计算模型。利用时变不确定性模型建立齿面接触疲劳强度和轮齿弯曲疲劳强度的状态函数和许用状态函数，再利用系统漂移函数与波动函数关系求出给定时刻的系统可靠度，为齿轮传动的设计提供指导。

第9章　轴的时变不确定性设计

9.1　概　　述

轴是机器中最重要的机械零件之一，属于非标准件。轴的结构一般是圆形横截面的回转体，它主要是支撑机器中的零件，如齿轮，并传递运动和动力 [69,70]。

按轴所受载荷的类型分为：① 心轴，支撑回转零件而不传递动力，即只受弯矩 M 作用；② 传动轴，只传递动力，即只受转矩 T 作用；③ 转轴，支承传动件且传递动力，即同时受弯矩 M 和转矩 T 作用。按轴的结构类型分为：直轴和曲轴、光轴和阶梯轴、实心轴和空心轴。

轴的工作能力计算包括轴的强度和刚度计算等。一般轴只需计算强度条件，对于受力较大的细长轴需要计算其刚度。轴的强度计算方法又包括：按扭转强度条件计算和按弯扭合成强度条件计算。

轴的常用材料如表 9-1 所示，其中优质碳素钢的使用相较于合金钢更广泛，尤以 45 钢最为常用。

表 9-1　轴的常用材料及主要力学性能

材料牌号	热处理	毛坯直径 /mm	抗拉强度 σ_b/MPa	屈服强度 σ_s/MPa	许用弯曲应力 $[\sigma_F]$/MPa	备注
Q235A	热轧或锻后空冷	⩽ 100	400~420	225	40	用于不重要或载荷不大的轴
		>100~250	375~390	215		
45 钢	正火	25	610	360	55	应用最广泛
	正火回火	⩽ 100	600	300		
		>100~300	580	290		
		>300~500	560	280		
		>500~750	540	270		
	调质	⩽ 200	650	360	60	
40Cr	调质	⩽ 100	750	550	70	用于载荷较大，而无很大冲击的重要轴
		>100~300	700	500		
		>300~500	650	450		
		>500~800	600	350		
20Cr	渗碳淬火回火	15	850	550	60	用于要求强度和韧性均较高的轴（如某些齿轮轴、蜗杆）
		30	650	400		
		⩽ 60	650	400		

轴的截面形状不同，其抗弯和抗扭截面系数的计算公式也不相同，如表 9-2 所示。

表 9-2　不同截面形状轴截面系数计算公式

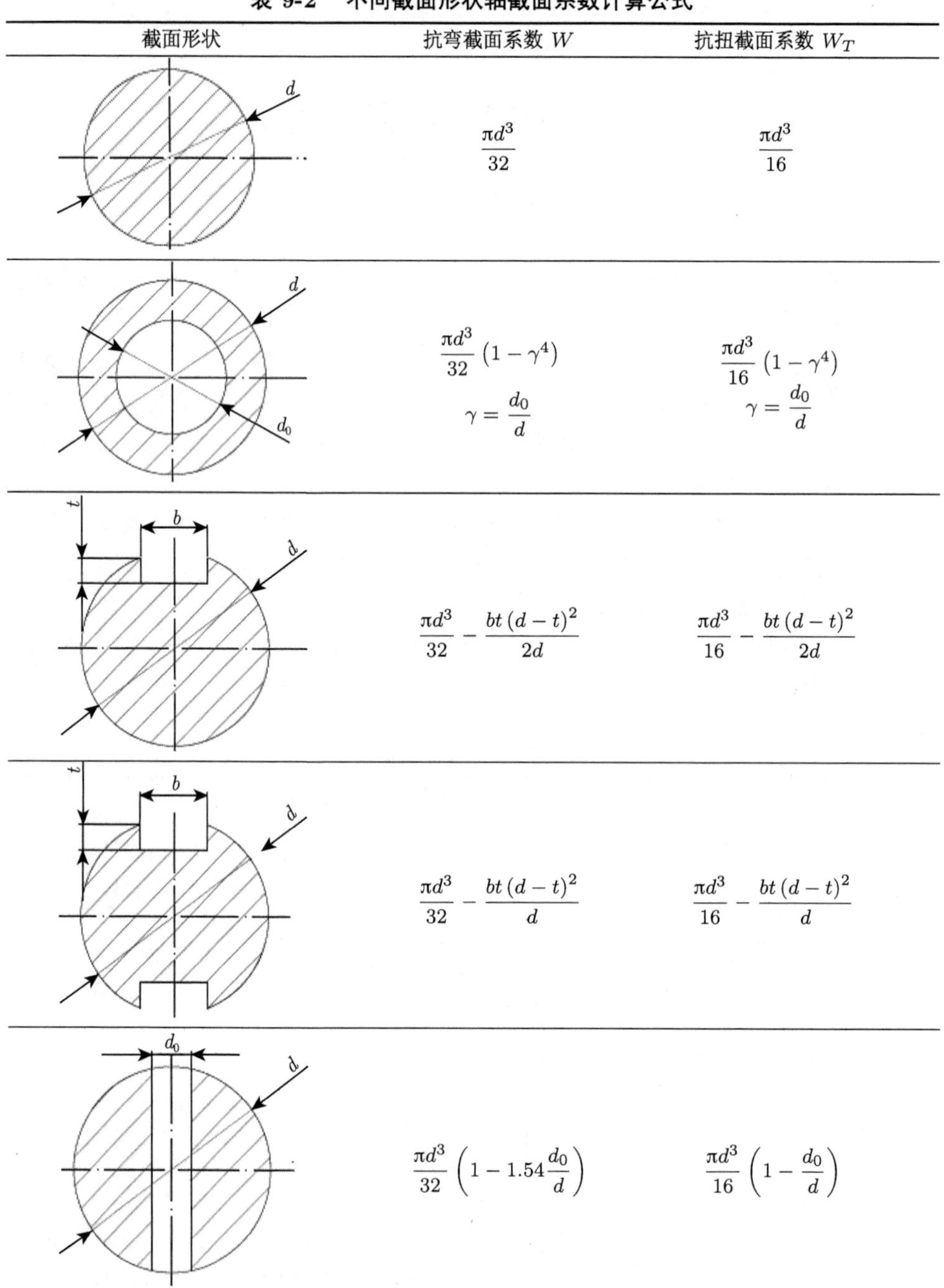

截面形状	抗弯截面系数 W	抗扭截面系数 W_T
	$\dfrac{\pi d^3}{32}$	$\dfrac{\pi d^3}{16}$
	$\dfrac{\pi d^3}{32}\left(1-\gamma^4\right)$ $\gamma=\dfrac{d_0}{d}$	$\dfrac{\pi d^3}{16}\left(1-\gamma^4\right)$ $\gamma=\dfrac{d_0}{d}$
	$\dfrac{\pi d^3}{32}-\dfrac{bt\left(d-t\right)^2}{2d}$	$\dfrac{\pi d^3}{16}-\dfrac{bt\left(d-t\right)^2}{2d}$
	$\dfrac{\pi d^3}{32}-\dfrac{bt\left(d-t\right)^2}{d}$	$\dfrac{\pi d^3}{16}-\dfrac{bt\left(d-t\right)^2}{d}$
	$\dfrac{\pi d^3}{32}\left(1-1.54\dfrac{d_0}{d}\right)$	$\dfrac{\pi d^3}{16}\left(1-\dfrac{d_0}{d}\right)$

如果同一截面上有键槽，应将求得的轴径增大，增大值如表 9-3 所示。

表 9-3 有键槽时轴径的增大值

轴径/mm	<30	30~100	>100
有一个键槽时的增大值/%	7	55	3
有两个相隔 180° 键槽时的增大值/%	45	10	7

9.2 轴的时变不确定性计算模型

9.2.1 轴的强度时变不确定性计算模型

1. 按扭转强度条件计算

不考虑时变因素影响，以实心轴为例，扭转强度条件为

$$\tau_T = \frac{T}{W_T} = \frac{16T}{\pi D^3} \leqslant [\tau_T] \tag{9-1}$$

式中，τ_T——扭转切应力，MPa；

T——轴所受转矩，N·mm；

W_T——轴的抗扭截面系数，mm^3；

D——计算截面处轴的直径，mm；

$[\tau_T]$——许用抗扭切应力，MPa。

常用材料的许用抗扭切应力大小如表 9-4 所示。

表 9-4 几种常用材料的许用抗扭切应力大小

轴的材料	Q235A、20	Q275、35	45 钢	40Cr
$[\tau_T]$/MPa	15~25	20~35	25~45	35~55

注：下列情况取较大值：弯矩较小或只受扭矩作用、载荷较平稳、无轴向载荷或只有较小的轴向载荷、减速器低速轴、轴单向选择；反之，取较小值

转矩 T 与直径 D 均可视作服从几何布朗运动的随机变量，即

$$\begin{cases} \mathrm{d}T(t) = \lambda_T \cdot T(t)\,\mathrm{d}t + \delta_T \cdot T(t)\,\mathrm{d}w_{1t} \\ \mathrm{d}D(t) = \lambda_D \cdot D(t)\,\mathrm{d}t + \delta_D \cdot D(t)\,\mathrm{d}w_{2t} \end{cases} \tag{9-2}$$

又

$$\frac{\partial \ln \tau_T}{\partial T} = \frac{1}{T}, \quad \frac{\partial \ln \tau_T}{\partial D} = -\frac{3}{D}, \quad \frac{\partial^2 \ln \tau_T}{\partial T^2} = -\frac{1}{T^2}, \quad \frac{\partial^2 \ln \tau_T}{\partial D^2} = \frac{3}{D^2}, \quad \frac{\partial^2 \ln \tau_T}{\partial T \partial D} = 0$$

则

$$\mathrm{d}\ln\tau_T(t) = \left[\frac{\partial \ln \tau_T}{\partial T}\lambda_T T(t) + \frac{\partial \ln \tau_T}{\partial D}\lambda_D D(t)\right.$$

$$
\begin{aligned}
&+\frac{1}{2}\left(\frac{\partial^2 \ln \tau_T}{\partial T^2}\delta_T^2 T^2(t)+\frac{\partial^2 \ln \tau_T}{\partial D}\delta_D^2 D^2(t)\right)\Bigg]\mathrm{d}t \\
&+\frac{\partial \ln \tau_T}{\partial T}\delta_T T(t)\,\mathrm{d}w_{1t}+\frac{\partial \ln \tau_T}{\partial D}\delta_D D(t)\,\mathrm{d}w_{2t} \\
=&\left[\lambda_T-3\lambda_D-\frac{1}{2}\left(\delta_T^2-3\delta_D^2\right)\right]\mathrm{d}t+\delta_T \mathrm{d}w_{1t}-3\delta_D \mathrm{d}w_{2t}
\end{aligned}
$$

$\ln\tau_T$ 的均值和方差分别为

$$
\left\{
\begin{aligned}
\widehat{\mu}_{\ln \tau_T}(t)&=\ln\tau_T(0)+\int_0^t\left(\lambda_T-3\lambda_D-\frac{1}{2}\left(\delta_T^2-3\delta_D^2\right)\right)\mathrm{d}s \\
&=\ln\tau_T(0)+\left[\lambda_T-3\lambda_D-\frac{1}{2}\left(\delta_T^2-3\delta_D^2\right)\right]t \\
\widehat{\sigma}^2_{\ln \tau_T}(t)&=\left(\int_0^t\delta_T\mathrm{d}w_{1s}\right)^2+\left(\int_0^t(-3\delta_D)\,\mathrm{d}w_{2s}\right)^2=\left(\delta_T^2+9\delta_D^2\right)t
\end{aligned}
\right.
\tag{9-3}
$$

许用应力 $[\tau_T]$ 可视作服从几何布朗运动，漂移率为 $\lambda_{[\tau_T]}$，波动率为 $\delta_{[\tau_T]}$。根据 2.4.3 节伊藤引理，$\ln[\tau_T](t)$ 服从均值为 $\ln[\tau_T](0)+\left(\lambda_{[\tau_T]}-\dfrac{\delta^2_{[\tau_T]}}{2}\right)t$、方差为 $\delta^2_{[\tau_T]}t$ 的正态分布。

按照扭转强度条件计算的轴的可靠度 $R(t)$：

$$
R(t)=P\left\{\ln[\tau_T](t)-\ln\tau_T(t)\geqslant 0\right\}
\tag{9-4}
$$

则可靠度计算式为

$$
R(t)=\varPhi\left(\frac{\ln[\tau_T](0)+\left(\lambda_{[\tau_T]}-\dfrac{\delta^2_{[\tau_T]}}{2}\right)t-\widehat{\mu}_{\ln \tau_T}(t)}{\sqrt{\delta^2_{[\tau_T]}t+\widehat{\sigma}^2_{\ln \tau_T}(t)}}\right)
\tag{9-5}
$$

2. 按弯扭合成强度条件计算

不考虑时变因素影响，以实心轴为例，按照抗弯强度条件，轴的强度校核公式为

$$
\sigma_{\mathrm{ca}}=\frac{M_{\mathrm{e}}}{W}=\frac{32\sqrt{M^2+(\alpha T)^2}}{\pi D^3}\leqslant[\sigma_F]
\tag{9-6}
$$

式中，σ_{ca}——轴的计算应力，MPa；

M_{e}——当量弯矩，MPa；

W——轴的抗弯截面系数，mm^3；

M——轴所受的弯矩，N·mm；

T——轴所受的转矩，N·mm；

α——折合系数，当扭转切应力为静应力时 $\alpha = 0.3$，当扭转切应力为脉动循环变应力时 $\alpha = 0.6$，当扭转切应力为对称循环变应力时 $\alpha = 1$。

令 $K = M^2 + (\alpha T)^2$，将其视作一个独立随机变量，K 和直径 D 均可视作服从几何布朗运动的随机变量，即

$$\begin{cases} \mathrm{d}K(t) = \lambda_K K(t)\,\mathrm{d}t + \delta_K K(t)\,\mathrm{d}w_{1t} \\ \mathrm{d}D(t) = \lambda_D D(t)\,\mathrm{d}t + \delta_D D(t)\,\mathrm{d}w_{2t} \end{cases} \tag{9-7}$$

取状态函数为

$$S = \ln\sigma_{\mathrm{ca}} = \ln\frac{32}{\pi} + \frac{1}{2}\ln K - 3\ln D \tag{9-8}$$

有

$$\frac{\partial S}{\partial K} = \frac{1}{2K},\quad \frac{\partial S}{\partial D} = -\frac{3}{D},\quad \frac{\partial^2 S}{\partial K^2} = -\frac{1}{2K^2},\quad \frac{\partial^2 S}{\partial D^2} = \frac{3}{D^2},\quad \frac{\partial^2 S}{\partial K\partial D} = 0$$

则

$$\begin{aligned} \mathrm{d}S &= \left[\frac{\partial S}{\partial K}\lambda_K K(t) + \frac{\partial S}{\partial D}\lambda_D D(t) + \frac{1}{2}\left(\frac{\partial^2 S}{\partial K^2}\delta_K^2 K^2(t) + \frac{\partial^2 S}{\partial D^2}\delta_D^2 D^2(t)\right)\right]\mathrm{d}t \\ &\quad + \frac{\partial S}{\partial K}\delta_K K(t)\,\mathrm{d}w_{1t} + \frac{\partial S}{\partial D}\delta_D D(t)\,\mathrm{d}w_{2t} \\ &= \left(\frac{1}{2}\lambda_K - 3\lambda_D - \frac{1}{4}\delta_K^2 + \frac{3}{2}\delta_D^2\right)\mathrm{d}t + \frac{1}{2}\delta_K \mathrm{d}w_{1t} - 3\delta_D \mathrm{d}w_{2t} \end{aligned}$$

S 的均值和方差分别为

$$\begin{cases} \widehat{\mu}_S(t) = \ln\sigma_{\mathrm{ca}}(0) + \displaystyle\int_0^t \left(\frac{1}{2}\lambda_K - 3\lambda_D - \frac{1}{4}\delta_K^2 + \frac{3}{2}\delta_D^2\right)\mathrm{d}S \\ \qquad\quad = \ln\sigma_{\mathrm{ca}}(0) + \left(\dfrac{1}{2}\lambda_K - 3\lambda_D - \dfrac{1}{4}\delta_K^2 + \dfrac{3}{2}\delta_D^2\right)t \\ \widehat{\sigma}_S^2(t) = \left(\dfrac{1}{2}\displaystyle\int_0^t \delta_K \mathrm{d}w_{1S}\right)^2 + \left(\displaystyle\int_0^t (-3\delta_D)\,\mathrm{d}w_{2S}\right)^2 = \left(\dfrac{1}{4}\delta_K^2 + 9\delta_D^2\right)t \end{cases} \tag{9-9}$$

许用应力 $[\sigma_F]$ 可视作服从几何布朗运动，漂移率为 $\lambda_{[\sigma_F]}$，波动率为 $\delta_{[\sigma_F]}$，则 $\ln[\sigma_F](t)$ 服从均值为 $\ln[\sigma_F](0) + \left(\lambda_{[\sigma_F]} - \dfrac{\delta_{[\sigma_F]}^2}{2}\right)t$、方差为 $\delta_{[\sigma_F]}^2 t$ 的正态分布。按照弯扭合成强度条件计算的轴的可靠度为

$$\begin{aligned} R(t) &= P\{\ln[\sigma_F](t) - \ln\sigma_{\mathrm{ca}}(t) \geqslant 0\} \\ &= \Phi\left(\frac{\ln[\sigma_F](0) + \left(\lambda_{[\sigma_F]} - \dfrac{\delta_{[\sigma_F]}^2}{2}\right)t - \widehat{\mu}_S(t)}{\sqrt{\delta_{[\sigma_F]}^2 t + \widehat{\sigma}_S^2(t)}}\right) \end{aligned} \tag{9-10}$$

9.2.2　轴的刚度时变不确定性计算模型

1. 弯曲刚度校核

轴在受载的情况下会产生弯曲变形，过大的弯曲变形会影响轴上零件的正常工作。对于精密机器，轴需要进行弯曲刚度校核，弯曲刚度用挠度 y 和偏转角 θ 度量，在工作载荷作用下应小于许用值，即

$$\begin{cases} y_{\max} < [y] \\ \theta_{\max} < [\theta] \end{cases} \tag{9-11}$$

一般机械中轴的允许挠度及偏转角可按表 9-5 选取。

表 9-5　轴的允许挠度及偏转角

应用范围	允许挠度 y/mm	应用范围	允许偏转角 θ/(°)
一般用途的轴	$(0.0003\sim0.0005)l$	滑动轴承	0.06
机床主轴	$0.0002l$	深沟球轴承	0.3
	(l——支承间跨距)	调心球轴承	3
安装齿轮的轴	$(0.01\sim0.03)m_n$	圆柱滚子轴承	0.15
安装涡轮的轴	$(0.02\sim0.05)m_t$	圆锥滚子轴承	0.09
	(m_n、m_t)——齿轮法向、涡轮端面模数	安装齿轮处	0.06~0.12

光轴的挠度和偏转角一般按双支点梁计算，计算公式如表 9-6 所示。

以齿轮轴为例，可将齿轮轴视为简支梁，集中载荷作用在轴承位置和齿轮位置，则

$$\begin{cases} y_{\max} = f(F_i), \\ \theta_{\max} = f(F_i), \end{cases} \quad i = 1, 2, \cdots, n \tag{9-12}$$

将 F_i 视作服从几何布朗运动的随机变量，则

$$\begin{aligned} \mathrm{d}\ln G(t) = & \left[\sum_{i=1}^{n}\left(\frac{\partial \ln G}{\partial F_i}\lambda_i \cdot F_i(t)\right) + \frac{1}{2}\sum_{j=1}^{n}\sum_{k=1}^{n}\left(\frac{\partial^2 \ln G}{\partial F_j \partial F_k}\delta_j\delta_k \cdot F_j(t) F_k(t)\right)\right]\mathrm{d}t \\ & + \sum_{i=1}^{n}\frac{\partial \ln G}{\partial F_i}\delta_i \cdot F_i(t)\,\mathrm{d}w_{it} \\ = & \mu_{\ln G}(t)\,\mathrm{d}t + \sum_{i=1}^{n}\sigma_{i\ln G}(t)\,\mathrm{d}w_{it} \end{aligned}$$

$\ln G(t)$ 的均值和方差分别为

$$\begin{cases} \widehat{\mu}_{\ln G}(t) = \ln G(0) + \int_0^t \mu_{\ln G}(s)\,\mathrm{d}s \\ \widehat{\sigma}^2_{\ln G}(t) = \sum_{i=1}^{n}\int_0^t \sigma_{i\ln G}(s)\,\mathrm{d}w_{is} \end{cases} \tag{9-13}$$

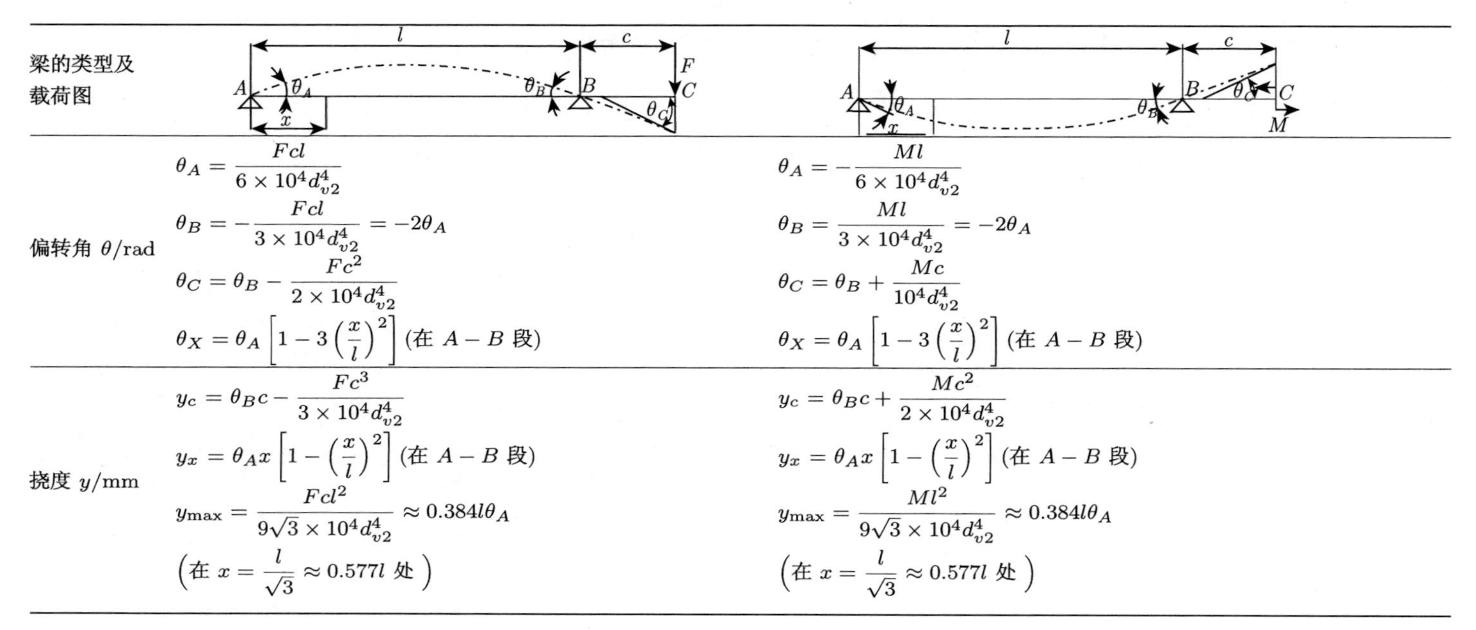

表 9-6 光轴的挠度和偏转角计算公式

梁的类型及载荷图		
偏转角 θ/rad	$\theta_A=\dfrac{Fcl}{6\times10^4d_{v2}^4}$ $\theta_B=-\dfrac{Fcl}{3\times10^4d_{v2}^4}=-2\theta_A$ $\theta_C=\theta_B-\dfrac{Fc^2}{2\times10^4d_{v2}^4}$ $\theta_X=\theta_A\left[1-3\left(\dfrac{x}{l}\right)^2\right]$(在 $A-B$ 段)	$\theta_A=-\dfrac{Ml}{6\times10^4d_{v2}^4}$ $\theta_B=\dfrac{Ml}{3\times10^4d_{v2}^4}=-2\theta_A$ $\theta_C=\theta_B+\dfrac{Mc}{10^4d_{v2}^4}$ $\theta_X=\theta_A\left[1-3\left(\dfrac{x}{l}\right)^2\right]$(在 $A-B$ 段)
挠度 y/mm	$y_c=\theta_Bc-\dfrac{Fc^3}{3\times10^4d_{v2}^4}$ $y_x=\theta_Ax\left[1-\left(\dfrac{x}{l}\right)^2\right]$(在 $A-B$ 段) $y_{\max}=\dfrac{Fcl^2}{9\sqrt{3}\times10^4d_{v2}^4}\approx0.384l\theta_A$ $\left(在\ x=\dfrac{l}{\sqrt{3}}\approx0.577l\ 处\right)$	$y_c=\theta_Bc+\dfrac{Mc^2}{2\times10^4d_{v2}^4}$ $y_x=\theta_Ax\left[1-\left(\dfrac{x}{l}\right)^2\right]$(在 $A-B$ 段) $y_{\max}=\dfrac{Ml^2}{9\sqrt{3}\times10^4d_{v2}^4}\approx0.384l\theta_A$ $\left(在\ x=\dfrac{l}{\sqrt{3}}\approx0.577l\ 处\right)$

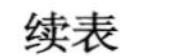
续表

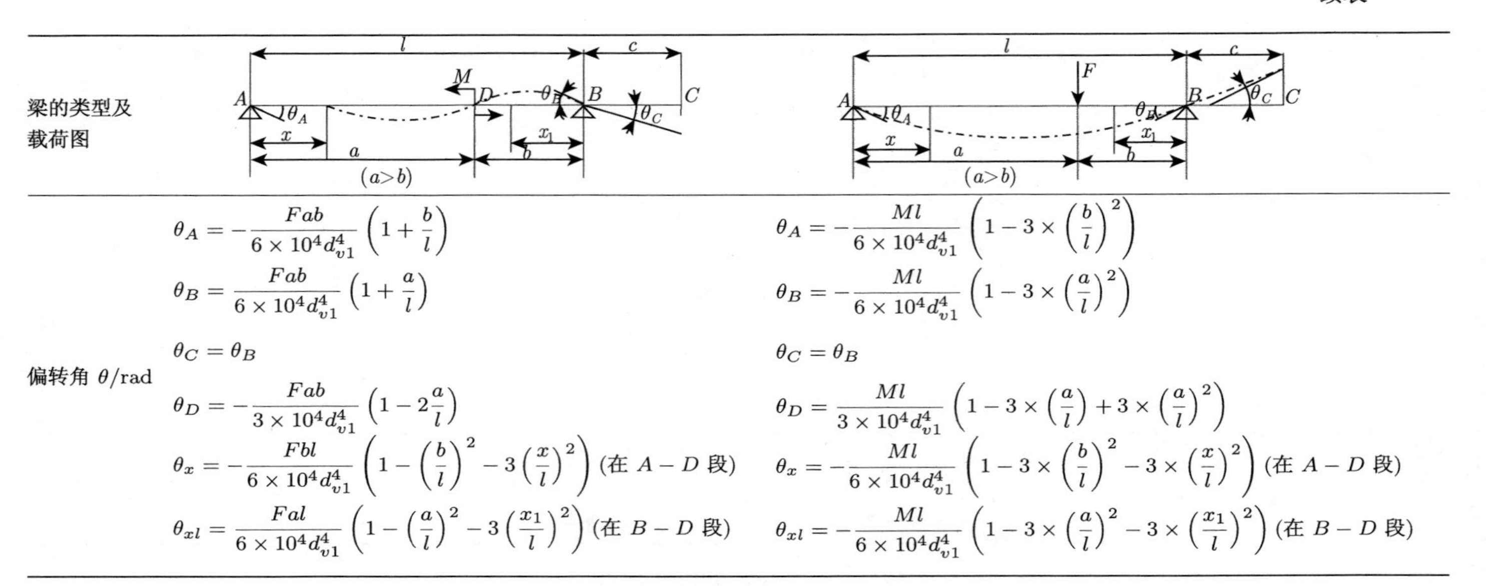

梁的类型及载荷图	$(a>b)$	$(a>b)$
偏转角 θ/rad	$\theta_A=-\dfrac{Fab}{6\times10^4d_{v1}^4}\left(1+\dfrac{b}{l}\right)$ $\theta_B=\dfrac{Fab}{6\times10^4d_{v1}^4}\left(1+\dfrac{a}{l}\right)$ $\theta_C=\theta_B$ $\theta_D=-\dfrac{Fab}{3\times10^4d_{v1}^4}\left(1-2\dfrac{a}{l}\right)$ $\theta_x=-\dfrac{Fbl}{6\times10^4d_{v1}^4}\left(1-\left(\dfrac{b}{l}\right)^2-3\left(\dfrac{x}{l}\right)^2\right)$(在 $A-D$ 段) $\theta_{xl}=\dfrac{Fal}{6\times10^4d_{v1}^4}\left(1-\left(\dfrac{a}{l}\right)^2-3\left(\dfrac{x_1}{l}\right)^2\right)$(在 $B-D$ 段)	$\theta_A=-\dfrac{Ml}{6\times10^4d_{v1}^4}\left(1-3\times\left(\dfrac{b}{l}\right)^2\right)$ $\theta_B=-\dfrac{Ml}{6\times10^4d_{v1}^4}\left(1-3\times\left(\dfrac{a}{l}\right)^2\right)$ $\theta_C=\theta_B$ $\theta_D=\dfrac{Ml}{3\times10^4d_{v1}^4}\left(1-3\times\left(\dfrac{a}{l}\right)+3\times\left(\dfrac{a}{l}\right)^2\right)$ $\theta_x=-\dfrac{Ml}{6\times10^4d_{v1}^4}\left(1-3\times\left(\dfrac{b}{l}\right)^2-3\times\left(\dfrac{x}{l}\right)^2\right)$(在 $A-D$ 段) $\theta_{xl}=-\dfrac{Ml}{6\times10^4d_{v1}^4}\left(1-3\times\left(\dfrac{a}{l}\right)^2-3\times\left(\dfrac{x_1}{l}\right)^2\right)$(在 $B-D$ 段)

续表

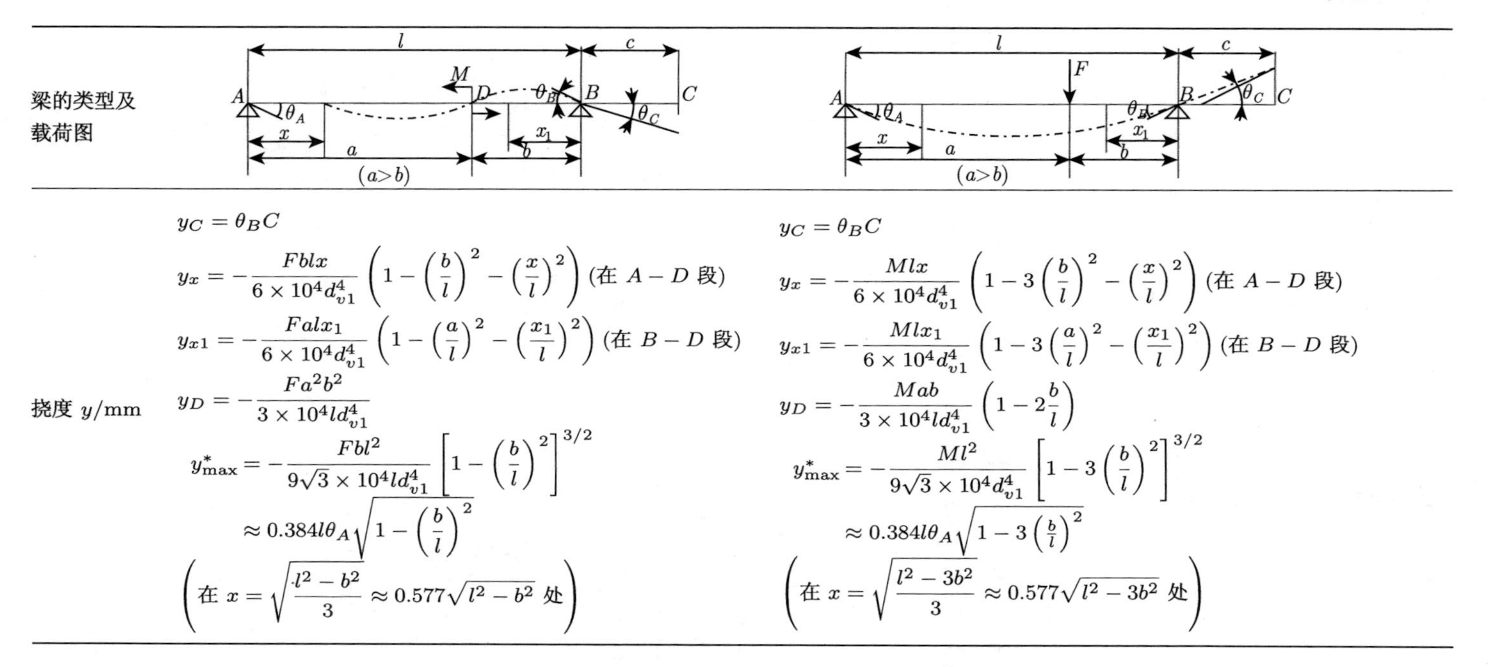

梁的类型及载荷图	(图：A、B 支承，D 处受力偶 M，外伸端 C；$(a>b)$)	(图：A、B 支承，集中力 F，外伸端 C；$(a>b)$)
挠度 y/mm	$y_C=\theta_B C$ $y_x=-\dfrac{Fblx}{6\times10^4 d_{v1}^4}\left(1-\left(\dfrac{b}{l}\right)^2-\left(\dfrac{x}{l}\right)^2\right)$ (在 $A-D$ 段) $y_{x1}=-\dfrac{Falx_1}{6\times10^4 d_{v1}^4}\left(1-\left(\dfrac{a}{l}\right)^2-\left(\dfrac{x_1}{l}\right)^2\right)$ (在 $B-D$ 段) $y_D=-\dfrac{Fa^2b^2}{3\times10^4 l d_{v1}^4}$ $y^*_{\max}=-\dfrac{Fbl^2}{9\sqrt{3}\times10^4 l d_{v1}^4}\left[1-\left(\dfrac{b}{l}\right)^2\right]^{3/2}$ $\approx 0.384 l\theta_A\sqrt{1-\left(\dfrac{b}{l}\right)^2}$ $\left(在\ x=\sqrt{\dfrac{l^2-b^2}{3}}\approx 0.577\sqrt{l^2-b^2}\ 处\right)$	$y_C=\theta_B C$ $y_x=-\dfrac{Mlx}{6\times10^4 d_{v1}^4}\left(1-3\left(\dfrac{b}{l}\right)^2-\left(\dfrac{x}{l}\right)^2\right)$ (在 $A-D$ 段) $y_{x1}=-\dfrac{Mlx_1}{6\times10^4 d_{v1}^4}\left(1-3\left(\dfrac{a}{l}\right)^2-\left(\dfrac{x_1}{l}\right)^2\right)$ (在 $B-D$ 段) $y_D=-\dfrac{Mab}{3\times10^4 l d_{v1}^4}\left(1-2\dfrac{b}{l}\right)$ $y^*_{\max}=-\dfrac{Ml^2}{9\sqrt{3}\times10^4 d_{v1}^4}\left[1-3\left(\dfrac{b}{l}\right)^2\right]^{3/2}$ $\approx 0.384 l\theta_A\sqrt{1-3\left(\frac{b}{l}\right)^2}$ $\left(在\ x=\sqrt{\dfrac{l^2-3b^2}{3}}\approx 0.577\sqrt{l^2-3b^2}\ 处\right)$

许用值$[G]=[y]$(或 $[G]=[\theta]$) 服从几何布朗运动，即 $\ln[G]$ 服从均值为 $\ln[G](0)+\left(\lambda_{[G]}-\dfrac{\delta_{[G]}^2}{2}\right)t$、方差为 $\delta_{[G]}^2 t$ 的正态分布。故考虑轴的弯曲强度的可靠度：

$$R(t)=P\{\ln[\varphi](t)-\ln\varphi(t)\geqslant 0\}$$

$$=\Phi\left(\frac{\ln[G](0)+\left(\lambda_{[G]}-\dfrac{\delta_{[G]}^2}{2}\right)t-\widehat{\mu}_{\ln G}(t)}{\sqrt{\delta_{[G]}^2 t+\widehat{\sigma}_{\ln G}^2(t)}}\right) \tag{9-14}$$

2. 扭转刚度校核

轴的扭转刚度校核是计算轴在工作时的扭转变形量，以每米轴长的扭转角 φ 度量的。轴的扭转变形会影响机器的性能和工作精度。轴的扭转刚度计算公式为

$$\varphi=5.73\times10^4\frac{T}{GI_p}\leqslant[\varphi] \tag{9-15}$$

式中，I_p——轴断面的极惯性矩，对于实心圆轴，$I_p=\dfrac{\pi D^4}{32}$，mm^4；

G——材料的切变模量，MPa；

T——转矩，N·mm；

$[\varphi]$——许用扭转角，(°)/m。

不同条件下轴的许用扭转角如表 9-7 所示。

表 9-7　不同条件下轴的许用扭转角

条件	许用扭转角
一般轴	0.5°～1°
精密传动轴	0.25°～0.5°
精度要求不高的传动轴	⩾1°
起重机传动轴	15′～20′
重要机床走刀轴	5′

转矩 T 和直径 D 均可视作服从几何布朗运动的随机变量，即

$$\begin{cases} \mathrm{d}T(t)=\lambda_T T(t)\,\mathrm{d}t+\delta_T T(t)\,\mathrm{d}w_{1t} \\ \mathrm{d}D(t)=\lambda_D D(t)\,\mathrm{d}t+\delta_D D(t)\,\mathrm{d}w_{2t} \end{cases} \tag{9-16}$$

取状态函数为

$$S=\ln\varphi=\ln\frac{5.8365\times10^5}{G}+\ln T-4\ln D \tag{9-17}$$

有

$$\frac{\partial S}{\partial T}=\frac{1}{T},\quad \frac{\partial S}{\partial D}=-\frac{4}{D},\quad \frac{\partial^2 S}{\partial T^2}=-\frac{1}{T^2},\quad \frac{\partial^2 S}{\partial D^2}=\frac{4}{D^2},\quad \frac{\partial^2 S}{\partial T\partial D}=0$$

则

$$\begin{aligned}\mathrm{d}S=&\left[\frac{\partial S}{\partial T}\lambda_T T(t)+\frac{\partial S}{\partial D}\lambda_D D(t)+\frac{1}{2}\left(\frac{\partial^2 S}{\partial T^2}\delta_T^2 T^2(t)+\frac{\partial^2 S}{\partial D^2}\delta_D^2 D^2(t)\right)\right]\mathrm{d}t\\&+\frac{\partial S}{\partial T}\delta_T T(t)\,\mathrm{d}w_{1t}+\frac{\partial S}{\partial D}\delta_D D(t)\,\mathrm{d}w_{2t}\\=&\left(\lambda_T-4\lambda_D-\delta_T^2+4\delta_D^2\right)\mathrm{d}t+\delta_T\mathrm{d}w_{1t}-4\delta_D\mathrm{d}w_{2t}\end{aligned}$$

S 的均值和方差分别为

$$\begin{cases}\widehat{\mu}_S(t)=\ln\varphi(0)+\displaystyle\int_0^t\left(\lambda_T-4\lambda_D-\delta_T^2+4\delta_D^2\right)\mathrm{d}s\\ \qquad\quad=\ln\varphi(0)+\left(\lambda_T-4\lambda_D-\delta_T^2+4\delta_D^2\right)t\\ \widehat{\sigma}_S^2(t)=\left(\displaystyle\int_0^t\delta_T\mathrm{d}w_{1s}\right)^2+\left(\displaystyle\int_0^t(-4\delta_D)\,\mathrm{d}w_{2s}\right)^2=\left(\delta_T^2+16\delta_D^2\right)t\end{cases}\tag{9-18}$$

将 $[\varphi]$ 也视作服从几何布朗运动，则 $\ln[\varphi](t)$ 服从均值为 $\ln[\varphi](0)+\left(\lambda_{[\varphi]}-\dfrac{\delta_{[\varphi]}^2}{2}\right)t$、方差为 $\delta_{[\varphi]}^2 t$ 的正态分布。按照扭转刚度条件计算，轴的可靠度为

$$\begin{aligned}R(t)&=P\left\{\ln[\varphi](t)-\ln\varphi(t)\geqslant 0\right\}\\&=\varPhi\left(\frac{\ln[\varphi](0)+\left(\lambda_{[\varphi]}-\dfrac{\delta_{[\varphi]}^2}{2}\right)t-\widehat{\mu}_S(t)}{\sqrt{\delta_{[\varphi]}^2 t+\widehat{\sigma}_S^2(t)}}\right)\end{aligned}\tag{9-19}$$

9.3 轴的时变不确定性设计

9.3.1 传动轴的时变不确定性设计

传动轴只受转矩作用，故按扭转强度条件和扭转刚度条件进行设计。已知实心传动轴传递转矩大小为 $T(0)=7\times10^5\mathrm{N\cdot mm}$，传动轴所用材料为 45 号钢，其许用扭转切应力大小为 $[\tau_T](0)=45\mathrm{MPa}$。45 号钢切变模量 $G=8.1\times10^4\mathrm{MPa}$，允许扭转角 $[\varphi](0)=0.6°/\mathrm{m}$。转矩 T 的漂移率为 $\lambda_T=2\times10^{-5}$，波动率为 $\delta_T=5\times10^{-4}$；许用切应力 $[\tau_T]$ 的漂移率为 $\lambda_{[\tau_T]}=-3\times10^{-5}$，波动率为 $\delta_{[\tau_T]}=7\times10^{-4}$；允许扭转角 $[\varphi]$ 的漂移率为 $\lambda_{[\varphi]}=-5\times10^{-5}$，波动率为 $\delta_{[\varphi]}=2\times10^{-4}$；传动轴直径 D 的漂移率为 $\lambda_D=-6\times10^{-6}$，波动率为 $\delta_D=1\times10^{-4}$。现要求工作 1000h 后，传动轴可靠度不低于 95%，求满足条件的传动轴设计直径 $D(0)$。

解　(1) 按扭转强度条件校核：

由于 t 时刻，可靠度 $R(t) \geqslant 95\%$，查标准正态分布表得 $Z(t) \geqslant 1.65$。根据式 (9-5) 可得

$$Z(t) = \frac{\ln[\tau_T](0) + \left(\lambda_{[\tau_T]} - \dfrac{\delta^2_{[\tau_T]}}{2}\right)t - \widehat{\mu}_{\ln\tau_T}(t)}{\sqrt{\delta^2_{[\tau_T]}t + \widehat{\sigma}^2_{\ln\tau_T}(t)}}$$

根据式 (9-3)：

$$\begin{cases} \widehat{\mu}_{\ln\tau_T}(t) = \ln\tau_T(0) + \left[\lambda_T - 3\lambda_D - \dfrac{1}{2}\left(\delta_T^2 - 3\delta_D^2\right)\right]t = \ln\tau_T(0) + 3.789 \times 10^{-5}t \\ \widehat{\sigma}^2_{\ln\tau_T}(t) = \left(\delta_T^2 + 9\delta_D^2\right)t = 3.4 \times 10^{-7}t \end{cases}$$

当 t=5000h 时，将已知参数代入得

$$\tau_T(0) = \frac{16T(0)}{\pi D^3(0)} \leqslant \frac{[\tau_T](0)}{\exp\left\{Z(t)\sqrt{(4.9+3.4)\times 10^{-7}t} + (3.0245 + 3.789)\times 10^{-5}t\right\}}$$

上式变形得

$$\begin{aligned} D(0) &\geqslant \sqrt[3]{\frac{16 \times 7 \times 10^5 \exp\left\{1.65 \times \sqrt{8.3 \times 10^{-7}t} + 6.8135 \times 10^{-5}t\right\}}{45\pi}} \\ &\approx 49.8491\text{mm} \end{aligned}$$

圆整后，取危险截面的直径为 $D(0) = 50\text{mm}$。

(2) 按扭转刚度条件校核：

由式 (9-19) 得

$$Z(t) = \frac{\ln[\varphi](0) + \left(\lambda_{[\varphi]} - \dfrac{\delta^2_{[\varphi]}}{2}\right)t - \widehat{\mu}_S(t)}{\sqrt{\delta^2_{[\varphi]}t + \widehat{\sigma}^2_S(t)}}$$

根据式 (9-18)：

$$\begin{cases} \widehat{\mu}_S(t) = \ln\varphi(0) + \left(\lambda_T - 4\lambda_D - \delta_T^2 + 4\delta_D^2\right)t = \ln\varphi(0) + 4.379 \times 10^{-5}t \\ \widehat{\sigma}^2_S(t) = \left(\delta_T^2 + 16\delta_D^2\right)t = 2.9 \times 10^{-7}t \end{cases}$$

当 t=5000h 时，将已知参数代入式 (9-26) 和式 (9-27) 得

$$\varphi(0) = \frac{5.8365 \times 10^5 T(0)}{GD^4(0)}$$

$$\leqslant \frac{[\varphi](0)}{\exp\left\{Z(t)\sqrt{(0.4+2.9)\times 10^{-7}t+(5.002+4.379)\times 10^{-5}t}\right\}}$$

上式变形得

$$D(0) \geqslant \sqrt[4]{\frac{5.8365\times 10^5\times 7\times 10^5\exp\left\{1.65\times\sqrt{3.3\times 10^{-7}t}+9.381\times 10^{-5}t\right\}}{0.6\times 8.1\times 10^4}}$$
$$\approx 61.5683\text{mm}$$

圆整后，取危险截面的直径为 $D(0)=62\text{mm}$。

综合 (1)(2) 部分求解，取传动轴设计直径 D 为 62mm。

9.3.2 转轴的时变不确定性设计

转轴同时受弯矩与转矩的作用，故按弯扭合成强度条件设计。以齿轮轴为例，其危险截面弯矩为 $M(0)=1.2\times 10^5\text{N}\cdot\text{mm}$，转矩为 $T(0)=8.5\times 10^4\text{N}\cdot\text{mm}$，扭转切应力为脉动循环变应力，故取 $\alpha=0.6$。轴材料选用 45 钢，调质，硬度 217~255HBW，许用弯曲应力为 $[\sigma_F](0)=60\text{MPa}$。对于 $K=M^2+(\alpha T)^2$，$K(0)\approx 1.7\times 10^{10}$，漂移率和波动率分别为 $\lambda_K=9\times 10^{-5}$，$\delta_K=8\times 10^{-4}$；直径 D 的漂移率和波动率分别为 $\lambda_D=-1\times 10^{-5}$，$\delta_D=2\times 10^{-4}$；许用弯曲应力 $[\sigma_F]$ 的漂移率和波动率分别为 $\lambda_{[\sigma_F]}=-2\times 10^{-5}$，$\delta_{[\sigma_F]}=2\times 10^{-4}$。要求工作 3000h 后可靠度不低于 95%，求解设计直径 $D(0)$。

解 由 t 时刻可靠度 $R(t)\geqslant 95\%$ 可得

$$Z(t)=\frac{\ln[\sigma_F](0)+\left(\lambda_{[\sigma_F]}-\dfrac{\delta_{[\sigma_F]}^2}{2}\right)t-\widehat{\mu}_S(t)}{\sqrt{\delta_{[\sigma_F]}^2 t+\widehat{\sigma}_S^2(t)}}\geqslant 1.65$$

根据式 (9-9)：

$$\begin{cases}\widehat{\mu}_S(t)=\ln\sigma_{\text{ca}}(0)+\left(\dfrac{1}{2}\lambda_K-3\lambda_D-\dfrac{1}{4}\delta_K^2+\dfrac{3}{2}\delta_D^2\right)t=\ln\sigma_{ca}(0)+7.49\times 10^{-5}t\\ \widehat{\sigma}_S^2(t)=\left(\dfrac{1}{4}\delta_K^2+9\delta_D^2\right)t=5.2\times 10^{-7}t\end{cases}$$

又 $\sigma_{ca}=\dfrac{32\sqrt{K}}{\pi D^3}$，故

$$D(0)\geqslant\sqrt[3]{\frac{32\sqrt{1.7\times 10^{10}}\cdot\exp\left(1.65\sqrt{(0.4+5.2)\times 10^{-7}t}+(2.002+7.49)\times 10^{-5}t\right)}{60\pi}}$$

当 t=5000h 时，代入上式得

$$D(0) \geqslant 31.5770\text{mm}$$

故取转动轴的最小设计直径 $D(0) = 32\text{mm}$。

9.4　小　　结

本章基于时变不确定性模型，对轴进行设计建模，推导了相应的时变不确定性计算公式。利用时变不确定性模型建立轴的强度和刚度的状态函数和许用状态函数，再利用系统漂移函数与波动函数关系不等式，求出给定时刻的系统可靠度，为轴的设计提供指导。

第 10 章　轴承时变不确定性设计

10.1　概　　述

轴承是机械设备中重要的零部件之一，其主要功能是支撑和固定机械旋转体，降低传动过程中的载荷摩擦系数。按运动原件摩擦性质的不同，可分为滚动轴承和滑动轴承两类。

滚动轴承是将轴与轴座间的滑动摩擦转变为滚动摩擦，以减少摩擦损失的元件，并能保持轴的正常工作位置和旋转精度。滚动轴承使用维护方便、工作可靠、起动性能好、中等速度下承载能力较强、尺寸标准化、具有互换性，与滑动轴承相比，径向尺寸较大，减振能力较差。

在安装、润滑、维护良好的条件下，由于受变化的接触应力，滚动轴承的正常失效形式是滚动体、内外圈滚道点蚀，故大多数滚动轴承按动态承载能力选择型号。如果滚动轴承转速很低 ($n \leqslant 10\mathrm{r/min}$) 或摆动，那么轴承元件的主要失效形式就是塑性变形，应按静态承载能力选择型号。

滑动轴承在滑动摩擦下工作，在液体润滑条件下，滑动面便被润滑油分开而不发生直接接触，可以极大地减少摩擦损失和表面磨损，油膜还具有一定的吸振能力，但是启动摩擦阻力较大。滑动轴承一般应用于低速重载工作条件下，或者是维护保养及加注润滑油困难的运转部位。

当滑动轴承在润滑剂缺乏或形成流体动力润滑之初润滑剂不充分的情况下，滑动轴承会处于混合润滑的状态。由于温升或疲劳产生的磨损失效是轴承失效的主要形式 [69,71]。

10.2　轴承时变不确定性计算模型

10.2.1　滚动轴承时变不确定性计算模型

1. 按动态承载能力计算

对于转速不是太低的轴承 ($n > 10\mathrm{r/min}$)，按基本额定动载荷计算值选取轴承型号。轴承满足预期寿命要求所具备的基本额定动载荷计算值为

$$C = \frac{f_P P}{f_T}\left(\frac{60nL_h}{10^6}\right)^{1/\varepsilon} < C_r \tag{10-1}$$

式中，f_P——载荷系数；

f_T——温度系数；

n——转速，r/min；

L_h——预期寿命，h；

ε——寿命指数，球轴承 $\varepsilon=3$，滚子轴承 $\varepsilon=10/3$；

P——当量动载荷，N；

C_r——轴承尺寸及性能表中所列径向基本额定动载荷。

当量动载荷计算公式为

$$P=XF_R+YF_A \tag{10-2}$$

式中，F_R——径向载荷，N；

F_A——轴向载荷，N；

X——径向系数；

Y——轴向系数。

考虑时变因素的影响，将载荷系数 f_P、温度系数 f_T、当量动载荷 P 视作服从一个特殊的伊藤过程 (即几何布朗运动)，即

$$\begin{cases}\mathrm{d}f_P=\lambda_{f_P}\cdot f_P\mathrm{d}t+\delta_{f_P}\cdot f_P\mathrm{d}w_{1t}\\ \mathrm{d}f_T=\lambda_{f_T}\cdot f_T\mathrm{d}t+\delta_{f_T}\cdot f_T\mathrm{d}w_{2t}\\ \mathrm{d}P=\lambda_P\cdot P\mathrm{d}t+\delta_P\cdot P\mathrm{d}w_{3t}\end{cases} \tag{10-3}$$

为方便计算，取状态函数：

$$S=\ln C=\frac{1}{\varepsilon}\ln\frac{60nL_h}{10^6}+\ln f_P-\ln f_T+\ln P \tag{10-4}$$

有

$$\frac{\partial S}{\partial f_P}=\frac{1}{f_P},\quad \frac{\partial S}{\partial f_T}=-\frac{1}{f_T},\quad \frac{\partial S}{\partial P}=\frac{1}{P},\quad \frac{\partial^2 S}{\partial f_P^2}=-\frac{1}{f_P^2},\quad \frac{\partial^2 S}{\partial f_T^2}=\frac{1}{f_T^2},\quad \frac{\partial^2 S}{\partial P^2}=-\frac{1}{P^2}$$

$$\frac{\partial^2 S}{\partial f_P\partial f_T}=\frac{\partial^2 S}{\partial f_P\partial P}=\frac{\partial^2 S}{\partial P\partial f_T}=0$$

则

$$\begin{aligned}\mathrm{d}S=&\left[\frac{\partial S}{\partial f_P}\lambda_{f_P}f_P(t)+\frac{\partial S}{\partial f_T}\lambda_{f_T}f_T(t)+\frac{\partial S}{\partial P}\lambda_P P(t)\right]\mathrm{d}t\\&+\frac{1}{2}\left(\frac{\partial^2 S}{\partial f_P^2}\delta_{f_P}^2 f_P^2(t)+\frac{\partial^2 S}{\partial f_T^2}\delta_{f_T}^2 f_T^2(t)+\frac{\partial^2 S}{\partial P^2}\delta_P^2 P^2(t)\right)\mathrm{d}t\\&+\frac{\partial S}{\partial f_P}\delta_{f_P}f_P(t)\,\mathrm{d}w_{1t}+\frac{\partial S}{\partial f_T}\delta_{f_T}f_T(t)\,\mathrm{d}w_{2t}+\frac{\partial S}{\partial P}\delta_P P(t)\,\mathrm{d}w_{3t}\end{aligned}$$

$$= \left(\lambda_{f_P} - \lambda_{f_T} + \lambda_P - \frac{1}{2}\left(\delta_{f_P}^2 - \delta_{f_T}^2 + \delta_P^2\right)\right)\mathrm{d}t + \delta_{f_P}\mathrm{d}w_{1t} - \delta_{f_T}\mathrm{d}w_{2t} + \delta_P\mathrm{d}w_{3t}$$

S 的均值和方差分别为

$$\begin{cases} \widehat{\mu}_S(t) = \ln C(0) + \int_0^t \left(\lambda_{f_P} - \lambda_{f_T} + \lambda_P - \frac{1}{2}\left(\delta_{f_P}^2 - \delta_{f_T}^2 + \delta_P^2\right)\right)\mathrm{d}s \\ \qquad = \ln C(0) + \left(\lambda_{f_P} - \lambda_{f_T} + \lambda_P - \frac{1}{2}\left(\delta_{f_P}^2 - \delta_{f_T}^2 + \delta_P^2\right)\right)t \\ \widehat{\sigma}_S^2(t) = \left(\int_0^t \delta_{f_P}\mathrm{d}w_{1s}\right)^2 + \left(\int_0^t (-\delta_{f_T})\mathrm{d}w_{2s}\right)^2 + \left(\int_0^t \delta_P\mathrm{d}w_{3s}\right)^2 \\ \qquad = \left(\delta_{f_P}^2 + \delta_{f_T}^2 + \delta_P^2\right)t \end{cases} \tag{10-5}$$

从表中选择基本额定动载荷 C_r，与计算值相比较得轴承动态承载可靠度 $R(t)$ 为

$$R(t) = P\{\ln C_r - \ln C(t) \geqslant 0\} = \Phi\left(\frac{\ln C_r - \widehat{\mu}_S(t)}{\sqrt{0 + \widehat{\sigma}_S^2(t)}}\right) \tag{10-6}$$

2. 按静态承载能力计算

当轴承载荷过大而转速极低 ($n \leqslant 10$ r/min) 时，其主要失效形式是滚动体与内、外座圈滚道接触处产生过大的塑性变形，这时按静态承载能力选择轴承型号。此时应满足:

$$P_0 = X_0F_R + Y_0F_A \leqslant C_0 \tag{10-7}$$

式中，X_0——径向静载荷系数；

Y_0——轴向静载荷系数；

C_0——轴承基本额定静载荷。

考虑时变因素的影响，将径向载荷 F_R 和轴向载荷 F_A 视作服从几何布朗运动，即

$$\begin{cases} \mu_{F_R} = \lambda_{F_R} \cdot F_R \\ \mu_{F_A} = \lambda_{F_A} \cdot F_A \\ \sigma_{F_R} = \delta_{F_R} \cdot F_R \\ \sigma_{F_A} = \delta_{F_A} \cdot F_A \end{cases}$$

则 P_0 的漂移函数和波动函数分别为

$$\begin{cases} \mu_{P_0}(t) = \frac{\partial P_0}{\partial F_R}\mu_{F_R}(t) + \frac{\partial P_0}{\partial F_A}\mu_{F_A}(t) + \frac{1}{2}\left(\frac{\partial}{\partial F_R}\sigma_{F_R}(t)\right. \\ \qquad \left. + \frac{\partial}{\partial F_A}\sigma_{F_A}(t)\right)^2 P_0 = X_0F_R(t)\cdot\lambda_{F_R} + Y_0F_A(t)\cdot\lambda_{F_A} \\ \sigma_{P_0}(t) = \frac{\partial P_0}{\partial F_R}\sigma_{F_R}(t) + \frac{\partial P_0}{\partial F_A}\sigma_{F_A}(t) = X_0F_R(t)\cdot\delta_{F_R} + Y_0F_A(t)\cdot\delta_{F_A} \end{cases} \tag{10-8}$$

$P_0(t)$ 的均值和方差分别为

$$\begin{cases} E\left(P_0\left(t\right)\right) = P_0\left(0\right) + \displaystyle\int_0^t \mu_{P_0}\left(s\right)\mathrm{d}s \\ \operatorname{var}\left(P_0\left(t\right)\right) = \left(\displaystyle\int_o^t \sigma_{P_0}\left(s\right)\mathrm{d}w_s\right)^2 \end{cases} \tag{10-9}$$

$\ln P_0$ 的均值和方差分别为

$$\begin{cases} \widehat{\mu}_{\ln P_0}\left(t\right) = \ln\left(E\left(P_0(t)\right)\right) - \dfrac{1}{2}\ln\left(1 + \dfrac{\operatorname{var}\left(P_0(t)\right)}{\left(E\left(P_0(t)\right)\right)^2}\right) \\ \widehat{\sigma}^2_{\ln P_0}\left(t\right) = \ln\left(1 + \dfrac{\operatorname{var}\left(P_0(t)\right)}{\left(E\left(P_0(t)\right)\right)^2}\right) \end{cases} \tag{10-10}$$

从表中选择基本额定静载荷 C_0，与当量载荷相比得轴承静态承载可靠度为

$$R\left(t\right) = P\left\{\ln C_0 - \ln P_0\left(t\right) \geqslant 0\right\} = \varPhi\left(\frac{\ln\dfrac{C_0}{P_0\left(0\right)} - \widehat{\mu}_{\ln P_0}\left(t\right)}{\widehat{\sigma}_{\ln P_0}\left(t\right)}\right) \tag{10-11}$$

10.2.2　滑动轴承时变不确定性计算模型

在滑动轴承中，随着工况参数的变化，其摩擦状态是变化的。当滑动轴承在缺乏润滑剂或形成流体动力润滑时润滑剂不充分的情况下，滑动轴承处于混合润滑状态，滑动轴承的磨损失效是其主要的失效方式，因此滑动轴承的条件性计算主要包括：① 限制磨损的平均压强计算；② 限制温升过高的 pv 值计算；③ 同时考虑磨损和温升的滑动速度计算。

以径向滑动轴承为例建立时变不确定性计算模型。

1. 平均压强验算

不考虑时变因素，滑动轴承的平均压强：

$$p = \frac{F}{BD} \leqslant [p] \tag{10-12}$$

式中，F——作用在轴承上的径向载荷，N；

B——轴承宽度，mm；

D——轴颈直径，mm；

$[p]$——轴承材料的许用压强，MPa。

径向载荷 F 和轴颈直径 D 服从几何布朗运动，即

$$\begin{cases} \mathrm{d}F\left(t\right) = \lambda_F F\left(t\right)\mathrm{d}t + \delta_F F\left(t\right)\mathrm{d}w_{1t} \\ \mathrm{d}D\left(t\right) = \lambda_D D\left(t\right)\mathrm{d}t + \delta_D D\left(t\right)\mathrm{d}w_{2t} \end{cases} \tag{10-13}$$

为方便计算，取状态函数：

$$S=\ln p=\ln F-\ln D-\ln B \tag{10-14}$$

有

$$\frac{\partial S}{\partial F}=\frac{1}{F},\quad \frac{\partial S}{\partial D}=-\frac{1}{D},\quad \frac{\partial^2 S}{\partial F^2}=-\frac{1}{F^2},\quad \frac{\partial^2 S}{\partial D^2}=\frac{1}{D^2},\quad \frac{\partial^2 S}{\partial F\partial D}=0$$

则

$$\begin{aligned}\mathrm{d}S=&\left[\frac{\partial S}{\partial F}\lambda_F K(t)+\frac{\partial S}{\partial D}\lambda_D D(t)+\frac{1}{2}\left(\frac{\partial^2 S}{\partial F^2}\delta_F^2F^2(t)+\frac{\partial^2 S}{\partial D^2}\delta_D^2D^2(t)\right)\right]\mathrm{d}t\\&+\frac{\partial S}{\partial F}\delta_F F(t)\,\mathrm{d}w_{1t}+\frac{\partial S}{\partial D}\delta_D D(t)\,\mathrm{d}w_{2t}\\=&\left(\lambda_F-\lambda_D-\frac{1}{2}\left(\delta_F^2-\delta_D^2\right)\right)\mathrm{d}t+\delta_F\mathrm{d}w_{1t}-\delta_D\mathrm{d}w_{2t}\end{aligned}$$

S 的均值和方差分别为

$$\begin{cases}\widehat{\mu}_S(t)=\ln p(0)+\displaystyle\int_0^t\left(\lambda_F-\lambda_D-\frac{1}{2}\left(\delta_F^2-\delta_D^2\right)\right)\mathrm{d}s\\ \qquad\quad=\ln p(0)+\left(\lambda_F-\lambda_D-\dfrac{1}{2}\left(\delta_F^2-\delta_D^2\right)\right)t\\ \widehat{\sigma}_S^2(t)=\left(\displaystyle\int_0^t\delta_F\mathrm{d}w_{1s}\right)^2+\left(\displaystyle\int_0^t\delta_D\mathrm{d}w_{2s}\right)^2=\left(\delta_F^2+\delta_D^2\right)t\end{cases} \tag{10-15}$$

$[p]$ 也可视作服从几何布朗运动，根据伊藤引理，$\ln[p](t)$ 服从均值为 $\ln[p](0)+\left(\lambda_{[p]}-\dfrac{\delta_{[p]}^2}{2}\right)t$、方差为 $\delta_{[p]}^2t$ 的正态分布。滑动轴承满足压强条件的可靠度为

$$R(t)=P\{\ln[p](t)-\ln p(t)\geqslant 0\}=\Phi\left(\frac{\ln[p](0)+\left(\lambda_{[p]}-\dfrac{\delta_{[p]}^2}{2}\right)t-\widehat{\mu}_S(t)}{\sqrt{\delta_{[p]}^2t+\widehat{\sigma}_S^2(t)}}\right) \tag{10-16}$$

2. pv值验算

不考虑时变因素，滑动轴承 pv 值：

$$pv=\frac{Fv}{BD}\leqslant[pv] \tag{10-17}$$

式中，v——轴颈的圆周速度，m/s；

$[pv]$ ——轴承材料的许用值，MPa·(m/s)。

径向载荷 F、轴颈直径 D 和圆周速度 v 服从几何布朗运动，即

$$\begin{cases} \mathrm{d}F(t) = \lambda_F F(t)\,\mathrm{d}t + \delta_F F(t)\,\mathrm{d}w_{1t} \\ \mathrm{d}D(t) = \lambda_D D(t)\,\mathrm{d}t + \delta_D D(t)\,\mathrm{d}w_{2t} \\ \mathrm{d}v(t) = \lambda_v v(t)\,\mathrm{d}t + \delta_v v(t)\,\mathrm{d}w_{3t} \end{cases} \tag{10-18}$$

为方便计算，取状态函数：

$$S = \ln pv = \ln F + \ln v - \ln D - \ln B \tag{10-19}$$

有

$$\frac{\partial S}{\partial F} = \frac{1}{F},\quad \frac{\partial S}{\partial D} = -\frac{1}{D},\quad \frac{\partial S}{\partial v} = \frac{1}{v},\quad \frac{\partial^2 S}{\partial F^2} = -\frac{1}{F^2},\quad \frac{\partial^2 S}{\partial D^2} = \frac{1}{D^2},\quad \frac{\partial^2 S}{\partial v^2} = -\frac{1}{v^2}$$

$$\frac{\partial^2 S}{\partial F \partial D} = \frac{\partial^2 S}{\partial F \partial v} = \frac{\partial^2 S}{\partial v \partial D} = 0$$

则

$$\begin{aligned} \mathrm{d}S &= \left[\frac{\partial S}{\partial F}\lambda_F K(t) + \frac{\partial S}{\partial D}\lambda_D D(t) + \frac{\partial S}{\partial v}\lambda_v v(t)\right]\mathrm{d}t \\ &\quad + \frac{1}{2}\left(\frac{\partial^2 S}{\partial F^2}\delta_F^2 F^2(t) + \frac{\partial^2 S}{\partial D^2}\delta_D^2 D^2(t) + \frac{\partial^2 S}{\partial v^2}\delta_v^2 v^2(t)\right)\mathrm{d}t \\ &\quad + \frac{\partial S}{\partial F}\delta_F F(t)\,\mathrm{d}w_{1t} + \frac{\partial S}{\partial D}\delta_D D(t)\,\mathrm{d}w_{2t} + \frac{\partial S}{\partial v}\delta_v v(t)\,\mathrm{d}w_{3t} \\ &= \left(\lambda_F - \lambda_D + \lambda_v - \frac{1}{2}\left(\delta_F^2 - \delta_D^2 + \delta_v^2\right)\right)\mathrm{d}t + \delta_F \mathrm{d}w_{1t} - \delta_D \mathrm{d}w_{2t} + \delta_v \mathrm{d}w_{3t} \end{aligned}$$

S 的均值和方差分别为

$$\begin{cases} \widehat{\mu}_S(t) = \ln pv(0) + \displaystyle\int_0^t \left(\lambda_F - \lambda_D + \lambda_v - \frac{1}{2}\left(\delta_F^2 - \delta_D^2 + \delta_v^2\right)\right)\mathrm{d}s \\ \qquad\quad = \ln pv(0) + \left(\lambda_F - \lambda_D + \lambda_v - \dfrac{1}{2}\left(\delta_F^2 - \delta_D^2 + \delta_v^2\right)\right)t \\ \widehat{\sigma}_S^2(t) = \left(\displaystyle\int_0^t \delta_F \mathrm{d}w_{1s}\right)^2 + \left(\displaystyle\int_0^t \delta_D \mathrm{d}w_{2s}\right)^2 + \left(\displaystyle\int_0^t \delta_v \mathrm{d}w_{3s}\right)^2 \\ \qquad\quad = \left(\delta_F^2 + \delta_D^2 + \delta_v^2\right)t \end{cases} \tag{10-20}$$

$[pv]$ 也可视作服从几何布朗运动的随机变量，则根据伊藤引理，$\ln[pv](t)$ 服从均值为 $\ln[pv](0) + \left(\lambda_{[pv]} - \dfrac{\delta_{[pv]}^2}{2}\right)t$、方差为 $\delta_{[pv]}^2 t$ 的正态分布。滑动轴承满足 pv 值条件的可靠度为

$$R(t) = P\left\{\ln[pv](t) - \ln pv(t) \geqslant 0\right\}$$

$$
=\Phi\left(\frac{\ln[pv](0)+\left(\lambda_{[pv]}-\dfrac{\delta_{[pv]}^{2}}{2}\right)t-\widehat{\mu}_{S}(t)}{\sqrt{\delta_{[pv]}^{2}t+\widehat{\sigma}_{S}^{2}(t)}}\right) \tag{10-21}
$$

3. 轴颈速度验算

轴颈速度满足 $v\leqslant[v]$，v 与 $[v]$ 均服从几何布朗运动，滑动轴承满足圆周速度条件的可靠度为

$$
\begin{aligned}
R(t)&=P\{\ln[v](t)-\ln v(t)\geqslant 0\}\\
&=\Phi\left(\frac{\ln\dfrac{[v](0)}{v(0)}+\left(\lambda_{[v]}-\dfrac{\delta_{[v]}^{2}}{2}\right)t-\left(\lambda_{v}-\dfrac{\delta_{v}^{2}}{2}\right)t}{\sqrt{\left(\delta_{[v]}^{2}+\delta_{v}^{2}\right)t}}\right)
\end{aligned} \tag{10-22}
$$

10.3 轴承时变不确定性设计

10.3.1 滚动轴承时变不确定性设计

以高速轴承为例，按动态承载能力选择合适的轴承。设某支承选用角接触球轴承，轴承轴向载荷 $F_A(0)=1800\text{N}$，径向载荷 $F_R(0)=3800\text{N}$，转速 $n=1250\text{r/min}$；轴承载荷受较小冲击，即 $f_P(0)=1.2$，初始工作温度为 100℃，即 $f_T(0)=1$；轴承设计寿命为 L_h=5000h。载荷系数 f_P 的漂移率和波动率分别为 $\lambda_{f_P}=3.4\times10^{-6}$、$\delta_{f_P}=3\times10^{-4}$；温度系数 f_T 的漂移率和波动率为 $\lambda_{f_T}=-1.2\times10^{-5}$、$\delta_{f_T}=6\times10^{-5}$；当量动载荷 P 的漂移率和波动率分别为 $\lambda_P=5\times10^{-6}$、$\delta_P=2\times10^{-4}$。要求轴承达到预期寿命的可靠度不低于 95%，求合适的轴承型号。

解 根据载荷条件和传统设计方法，初选轴承型号为 7012C，内径为 60mm，基本额定静载荷为 $C_{0r}=32800\text{N}$，基本额定动载荷为 $C_r=38200\text{N}$。

相对轴向载荷为：$\dfrac{iF_A}{C_{0r}}=\dfrac{1800}{32800}\approx0.055$，对应 $e=0.4+0.03\times\dfrac{0.026}{0.029}\approx0.427$。由于 $\dfrac{F_A}{F_R}=\dfrac{1800}{3800}\approx0.47>e$，则取 $X=0.44$，$Y=1.30+0.10\times\dfrac{0.003}{0.029}\approx1.31$。

$$
P(0)=XF_R(0)+YF_A(0)=4030\text{N}
$$

要求可靠度为 $R(t)\geqslant95\%$，故

$$
Z(t)=\frac{\ln C_r-\widehat{\mu}_S(t)}{\sqrt{0+\widehat{\sigma}_S^2(t)}}\geqslant1.65
$$

根据式 (10-1) 得，零时刻，$C(0)=\dfrac{f_P(0)P(0)}{f_T(0)}\left(\dfrac{60nL_h}{10^6}\right)^{1/\varepsilon}\approx 34874\text{N}<C_r$

根据式 (10-5)，有

$$\begin{cases}\widehat{\mu}_S(t)=\ln C(0)+\left(\lambda_{f_P}-\lambda_{f_T}+\lambda_P-\dfrac{1}{2}\left(\delta_{f_P}^2-\delta_{f_T}^2+\delta_P^2\right)\right)t\\ \qquad\quad =\ln 34874+9.5368\times 10^{-6}t\\ \widehat{\sigma}_S^2(t)=\left(\delta_{f_P}^2+\delta_{f_T}^2+\delta_P^2\right)t=1.336\times 10^{-7}t\end{cases}$$

当 t=5000h 时，

$$Z(t)=\frac{\ln C_r-\widehat{\mu}_S(t)}{\sqrt{0+\widehat{\sigma}_S^2(t)}}=1.6796\geqslant 1.65$$

即所选轴承满足可靠度要求。

10.3.2 滑动轴承时变不确定性设计

处在混合润滑条件下的滑动轴承，径向外载荷大小为 $F(0)=5000\text{N}$，轴承圆周速度为 $v(0)=3\text{m/s}$，轴承宽度为 $B=80\text{mm}$。径向载荷 F 的漂移率和波动率分别为 $\lambda_F=1\times 10^{-4}$，$\delta_F=8\times 10^{-4}$；速度 v 的漂移率和波动率为 $\lambda_v=0$，$\delta_v=7\times 10^{-4}$；轴承内径 D 的漂移率和波动率分别为 $\lambda_D=-5\times 10^{-5}$，$\delta_D=4\times 10^{-4}$。现要求滑动轴承工作 1000h 后可靠度不低于 95%，求合适的轴承内径 $D(0)$。轴承选用材料为铅青铜，最大允许值分别为：$[p]=15\text{MPa}$、$[v]=4\text{m/s}$、$[pv]=12\text{MPa}\cdot(\text{m/s})$，忽略其漂移与波动。

解 要求可靠度为 $R(t)\geqslant 95\%$，故 $Z(t)\geqslant 1.65$。

(1) 平均压强验算：

$$Z(t)=\frac{\ln[p]-\widehat{\mu}_S(t)}{\sqrt{0+\widehat{\sigma}_S^2(t)}}\geqslant 1.65$$

根据式 (10-15) 得

$$\begin{cases}\widehat{\mu}_S(t)=\ln p(0)+\left(\lambda_F-\lambda_D-\dfrac{1}{2}\left(\delta_F^2-\delta_D^2\right)\right)t\\ \qquad\quad =\ln p(0)+1.4976\times 10^{-4}t\\ \widehat{\sigma}_S^2(t)=\left(\delta_F^2+\delta_D^2\right)t=8\times 10^{-7}t\end{cases}$$

根据式 (10-12) 可知：

$$p(0)=\frac{F(0)}{BD(0)}$$

故当 t=1000h 时：

$$D(0)\geqslant\frac{5000\exp\left\{1.65\sqrt{8\times 10^{-7}t}+1.4976\times 10^{-4}t\right\}}{80\times 15}\approx 5.0710\text{mm}$$

(2) pv 值验算：

$$Z(t)=\frac{\ln[pv]-\widehat{\mu}_S(t)}{\sqrt{0+\widehat{\sigma}_S^2(t)}}\geqslant 1.65$$

根据式 (10-20) 可得

$$\begin{cases}\widehat{\mu}_S(t)=\ln pv(0)+\left(\lambda_F-\lambda_D+\lambda_v-\dfrac{1}{2}\left(\delta_F^2-\delta_D^2+\delta_v^2\right)\right)t\\ \qquad\quad =\ln pv(0)+1.49515\times10^{-4}t\\ \widehat{\sigma}_S^2(t)=\left(\delta_F^2+\delta_D^2+\delta_v^2\right)t=1.29\times10^{-6}t\end{cases}$$

又

$$pv(0)=\frac{F(0)v(0)}{BD(0)}$$

故当 t=1000h 时：

$$D(0)\geqslant\frac{5000\times3\exp\left\{1.65\sqrt{1.29\times10^{-6}t}+1.49515\times10^{-4}t\right\}}{80\times12}\approx14.4395\text{mm}$$

综上，滑动轴承设计内径选 $D(0)=15\text{mm}$。

10.4 小 结

本章基于时变不确定性模型，对轴承进行设计建模，推导了相应的时变不确定性计算公式。利用时变不确定性模型建立滚动轴承和滑动轴承的状态函数和许用状态函数，系统安全的条件为：系统状态函数小于许用状态函数。系统状态函数和许用状态函数的漂移函数和波动函数，可由本章中的时变元素表达。通过积分求得状态函数和许用状态函数的均值和方差，再利用系统漂移函数与波动函数关系不等式决定的概率计算，求出给定时刻系统可靠度，为轴承的设计提供指导。

第 11 章　制动器时变不确定性设计

11.1　概　　述

制动器是具有使运动部件 (或运动机械) 减速、停止或保持停止状态等功能的装置。

制动器按照结构形式可分为摩擦式和非摩擦式。本章主要研究摩擦式制动器。摩擦式制动器可进一步分为：① 外抱块式制动器 (长行程块式、短行程块式)；② 内张蹄式制动器 (双蹄式、多蹄式)；③ 带式制动器 (简单带式、差动带式、综合带式)；④ 盘式制动器 (点盘式、全盘式、锥盘式)。其工作方式各有不同，但其主要失效形式相同。主要失效形式有：① 驱动装置失效：电磁铁，电磁驱动装置失效；② 传动构件失效：构件变形，铰点磨损锈蚀，机械传动效率低；③ 施力装置失效：弹簧失效；④ 摩擦材料失效：摩擦材料磨损，热衰退；⑤ 其他相关因素引起的失效。制动器的驱动装置、传动构件、施力装置、摩擦部件可看成相互独立的串联系统。本章将主要对制动器的摩擦部件的失效进行时变不确定分析。

11.2　制动器时变不确定性计算模型

11.2.1　发热量验算

1. 发热量计算

提升设备制动器发热量 Q:

$$Q=\left(m_1gs\eta+\frac{1.2Jn^2}{182.5}\right)Z_0A \tag{11-1}$$

其中，m_1——平均提升质量，kg；

s——平均制动行程，m；

η——机械效率；

J——换算到制动轴上所有旋转质量的转动惯量，$kg{\cdot}m^2$；

A——热功当量，$A=\dfrac{1}{1000}kJ/(N\cdot m)$；

Z_0——制动器每小时的工作次数。

平移设备制动器发热量 Q:

$$Q=\left(\frac{m_2v^2}{2}\eta+\frac{1.2Jn^2}{182.5}-\frac{F_rv}{2}t\eta\right)Z_0A \tag{11-2}$$

其中，m_2——直线部分运动质量，kg;

v——运行速度，m/s;

n——电动机转速，r/min;

F_r——运行阻力，N;

t——制动时间，s。

对于提升设备，电动机转速 n 与平均制动行程 s 为时变系统，如图 11-1 所示。若电动机转速为 n(r/ min)，则角速度为 $\frac{\pi n}{30}$(rad/s)。若传动系统传动比为 i，则传动系统输出端卷筒角速度为 $\frac{\pi n}{30i}$(rad/s)，若卷筒半径为 R，则运行速度为 $v=\frac{\pi n}{30i}R$(m/s)。

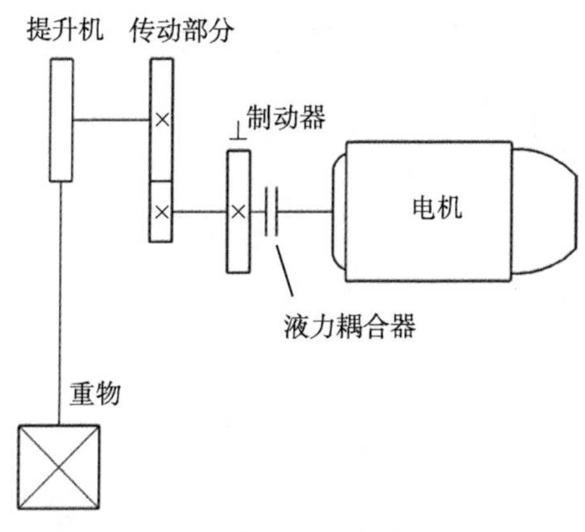

图 11-1 提升设备结构图

提升设备中，制动器需要为控制运行速度而频繁工作。如图 11-2 所示，在一个制动周期 T 内，t_0 到 t_1 时刻，制动器不工作，运行速度上升。当运行速度上升到 v_1 时制动器工作，制动时间 $t=t_2-t_1$。t_1 到 t_2 时刻，制动器工作，运行速度下降。制动距离为

$$s=\int_{t_1}^{t_2}v(t)\mathrm{d}t$$

制动力恒定时制动距离为

$$s=\frac{1}{2}(v_1+v_2)(t_2-t_1)$$

在制动力 F、运行阻力 F_r 恒定时，运行速度 $v(t)$ 为图 11-2 中的理想速度-时间曲线。实际上制动力 F 与运行阻力 F_r 均有波动。实际速度会围绕理想速

度曲线上下波动。v 不服从维纳过程，但为计算方便，可认为 v 服从期望为 $\bar{v} = \dfrac{1}{\Delta T}\displaystyle\int_{t_0}^{t_0+\Delta T} v\mathrm{d}t = \dfrac{1}{\Delta T}\sum_{i=1}^{n} v \cdot \Delta t$ 的维纳过程。ΔT 为 m 个制动周期，T、m 为正整数。

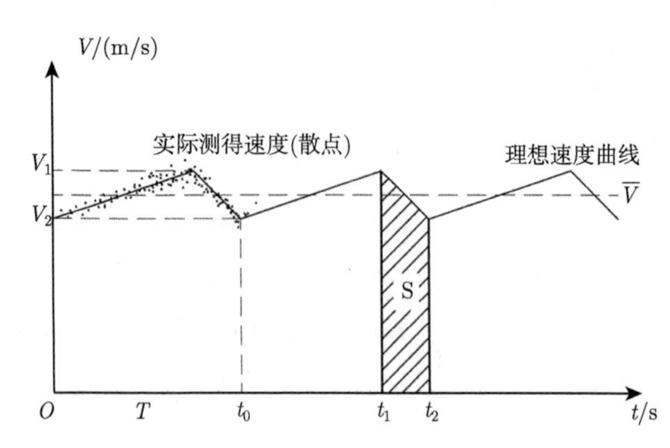

图 11-2　运行速度–时间曲线图

由式 (11-1) 可知，提升设备制动器发热量 $\ln Q$：

$$\ln Q = \ln\left(m_1 g s\eta + \frac{1.2Jn^2}{182.5}\right) + \ln Z_0 + \ln A \tag{11-3}$$

为计算方便，令$\dfrac{1}{\left(m_1 g s\eta + \dfrac{1.2Jn^2}{182.5}\right)} = \dfrac{Z_0 A}{Q}$

s 与 n 均视为服从几何布朗运动的随机变量。

$$\begin{cases} \mathrm{d}s\,(t) = \lambda_s s\,(t)\,\mathrm{d}t + \delta_s s\,(t)\,\mathrm{d}w_{1t} \\ \mathrm{d}n\,(t) = \lambda_n n\,(t)\,\mathrm{d}t + \delta_n n\,(t)\,\mathrm{d}w_{2t} \end{cases} \qquad \begin{cases} \mu_s = \lambda_s \cdot s\,(t)\,, \quad \sigma_s = \delta_s \cdot s\,(t) \\ \mu_n = \lambda_n \cdot n\,(t)\,, \quad \sigma_n = \delta_n \cdot n\,(t) \end{cases}$$

$$\frac{\partial \ln Q}{\partial n} = \frac{1}{\left(m_1 g s\eta + \dfrac{1.2Jn^2}{182.5}\right)} \cdot \frac{2.4Jn}{182.5} = \frac{Z_0 A}{Q} \cdot \frac{2.4Jn}{182.5}, \quad \frac{\partial \ln Q}{\partial s} = \frac{Z_0 A}{Q} \cdot m_1 g\eta$$

$$\frac{\partial^2 \ln Q}{\partial n^2} = -\left(\frac{Z_0 A}{Q}\right)^2 \cdot \left(\frac{2.4Jn}{182.5}\right)^2 + \frac{Z_0 A}{Q} \cdot \frac{2.4J}{182.5}, \quad \frac{\partial^2 \ln Q}{\partial s^2} = -\left(\frac{Z_0 A}{Q}\right)^2 \cdot (m_1 g\eta)^2$$

$$\frac{\partial^2 \ln Q}{\partial n \partial s} = -\left(\frac{Z_0 A}{Q}\right)^2 \cdot m_1 g\eta \cdot \frac{2.4Jn}{182.5}$$

$$\mathrm{dln}Q = \left(\left(\frac{\partial}{\partial n}\mu_n + \frac{\partial}{\partial s}\mu_s\right) + \frac{1}{2}\left(\frac{\partial}{\partial n}\sigma_n + \frac{\partial}{\partial s}\sigma_s\right)^2\right) \ln Q\mathrm{d}t$$

$$
\begin{aligned}
&+\left(\frac{\partial}{\partial n}\sigma_n \mathrm{d}w_{1t}+\frac{\partial}{\partial s}\sigma_s \mathrm{d}w_{2t}\right)\ln Q\\
=&\left(\frac{Z_0A}{Q}\left(\frac{2.4Jn^2}{182.5}\lambda_n+m_1g\eta s\lambda_s\right)\right.\\
&+\frac{1}{2}\left(\frac{Z_0A}{Q}\right)^2\left(-\left(\frac{2.4Jn}{182.5}\right)^2+\frac{Q}{Z_0A}\cdot\frac{2.4J}{182.5}\right)\delta_n^2n^2\\
&\left.-\left(m_1g\eta s\right)^2\delta_s^2-m_1g\eta s\cdot\frac{2.4Jn^2}{182.5}\delta_n\delta_s\right)\mathrm{d}t\\
&+\frac{Z_0A}{Q}\left(\frac{2.4Jn^2}{182.5}\delta_n \mathrm{d}w_{1t}+m_1g\eta s\delta_s \mathrm{d}w_{2t}\right)
\end{aligned}
$$

$\ln Q$ 的均值和方差分别为

$$
\left\{\begin{aligned}
\widehat{\mu}_{\ln Q}(t)=&\ln Q(0)+\int_0^t\left(\frac{Z_0A}{Q}\left(\frac{2.4Jn^2}{182.5}\lambda_n+m_1g\eta s\lambda_s\right)\right.\\
&+\frac{1}{2}\left(\frac{Z_0A}{Q}\right)^2\left(-\left(\frac{2.4Jn}{182.5}\right)^2+\frac{Q}{Z_0A}\cdot\frac{2.4J}{182.5}\right)\delta_n^2n^2\\
&\left.-\left(m_1g\eta s\right)^2\delta_s^2-m_1g\eta s\cdot\frac{2.4Jn^2}{182.5}\delta_n\delta_s\right)\mathrm{d}s\\
\widehat{\sigma}_{\ln Q}^2(t)=&\left(\int_0^t\frac{Z_0A}{Q}\frac{2.4Jn^2}{182.5}\delta_n \mathrm{d}w_{1s}\right)^2+\left(\int_0^t\frac{Z_0A}{Q}m_1g\eta s\delta_s \mathrm{d}w_{2s}\right)^2
\end{aligned}\right. \tag{11-4}
$$

平移设备工作原理与提升设备相似，故不再赘述。

平移设备制动器发热量:

$$
\begin{aligned}
Q&=\left(\frac{m_2v^2}{2}\eta+\frac{1.2Jn^2}{182.5}-\frac{F_rv}{2}t\eta\right)Z_0A\\
&=\left(\frac{m_2}{2}\left(\frac{\pi Rn}{30i}\right)^2\eta+\frac{1.2Jn^2}{182.5}-\frac{\pi nF_rR}{60i}t\eta\right)Z_0A\\
&=\left(\frac{\pi^2m_2R^2n^2}{1800i^2}\eta+\frac{1.2Jn^2}{182.5}-\frac{\pi nF_rR}{60i}t\eta\right)Z_0A
\end{aligned}
$$

对 Q 两边取对数得

$$
\ln Q=\ln\left(\frac{\pi^2m_2R^2n^2}{1800i^2}\eta+\frac{1.2Jn^2}{182.5}-\frac{\pi nF_rR}{60i}t\eta\right)+\ln Z_0+\ln A
$$

式中，F_r、n、t 均视为服从几何布朗运动的随机变量。

$$
\left\{\begin{aligned}
&\mathrm{d}F_r(t)=\lambda_{F_r}F_r(t)\mathrm{d}t+\delta_{F_r}F_r(t)\mathrm{d}w_{1t}\\
&\mathrm{d}n(t)=\lambda_nn(t)\mathrm{d}t+\delta_nn(t)\mathrm{d}w_{2t}\\
&\mathrm{d}t(t)=\lambda_tt(t)\mathrm{d}t+\delta_tt(t)\mathrm{d}w_{3t}
\end{aligned}\right.
\qquad
\left\{\begin{aligned}
&\mu_{F_r}=\lambda_{F_r}\cdot F_r(t),\quad \sigma_{F_r}=\delta_{F_r}\cdot F_r(t)\\
&\mu_n=\lambda_n\cdot n(t),\quad \sigma_n=\delta_n\cdot n(t)\\
&\mu_t=\lambda_t\cdot t(t),\quad \sigma_t=\delta_t\cdot t(t)
\end{aligned}\right.
$$

为计算方便，令

$$\frac{\pi^2 m_2 R^2 n^2}{1800 i^2}\eta+\frac{1.2Jn^2}{182.5}-\frac{\pi n F_r R}{60i}t\eta=\frac{Q}{Z_0 A}$$

$$\frac{\partial \ln Q}{\partial F_r}=-\frac{Z_0 A}{Q}\frac{\pi n R}{60i}t\eta,\quad \frac{\partial \ln Q}{\partial n}=\frac{Z_0 A}{Q}\left(\frac{\pi^2 m_2 R^2 n}{900 i^2}\eta+\frac{2.4Jn}{182.5}-\frac{\pi F_r R}{60i}t\eta\right)$$

$$\frac{\partial \ln Q}{\partial t}=-\frac{Z_0 A}{Q}\frac{\pi n F_r R}{60i}\eta$$

$$\frac{\partial^2 \ln Q}{\partial F_r^2}=\left(\frac{Z_0 A}{Q}\right)^2\left(\frac{\pi n R}{60i}t\eta\right)^2$$

$$\frac{\partial^2 \ln Q}{\partial n^2}=-\left(\frac{Z_0 A}{Q}\right)^2\left(\frac{\pi^2 m_2 R^2 n}{900 i^2}\eta+\frac{2.4Jn}{182.5}-\frac{\pi F_r R}{60i}t\eta\right)+\frac{Z_0 A}{Q}\left(\frac{\pi^2 m_2 R^2}{900 i^2}\eta+\frac{2.4J}{182.5}\right)$$

$$\frac{\partial^2 \ln Q}{\partial t^2}=-\left(\frac{Z_0 A}{Q}\right)^2\left(\frac{\pi n F_r R}{60i}\eta\right)^2$$

$$\frac{\partial^2 \ln Q}{\partial F_r \partial n}=\left(\frac{Z_0 A}{Q}\right)^2\left(\frac{\pi n R}{60i}t\eta\right)\left(\frac{\pi^2 m_2 R^2 n}{900 i^2}\eta+\frac{2.4Jn}{182.5}-\frac{\pi F_r R}{60i}t\eta\right)-\frac{Z_0 A}{Q}\frac{\pi R}{60i}t\eta$$

$$\frac{\partial^2 \ln Q}{\partial F_r \partial t}=-\left(\frac{Z_0 A}{Q}\right)^2\left(\frac{\pi n R}{60i}\eta\right)^2 F_r t+\frac{Z_0 A}{Q}\frac{\pi n R}{60i}\eta$$

$$\frac{\partial^2 \ln Q}{\partial n \partial t}=\left(\frac{Z_0 A}{Q}\right)^2\left(\frac{\pi^2 m_2 R^2 n}{900 i^2}\eta+\frac{2.4Jn}{182.5}-\frac{\pi F_r R}{60i}t\eta\right)\frac{\pi n F_r R}{60i}\eta-\frac{Z_0 A}{Q}\frac{\pi F_r R}{60i}\eta$$

$$\begin{aligned}
\mathrm{dln}Q=&\left(\left(\frac{\partial}{\partial F_r}\mu_{F_r}+\frac{\partial}{\partial n}\mu_n+\frac{\partial}{\partial t}\mu_t\right)+\frac{1}{2}\left(\frac{\partial}{\partial F_r}\sigma_{F_r}+\frac{\partial}{\partial n}\sigma_n+\frac{\partial}{\partial t}\sigma_t\right)^2\right)\ln Q\mathrm{d}t\\
&+\left(\frac{\partial}{\partial F_r}\sigma_{F_r}\mathrm{d}w_{1t}+\frac{\partial}{\partial n}\sigma_n\mathrm{d}w_{2t}+\frac{\partial}{\partial t}\sigma_t\mathrm{d}w_{3t}\right)\ln Q\\
=&\left(\frac{Z_0 A}{Q}\left(-\frac{\pi n R}{60i}t\eta\lambda_{F_r}F_r+\left(\frac{\pi^2 m_2 R^2 n}{900 i^2}\eta+\frac{2.4Jn}{182.5}-\frac{\pi F_r R}{60i}t\eta\right)\lambda_n n\right.\right.\\
&\left.-\frac{\pi n F_r R}{60i}\eta\lambda_t t\right)+\frac{1}{2}\left(\left(\frac{Z_0 A}{Q}\right)^2\left(\left(\frac{\pi n R}{60i}t\eta\right)^2\delta_{F_r}^2 F_r^2\right.\right.\\
&-\left(\frac{\pi^2 m_2 R^2 n}{900 i^2}\eta+\frac{2.4Jn}{182.5}-\frac{\pi F_r R}{60i}t\eta\right)\delta_n^2 n^2-\left(\frac{\pi n F_r R}{60i}\eta\right)^2\delta_t^2 t^2\Big)\\
&-2\left(\frac{\pi n R}{60i}\eta\right)^2 F_r t\delta_{F_r}\delta_t F_r t+2\left(\frac{\pi n R}{60i}t\eta\right)\\
&\times\left(\frac{\pi^2 m_2 R^2 n}{900 i^2}\eta+\frac{2.4Jn}{182.5}-\frac{\pi F_r R}{60i}t\eta\right)\delta_{F_r}\delta_t F_r t
\end{aligned}$$

$$
\begin{aligned}
&+2\left(\frac{\pi^2 m_2 R^2 n}{900i^2}\eta+\frac{2.4Jn}{182.5}-\frac{\pi F_r R}{60i}t\eta\right)\frac{\pi n F_r R}{60i}\eta\delta_t\delta_n tn\\
&+\frac{Z_0A}{Q}\left(2\left(\frac{\pi^2 m_2 R^2}{900i^2}\eta+\frac{2.4J}{182.5}\right)\delta_n^2 n^2-\frac{\pi R}{30i}t\eta\delta_{F_r}\delta_n F_r n\right.\\
&\left.\left.\left.+\ \frac{\pi n R}{30i}\eta\delta_{F_r}\delta_t F_r t+\ \frac{\pi F_r R}{30i}\eta\delta_t\delta_n tn\right)\right)\right)\mathrm{d}t\\
&+\frac{Z_0A}{Q}\left(-\frac{\pi n R}{60i}t\eta\delta_{F_r}F_r\mathrm{d}w_{1t}+\left(\frac{\pi^2 m_2 R^2 n}{900i^2}\eta+\frac{2.4Jn}{182.5}-\frac{\pi F_r R}{60i}t\eta\right)\delta_n n\mathrm{d}w_{2t}\right.\\
&\left.-\frac{\pi n F_r R}{60i}\eta\delta_t t\mathrm{d}w_{3t}\right)
\end{aligned}
$$

$\ln Q(t)$ 的均值和方差分别为

$$
\begin{cases}
\begin{aligned}
\widehat{\mu}_{\ln Q}(t)=&\ln Q(0)+\int_0^t\left(\frac{Z_0A}{Q}\left(-\frac{\pi n R}{60i}t\eta\lambda_{F_r}F_r\right.\right.\\
&\left.+\left(\frac{\pi^2 m_2 R^2 n}{900i^2}\eta+\frac{2.4Jn}{182.5}-\frac{\pi F_r R}{60i}t\eta\right)\lambda_n n-\frac{\pi n F_r R}{60i}\eta\lambda_t t\right)\\
&+\frac{1}{2}\left(\left(\frac{Z_0A}{Q}\right)^2\left(\left(\frac{\pi n R}{60i}t\eta\right)^2\delta_{F_r}^2F_r^2\right.\right.\\
&\left.-\left(\frac{\pi^2 m_2 R^2 n}{900i^2}\eta+\frac{2.4Jn}{182.5}-\frac{\pi F_r R}{60i}t\eta\right)\delta_n^2 n^2-\left(\frac{\pi n F_r R}{60i}\eta\right)^2\delta_t^2 t^2\right)\\
&-2\left(\frac{\pi n R}{60i}\eta\right)^2F_r t\delta_{F_r}\delta_t F_r t+2\left(\frac{\pi n R}{60i}t\eta\right)\\
&\times\left(\frac{\pi^2 m_2 R^2 n}{900i^2}\eta+\frac{2.4Jn}{182.5}-\frac{\pi F_r R}{60i}t\eta\right)\delta_{F_r}\delta_t F_r t\\
&+2\left(\frac{\pi^2 m_2 R^2 n}{900i^2}\eta+\frac{2.4Jn}{182.5}-\frac{\pi F_r R}{60i}t\eta\right)\frac{\pi n F_r R}{60i}\eta\delta_t\delta_n tn\\
&+\frac{Z_0A}{Q}\left(2\left(\frac{\pi^2 m_2 R^2}{900i^2}\eta+\frac{2.4J}{182.5}\right)\delta_{tn}^2 n^2-\frac{\pi R}{30i}t\eta\delta_{F_r}\delta_n F_r n\right.\\
&\left.\left.\left.+\frac{\pi n R}{30i}\eta\delta_{F_r}\delta_t F_r t+\frac{\pi F_r R}{30i}\eta\delta_t\delta_n tn\right)\right)\right)\mathrm{d}s\\
\widehat{\sigma}_{\ln Q}^2(t)=&\left(\int_0^t\frac{Z_0A}{Q}\frac{\pi n R}{60i}t\eta\delta_{F_r}F_r\mathrm{d}w_{1t}\right)^2\\
&+\left(\int_0^t\frac{Z_0A}{Q}\left(\frac{\pi^2 m_2 R^2 n}{900i^2}\eta+\frac{2.4Jn}{182.5}-\frac{\pi F_r R}{60i}t\eta\right)\delta_n n\mathrm{d}w_{2t}\right)^2\\
&+\left(\int_0^t\frac{Z_0A}{Q}\frac{\pi n F_r R}{60i}\eta\delta_t t\mathrm{d}w_{3t}\right)^2
\end{aligned}
\end{cases}
\tag{11-5}
$$

2. 热平衡通式

$$
\begin{aligned}
Q \leqslant [Q] &= Q_1 + Q_2 + Q_3 \\
&= (\beta_1 A_1 + \beta_2 A_2)\left[\left(\frac{T_1}{100}\right)^4 - \left(\frac{T_2}{100}\right)^4\right] \\
&\quad + \alpha_1 A_3 (t_1 - t_2)(1 - JC) + \alpha_2 A_4 (t_1 - t_2) JC
\end{aligned}
$$

其中，Q——制动器工作 1h 所产生的热量，kJ/h；

Q_1——每小时辐射散热量，kJ/h；

Q_2——每小时自然对流散热量，kJ/h；

Q_3——每小时强迫对流散热量，kJ/h；

β_1——制动轮光亮表面辐射系数，通常可取 $\beta_1 = 5.4\text{kJ}/(\text{m}^2 \cdot \text{h} \cdot ℃)$；

β_2——制动轮暗黑表面辐射系数，通常可取 $\beta_2 = 18\text{kJ}/(\text{m}^2 \cdot \text{h} \cdot ℃)$；

A_1——制动轮光亮表面面积，m^2；

A_2——制动轮暗黑表面面积，m^2；

T_1，T_2——热力学温度，$T_1 = 273 + t_1$，$T_2 = 273 + t_2$；

t_1——摩擦材料的许用温度，℃；

t_2——周围环境温度的最高值，℃；

α_1——自然对流系数，通常可取 $\alpha_1 = 20.9\text{kJ}/(\text{m}^2 \cdot \text{h} \cdot ℃)$；

α_2——强迫对流系数，通常可取 $\alpha_2 = 25.7 v^{0.73}\text{kJ}/(\text{m}^2 \cdot \text{h} \cdot ℃)$；

v——散热圆环面的圆周速度，m/s；

A_3——扣除制动带 (块) 遮盖后制动轮的外露面积，m^2；

A_4——散热圆环面的面积，m^2；

JC——工作率。

$$
\begin{aligned}
\ln Q = \ln\Bigg\{&(\beta_1 A_1 + \beta_2 A_2)\left[\left(\frac{T_1}{100}\right)^4\right. \\
&\left.-\left(\frac{T_2}{100}\right)^4\right] + \alpha_1 A_3 (t_1 - t_2)(1 - JC) + \alpha_2 A_4 (t_1 - t_2) JC\Bigg\}
\end{aligned}
$$

式中，v 视为服从几何布朗运动的随机变量。

$$
\mathrm{d}v(t) = \lambda_v v(t)\,\mathrm{d}t + \delta_v v(t)\,\mathrm{d}w_{1t}, \quad \mu_v = \lambda_v \cdot v(t), \quad \sigma_v = \delta_v \cdot v(t)
$$

$$
\frac{\partial \ln[Q]}{\partial v} = \frac{1}{[Q]} A_4 (t_1 - t_2) JC \times 25.7 \times 0.73 \cdot v^{-0.27} = \frac{18.761}{[Q]} A_4 (t_1 - t_2) JC v^{-0.27}
$$

$$
\frac{\partial^2 \ln[Q]}{\partial v^2} = -\frac{1}{[Q]^2}(18.761 A_4 (t_1 - t_2) JC \cdot v^{-0.27})^2 - \frac{5.06547}{[Q]} A_4 (t_1 - t_2) JC v^{-1.27}
$$

$$\begin{aligned}
\mathrm{d}\ln[Q] &= \left(\frac{\partial\ln[Q]}{\partial v}\mu_v + \frac{1}{2}\frac{\partial^2\ln[Q]}{\partial v^2}\sigma_v^2\right)\mathrm{d}t + \frac{\partial\ln[Q]}{\partial v}\sigma_v \mathrm{d}w_{1t} \\
&= \left(\frac{18.761}{[Q]}A_4\left(t_1-t_2\right)JCv^{0.73}\lambda_v - \frac{1}{2}\frac{1}{[Q]^2}\left(\left(18.761A_4(t_1-t_2)JC\cdot v^{0.73}\right)^2\right.\right. \\
&\quad \left.\left. -\frac{5.06547}{[Q]}A_4\left(t_1-t_2\right)JCv^{1.73}\right)\delta_v^2\right)\mathrm{d}t + \frac{18.761}{[Q]}A_4\left(t_1-t_2\right)JCv^{0.73}\delta_v \mathrm{d}w_{1t}
\end{aligned}$$

$\ln[Q]$ 的均值与方差为

$$\left\{\begin{aligned}
\widehat{\mu}_{\ln[Q]}(t) =& \ln[Q]\,(0) + \int_0^t \left(\frac{18.761}{[Q]}A_4\left(t_1-t_2\right)JCv^{0.73}\lambda_v\right. \\
&\quad - \frac{1}{2}\frac{1}{[Q]^2}\left(\left(18.761A_4(t_1-t_2)JC\cdot v^{0.73}\right)^2\right. \\
&\quad \left.\left. -\frac{5.06547}{[Q]}A_4\left(t_1-t_2\right)JCv^{1.73}\right)\delta_v^2\right)\mathrm{d}s \\
\widehat{\sigma}^2_{\ln[Q]}(t) =& \left(\int_0^t \frac{18.761}{[Q]}A_4\left(t_1-t_2\right)JCv^{0.73}\delta_v \mathrm{d}w_{1t}\right)^2
\end{aligned}\right. \tag{11-6}$$

则可靠度为

$$R\left(t\right) = \varPhi\left(\frac{\widehat{\mu}_{\ln[Q]}(t) - \widehat{\mu}_{\ln Q}(t)}{\sqrt{\sigma^2_{\ln[Q]}(t) + \sigma^2_{\ln Q}(t)}}\right) \tag{11-7}$$

3. 一次制动升温

$$t = \frac{T_t\varphi}{1000mc} \leqslant 15 \sim 50℃ \tag{11-8}$$

其中，φ——制动过程转角，rad；

m——制动轮质量，kg；

T_t——载荷转矩，N · m；

c——制动轮材料比热容，kJ/(kg · ℃)。

以图 11-1 提升设备为例，制动轮安装在高速轴上，则制动行程 $s = \dfrac{\varphi}{i}R$。对式 (11-8) 两边取对数：

$$\ln t = \ln T_t + \ln s + \ln i - \ln 1000 - \ln m - \ln c - \ln R$$

式中，s 视为服从几何布朗运动的随机变量。

$$\mathrm{d}v\left(t\right) = \lambda_v v\left(t\right)\mathrm{d}t + \delta_v v\left(t\right)\mathrm{d}w_{1t}, \quad \mu_v = \lambda_v \cdot v\left(t\right), \quad \sigma_v = \delta_v \cdot v\left(t\right)$$

$$\frac{\partial\ln t}{\partial s} = \frac{1}{s}, \quad \frac{\partial^2\ln t}{\partial s^2} = -\frac{1}{s^2}$$

$$\begin{aligned}\mathrm{d}\ln t &= \left(\frac{\partial \ln t}{\partial s}\mu_s + \frac{1}{2}\frac{\partial^2 \ln t}{\partial s^2}\sigma_s^2\right)\mathrm{d}t + \frac{\partial \ln t}{\partial s}\sigma_s \mathrm{d}w_{1t}\\ &= \left(\lambda_s - \frac{1}{2}\delta_s^2\right)\mathrm{d}t + \delta_s \mathrm{d}w_{1t}\end{aligned}$$

$\ln t$ 的均值与方差分别为

$$\left\{\begin{array}{l}\widehat{\mu}_{\ln t}(t) = \ln t\,(0) + \left(\lambda_s - \dfrac{1}{2}\delta_s^2\right)t\\ \widehat{\sigma}_{\ln t}^2(t) = \delta_s^2 t\end{array}\right. \tag{11-9}$$

根据 2.4.3 节中的伊藤引理：许用值根据实际情况取 15～50℃ 时间的某一定值，可靠度为

$$R\,(t) = \Phi\left(\frac{\ln\,[t] - \ln t\,(0) - \left(\lambda_t - \dfrac{\delta_t^2}{2}\right)t}{\sqrt{\delta_t^2 t}}\right) \tag{11-10}$$

11.2.2　摩擦副许用压强及 pv 验算

摩擦副许用压强

$$p = \frac{F}{A} \leqslant p_p \tag{11-11}$$

其中，F——制动力；

A——摩擦面积总和。

对式 (11-11) 两边取对数得

$$\ln p = \ln F - \ln A$$

式中，F 视为服从几何布朗运动的随机变量。

$$\mathrm{d}F\,(t) = \lambda_F F\,(t)\,\mathrm{d}t + \delta_F F\,(t)\,\mathrm{d}w_{1t},\quad \mu_F = \lambda_F \cdot F\,(t)\,,\quad \sigma_F = \delta_F \cdot F\,(t)$$

$$\frac{\partial \ln p}{\partial F} = \frac{1}{F},\quad \frac{\partial^2 \ln p}{\partial F^2} = -\frac{1}{F^2}$$

$$\begin{aligned}\mathrm{d}\ln p &= \left(\frac{\partial}{\partial F}\mu_F + \frac{1}{2}\frac{\partial}{\partial F}\sigma_F^2\right)\ln p\mathrm{d}t + \frac{\partial \ln p}{\partial F}\sigma_F \mathrm{d}w_t\\ &= \left(\lambda_F - \frac{1}{2}\delta_F^2\right)\mathrm{d}t + \delta_F \mathrm{d}w_t\end{aligned}$$

$\ln p$ 的均值与方差分别为

$$\left\{\begin{array}{l}\widehat{\mu}_{\ln p}(t) = \ln p\,(0) + \left(\lambda_F - \dfrac{1}{2}\delta_F^2\right)t\\ \widehat{\sigma}_{\ln p}^2(t) = \delta_F^2 t\end{array}\right. \tag{11-12}$$

p 视为服从几何布朗运动的随机变量。

$$\ln[p](t) \sim N\left(\ln[p](0) + \left(\lambda_{[p]} - \frac{\delta_{[p]}^2}{2}\right)t, (\delta_{[p]}\sqrt{t})^2\right) \tag{11-13}$$

则压强可靠度为

$$R(t) = \Phi\left(\frac{\ln[p](0) + \left(\lambda_{[p]} - \frac{\delta_{[p]}^2}{2}\right)t - \widehat{\mu}_{\ln p}(t)}{\sqrt{\left(\delta_{[p]}^2 + \delta_F^2\right)t}}\right) \tag{11-14}$$

pv 值验算:

$$pv = \frac{Fv}{A} = \frac{F \cdot 2\pi n}{A} \leqslant (pv)_p \tag{11-15}$$

其中，F——制动力；

A——摩擦面积总和；

n——制动轮转速。

对式 (11-15) 两边取对数得

$$\ln(pv) = \ln F + \ln n + \ln 2\pi - \ln A$$

式中，F、n 均视为服从几何布朗运动的随机变量。

$$\begin{cases} \mathrm{d}F(t) = \lambda_F F(t)\,\mathrm{d}t + \delta_F F(t)\,\mathrm{d}w_{1t} \\ \mathrm{d}n(t) = \lambda_n n(t)\,\mathrm{d}t + \delta_n n(t)\,\mathrm{d}w_{2t} \end{cases} \quad \begin{cases} \mu_F = \lambda_F \cdot F(t), \quad \sigma_F = \delta_F \cdot F(t) \\ \mu_n = \lambda_n \cdot n(t), \quad \sigma_n = \delta_n \cdot n(t) \end{cases}$$

$$\frac{\partial \ln(pv)}{\partial F} = \frac{1}{F}, \quad \frac{\partial^2 \ln(pv)}{\partial F^2} = -\frac{1}{F^2}, \quad \frac{\partial \ln(pv)}{\partial n} = \frac{1}{n}$$

$$\frac{\partial^2 \ln(pv)}{\partial n^2} = -\frac{1}{n^2}, \quad \frac{\partial^2 \ln(pv)}{\partial F \partial n} = 0$$

$$\begin{aligned} \mathrm{d}\ln(pv) &= \left(\frac{\partial}{\partial F}\mu_F + \frac{\partial}{\partial n}\mu_n + \frac{1}{2}\left(\frac{\partial}{\partial F}\sigma_F + \frac{\partial}{\partial n}\mu_n\right)^2\right)\ln(pv)\mathrm{d}t \\ &\quad + \left(\frac{\partial}{\partial F}\sigma_F \mathrm{d}w_{1t} + \frac{\partial}{\partial n}\sigma_n \mathrm{d}w_{2t}\right)\ln(pv) \\ &= \left(\lambda_F + \lambda_n - \frac{1}{2}\left(\delta_F^2 + \delta_n^2\right)\right)\mathrm{d}t + \left(\delta_F \mathrm{d}w_{1t} + \delta_n \mathrm{d}w_{2t}\right) \end{aligned}$$

$\ln(pv)$ 的均值与方差分别为

$$\begin{cases} \widehat{\mu}_{\ln(pv)}(t) = \ln p(0) + \left(\lambda_F + \lambda_n - \frac{1}{2}\left(\delta_F^2 + \delta_n^2\right)\right)t \\ \widehat{\sigma}_{\ln(pv)}^2(t) = \left(\delta_F^2 + \delta_n^2\right)t \end{cases} \tag{11-16}$$

许用压强 $[p]$ 视为服从几何布朗运动的随机变量。同理:

$$\mathrm{d}\ln([p]v) = \left(\lambda_{[p]} + \lambda_n - \frac{1}{2}\left(\delta_{[p]}^2 + \delta_n^2\right)\right)\mathrm{d}t + \left(\delta_{[p]}\mathrm{d}w_{1t} + \delta_n \mathrm{d}w_{2t}\right)$$

$\ln\left([p]\,v\right)$ 的均值与方差分别为

$$\begin{cases} \widehat{\mu}_{\ln([p]v)}(t) = \ln[p](0) + \left(\lambda_{[p]} + \lambda_n - \dfrac{1}{2}\left(\delta_{[p]}^2 + \delta_n^2\right)\right)t \\ \widehat{\sigma}_{\ln([p]v)}^2(t) = \left(\delta_{[p]}^2 + \delta_n^2\right)t \end{cases} \tag{11-17}$$

则 pv 的可靠度为

$$\begin{aligned} R(t) &= \Phi\left(\frac{\widehat{\mu}_{\ln[p]v}(t) - \widehat{\mu}_{\ln pv}(t)}{\sqrt{\widehat{\sigma}_{\ln pv}^2(t) + \widehat{\sigma}_{\ln[p]v}^2(t)}}\right) \\ &= \Phi\left(\frac{\ln[p](0) - \ln p(0) + \left(\lambda_{[p]} - \lambda_p - \dfrac{1}{2}\left(\delta_{[p]}^2 + \delta_p^2\right)\right)t}{\sqrt{\left(\delta_F^2 + \delta_{[p]}^2 + 2\delta_n^2\right)t}}\right) \end{aligned} \tag{11-18}$$

11.2.3　磨损量验算

对于有些摩擦材料需要验算其磨损量 Δd。为计算方便，可认为 Δd 服从漂移率为 $\lambda_{\Delta d}$、波动率为 $\delta_{\Delta d}$ 的维纳过程，且 $\Delta d(0) = 0$。

根据 2.4.3 节中的伊藤引理:

$$\Delta d(t) \sim N\left(\left(\lambda_f - \frac{1}{2}\delta_{\Delta d}^2\right)t, (\delta_{\Delta d}\sqrt{t})^2\right) \tag{11-19}$$

则磨损量 Δd 的可靠度 $R(t)$ 为

$$R(t) = \Phi\left(\frac{[\Delta d] - \left(\lambda_f - \dfrac{1}{2}\delta_{\Delta d}^2\right)t}{\sqrt{\delta_{\Delta d}^2 t}}\right) \tag{11-20}$$

11.3　制动器时变不确定性设计

提升机结构如图 11-1 所示，液力耦合器输出端 $P = 10\text{kW}$，$n = 400\text{r/min}$，传动系传动比 $i = 8$，等效转动惯量 $J = 10\text{kg}\cdot\text{m}^2$，机械效率 $n = 90\%$，重物质量 $m = 700\text{kg}$，卷筒半径 $R = 0.25\text{m}$，在运行速度增加到 $v = 1.2\text{m/s}$ 时，制动器工作，制动时间 $t = 0.94\text{s}$，运行速度下降到 $v = 1.0\text{m/s}$，此时制动器释放。制动材料许用压强 $[p] = 2\text{MPa}$。与发热量有关的制动器参数如下：制动盘

直径 $d = 500\text{mm}$，制动轮光亮表面面积 (一侧)$A_1 = 0.07065\text{m}^2$，制动轮暗黑表面面积 (一侧)$A_2 = 0.0765375\text{m}^2$，扣除制动带 (块) 遮盖后制动轮的外露面积 (一侧)$A_3 = 0.058875\text{m}^2$，散热圆环面的面积 (一侧)$A_4 = 0.1471875\text{m}^2$，摩擦材料的许用温度 $t_1 = 225℃$，周围环境温度的最高值 $t_2 = 25℃$，工作率 $JC = 0.5$，制动轮质量 $m = 23\text{kg}$，各元素漂移波动率如下：

$$\lambda_S=0,\quad \delta_S=5\times10^{-3},\quad \lambda_n=0,\quad \delta_n=5\times10^{-3},\quad \lambda_F=0,\quad \delta_F=5\times10^{-3},\quad \lambda_{[p]}=0$$

$$\delta_{[p]}=5\times10^{-3},\quad \lambda_t=0,\quad \delta_t=5\times10^{-3}$$

计算其发热量可靠度和压强可靠度。

输出端转矩: $T_o = 9549\times\dfrac{P}{n}\times i\times\eta = 9549\times\dfrac{10}{400}\times 8\times 0.90 = 1718.82\text{N}\cdot\text{m}$

提升力: $F = \dfrac{T}{R} = \dfrac{1718.82}{0.25} = 6875.28\text{N}$

加速度: $a = \dfrac{\Sigma F}{m} = \dfrac{6875.28-6860}{700} = 0.02183\text{m/s}^2$

加速时间: $t = \dfrac{\Delta v}{a} = \dfrac{0.2}{0.02183} = 9.16\text{s}$

制动行程: $s = \dfrac{v_1+v_0}{2}t = 1.1\times0.94 = 1.034\text{m}$

根据式 (11-1) 得发热量初值:

$$\begin{aligned}
Q &= \left(m_1 g s\eta + \frac{1.2J\Delta n^2}{182.5}\right)Z_0 A\\
&= \left(700\times9.8\times1.034\times0.90 + \frac{1.2\times10\times(366.8^2-305.7^2)}{182.5}\right)360\times0.001\\
&= 3270.85\text{kJ/h}
\end{aligned}$$

许用发热量:

$$\begin{aligned}
[Q] &= Q_1+Q_2+Q_3\\
&= (\beta_1A_1+\beta_2A_2)\left[\left(\frac{T_1}{100}\right)^4-\left(\frac{T_2}{100}\right)^4\right]+\alpha_1A_3(t_1-t_2)(1-JC)\\
&\quad +\alpha_2A_4(t_1-t_2)JC\\
&= (5.4\times0.07065+18\times0.0765375)\left[\left(\frac{125+273}{100}\right)^4-\left(\frac{25+273}{100}\right)^4\right]\\
&\quad +20.9\times0.058875(225-25)(1-0.5)+25.7v^{0.73}0.1471875(225-25)0.5\\
&= 425.7284+378.27v^{0.73}
\end{aligned}$$

若制动盘两面散热条件相同，且制动盘边缘部分散热忽略不计, 则

$$[Q] = (425.7284 + 378.27v^{0.73}) \times 2 = 851.46 + 756.54v^{0.73}$$

散热圆环面的圆周速度: $v = \dfrac{2\pi\bar{n}}{60}\dfrac{d}{2} = \dfrac{2 \times 3.14 \times (366.8 + 305.7)/2}{60}\dfrac{0.5}{2} = 8.8\text{m/s}$

许用发热量初始值: $[Q] = 851.46 + 756.54 \times 8.8^{0.73} = 4552.3\text{kJ/h}$

载荷转矩: $T_t = mgR = 6860 \times 0.25 = 1715\text{N} \cdot \text{m}$

根据式 (11-8) 得一次制动升温: $t = \dfrac{T_t\varphi}{1000mc} = \dfrac{1715 \times \dfrac{1.034}{0.25}}{1000 \times 23 \times 0.523} = 0.5897℃$

制动减速度: $a_t = \dfrac{\Delta v}{\Delta t} = \dfrac{0.2}{0.94} = 0.2128\text{m/s}^2$

制动力: $F_t = \dfrac{(ma_t - mg + F) \times R}{i \times \eta \times \dfrac{d}{2}} = \dfrac{(700 \times (0.2128 - 9.8) + 6875.28) \times 0.25}{8 \times 0.90 \times \dfrac{0.5}{2}}$

$=22.81\text{N}$

压强: $p = \dfrac{F_t}{2(A_1 - A_3)} = \dfrac{22.81}{2(0.07065 - 0.058875)} = 0.9686\text{kPa}$

时变系统验算:

(1) 发热量计算。

根据式 (11-4)，求和代换积分并省略极小的 $\lambda_{F_1}^2$ 等二次项得

$$\begin{cases} \widehat{\mu}_{\ln Q}(t) = \ln Q\,(0) + \displaystyle\sum_{t=1}^{730} \frac{Z_0A}{Q}\left(\frac{2.4Jn^2}{182.5}\lambda_n + m_1g\eta s\lambda_s\right)\Delta t = 8.0928 \\ \widehat{\sigma}_{\ln Q}^2(t) = \left(\left(\dfrac{Z_0A}{Q}\dfrac{2.4Jn^2}{182.5}\delta_n\right)^2 + \left(\dfrac{Z_0A}{Q}m_1g\eta s\delta s\right)^2\right)t = 0.0221 \end{cases}$$

(2) 许用发热量计算。

散热圆环面的圆周速度 v 与转速 n 成正比，所以 $\lambda_n = \lambda_v, \delta_n = \delta_v$ 根据公式 (11-7) 得许用发热量的均值与方差分别为

$$\begin{cases} \widehat{\mu}_{\ln[Q]}(t) = \ln[Q]\,(0) + \displaystyle\sum_{t=1}^{730}\left(\frac{18.761}{[Q]}A_4\,(t_1 - t_2)\,JCv^{0.73}\lambda_v\right)\Delta t(t) = 8.4234 \\ \widehat{\sigma}_{\ln[Q]}^2(t) = \left(\dfrac{18.761}{[Q]}A_4\,(t_1 - t_2)\,JCv^{0.73}\delta_v\right)^2 = 0.0027 \end{cases}$$

发热量可靠度 $R(t) = R(730)$ 为

$$R(730) = \Phi\left(\frac{8.4234 - 8.0928}{\sqrt{0.0221 + 0.0027}}\right) = \Phi(2.10) = 98.21\%$$

一次制动升温:

根据式 (11-10) 解得 $\ln[t](730) \sim N(-0.4552, 0.0365)$

在第 730 天时，一次制动升温为 $\mathrm{e}^{-0.4552} \approx 0.6$℃，远小于许用温度，故不考虑其可靠度。

(3) 压强。

根据式 (11-4)，解得 $\ln p(730) \sim N(6.9488, 0.0365)$

在第 730 天时，制动压强为 $\mathrm{e}^{6.9488} \approx 1.042\mathrm{kPa}$，远小于许用压强，故不考虑其可靠度。

11.4 小 结

本章基于时变不确定性模型，对制动器进行设计建模，推导了相应的时变不确定性计算公式。利用时变不确定性模型建立制动器的状态函数和许用状态函数，系统安全的条件为：系统状态函数小于许用状态函数。系统状态函数和许用状态函数的漂移函数与波动函数，可由本章中的时变元素表达。通过积分求得状态函数和许用状态函数的均值和方差，再利用系统漂移函数与波动函数关系不等式决定的概率计算，求出给定时刻系统可靠度，为制动器的设计提供指导。

结　束　语

随着现代科学技术的发展，过去的确定性思维方法正在被人们摒弃。人们越来越关注机械系统，乃至其他系统表现出的复杂性并探讨其机理与演化过程。基于演化的思想，对 (机械) 系统进行时变不确定性描述和分析以及在此基础上的有关系统的设计，是重要的研究方向。

本书正是基于系统演化的思想，同时考虑了演化过程中的不确定性，利用随机微分方程理论和伊藤引理，建立了机械系统的时变不确定性计算分析模型，推导了典型机械零件的时变不确定性计算公式，建立其时变不确定性设计模型，给出了相应的设计计算方法和算例。该方法与传统的可靠性设计 (分析) 方法相比不增加设计所用到的基础参数个数，以 “漂移率” 和 “波动率” 来替代原来传统机械可靠性模型中的底层设计变量的 “均值” 和 “方差” 这两个参数，即可得出沿时间坐标轴演化的不确定性计算结果，从而解析任何时刻机械系统不确定性 (或可靠性) 的计算问题。该方法在一定程度上涵盖了传统的可靠性计算模型，即传统的可靠性计算模型 “可看成” 是本模型的特例。另外，本书也在机械时变不确定性设计理论的基础上，进行了理论的拓展：提出了广义系统的状态输出 (函数) 和许用状态输出 (函数) 的概念，建立了广义系统不确定性计算方法，构建了广义系统时变不确定性设计的理论框架。

具体来说，本书涉及的研究工作表现在以下几个方面：

(1) 建立了考虑时间效应的机械系统时变不确定性分析的一般模型。该模型将机械系统整体时变不确定性由其漂移函数和波动函数描述，系统漂移函数和波动函数则由多个底层随机过程的两个重要参数——漂移率和波动率表达，然后对系统输出函数在任意时刻的均值和方差进行估计。基于随机积分和伊藤引理，推导建立了多参数系统状态时变不确定性计算公式。给出了机械系统时变不确定性设计的应力–强度干涉模型，建立了机械时变不确定性设计模型，解析了机械时变不确定性设计的基本原理。通过该方法计算的机械系统可靠度 (或不确定度) 是动态的。此外，在设计阶段即可 “预先” 知道机械系统的任一时刻的可靠度 (或不确定度)，这为预测机械系统未来发展趋势提供了先期预警，为机械维护提供了指导。

(2) 建立了典型机械零 (部) 件的时变不确定性设计方法。基于时变不确定性理论，推导了圆柱螺旋弹簧、螺纹连接、V 带传动、齿轮传动、轴、轴承、制动器等典型零 (部) 件时变不确定性设计方法，并给出了相应的例题。

(3) 构建了广义系统时变不确定性设计理论框架。在提出了多变量系统的状态输出概念的基础上，给出了广义系统状态输出的时变不确定性表达式；与状态输出(函数) 相对应给出了广义系统许用状态输出 (函数) 的时变不确定性的定义与表达方式，建立了广义系统时变不确定性设计模型，解析了广义系统时变不确定性设计的基本原理。本书通过广义系统时变不确定性设计的算例，说明了其设计计算的方法。构建的广义系统时变不确定性设计的理论具有较好的普适性，可在各种领域进行特定系统时变不确定性设计。

应该看到，本书所建立的机械时变不确定性理论和设计方法，同传统可靠性设计方法一样，仍然是以试验数据为基础的 (尽管该理论对样本数据的数量不做过多要求)；基于演化思想的时变不确定性设计模型还仅是一种新设计方法的尝试，仍然需要理论创新和发展。另外，从应用角度，开展不同领域 (也包括机械系统) 的时变不确定性设计 (分析) 理论的深入研究，也有许多工作要做。我们认为，以下几个方面是比较重要的：

(1) 各种机械系统不确定性与时变性的机理研究以及新模型发展。本书基于系统演化的时变不确定性设计/分析理论和方法，只能看作 “一家之言”。在对机械系统各层次间的深层次复杂耦合关系的挖掘基础上，发展其他的基于机械系统演化的时变不确定性设计模型和系统状态描述方法与理论，还有许多有待研究的内容与问题。

(2) 机械的时变参数和波动参数的试验研究。研究如何将该理论推广、应用于实际，需要建立丰富的时变参数和波动参数数据库，以便为工程分析中所使用。虽然该工作需要投入巨大的时间和费用成本，但这是一个意义十分深远、必须进行的重要研究工作。它不但具有工程意义，而且将为人们清楚地解释机械系统复杂行为提供新的视角并奠定基础。

(3) 进一步关于广义系统时变不确定性的设计理论与实践的研究。例如，① 大型土木基础工程系统的时变不确定性设计、可靠性分析及其寿命动态评估研究，进行相应的规范与标准建设；② 军用装备与系统的时变不确定性/可靠性设计、分析与安全评估研究；③ 基于时变不确定性的核电系统安全设计与分析研究；④ 交通系统时变不确定性设计与分析研究；⑤ 航空航天技术装备的时变不确定性设计与分析研究。

(4) 基于时变不确定性理论和其他预测理论相结合的系统状态和寿命预测研究。例如，① 发展时变不确定性模型与人工神经网络结合的模型，甚至是具有智能型的不确定性预测模型研究；② 不确定性理论在系统最大可预测时间确定方面的研究；③ 时变不确定性理论与分形理论结合的预测模型研究等。

参 考 文 献

[1] Freudenthal A M. The safety of structure [J]. ASCE Trans, 1947, 112: 125-129.

[2] 张义民. 机械可靠性设计的内涵与递进 [J]. 机械工程学报, 2010, 46(14): 167-188.

[3] 王正, 谢里阳. 机械时变可靠性理论与方法 [M]. 北京: 科学出版社, 2012.

[4] Ang A H S, Tang W H. Probability Concepts in Engineering Planning and Design, Vol. Ⅱ, Decision, Risk, and Reliability[M]. New York: John Wiley & Sons, Inc., 1984.

[5] Haugen E B. Probabilistic Mechanical Design[M]. New York: John Wiley & Sons, Inc., 1980.

[6] Priestley M B. Spectral Analysis and Time Series[M]. New York: Academic, 1981.

[7] Sandler B Z. Probabilistic Approach to Mechanisms[M]. Amsterdam: Elsevier Science, 1984.

[8] Vanmarcke E. Random Fields, Analysis and Synthesis[M]. Cambridge: MIT Press, 1984.

[9] Sundarajan C. Probabilistic Structural Mechanics Handbook — Theory and Applications [M]. New York: Chapman & Hall, 1995.

[10] Haldar A, Mahadevan S. Probability, Reliability and Statistical Methods in Engineering Design[M]. New York: John Wiley & Sons, Inc., 2000.

[11] Zhao Y G, Ono T. Moment method for structural reliability[J]. Structural Safety, 2001, 23(6): 47-75.

[12] Rajashekhar M R, Ellingwood B R. A new look at the response surface approach for reliability analysis[J]. Structural Safety, 1993, 12(3): 205-220.

[13] Rocco C M, Moreno J A. Fast Monte Carlo reliability evaluation using support vector machine[J]. Reliability Engineering & System Safety, 2002, 76(3): 237-243.

[14] Bergman L A, Heinrich J C. On the reliability of linear oscillator and systems of coupled oscillators[J]. International Journal of Numerical Methods in Egineering, 1982, 18: 1271-1295.

[15] Spencer B F J, Elishakoff I. Reliability of uncertain linear and nonlinear systems[J]. Journal of Engineering Mechanics ASCE., 1988, 114(1): 135-148.

[16] Martin P. A review of mechanical reliability[J]. Proceedings of the Institution of Mechanical Engineers Part E: Journal of Process Mechanical Engineering, 1998, 212(E4): 281-287.

[17] Kiureghian A D, Ke J B. The stochastic finite element method in structural reliability[J]. Probabilistic Engineering Mechanics, 1988, 3(2): 83-91.

[18] Vanmarcke E, Shinozuka M, Nakagiri S, et al. Random fields and stochastic finite element methods[J]. Structural Safety, 1986, 3: 143-166.

[19] Ibrahim R A. Structural dynamics with uncertainties[J]. Applied Mechanics Review, 1987, 15(3): 309-328.

[20] Benaroya H, Rebak M. Finite element methods in probabilistic structural analysis: A selective review[J]. Applied Mechanics Review, 1988, 41: 201-213.

[21] Ghanem R G, Spanos P D. Spectral stochastic finite-element formulation for reliability analysis[J]. Journal of Engineering Mechanics, ASCE, 1991, 117(10): 2351-2372.

[22] 张义民. 机械可靠性漫谈 [M]. 北京: 科学出版社, 2012.

[23] 王爱民. 机械可靠性设计 [M]. 北京: 北京理工大学出版社, 2015.

[24] 刘混举. 机械可靠性设计 [M]. 北京: 科学出版社, 2012.

[25] Ma H M, Meeker W Q. Strategy for planning accelerated life tests with small sample sizes[J]. IEEE Transactions on Reliability, 2010, 59(4): 610-619.

[26] Xing Y Y, Wu X Y, Jiang P, et al. Dynamic Bayesian evaluation method for system reliability growth based on in-time correction[J]. IEEE Transactions on Reliability, 2010, 59(2): 309-312.

[27] 张玉涛. 基于 BMC 方法的小样本模糊可靠性研究 [D]. 解放军信息工程大学硕士学位论文, 2008.

[28] 唐樟春, 吕震宙, 吕媛波. 随机变量概率信息不充分时的可靠性新模型 [J]. 工程力学, 2011, 28(4): 18-22.

[29] Huang S, Pan R, Li J. A graphical technique and penalized likelihood method for identifying and estimating infant failures[J]. IEEE Transactions on Reliability, 2010, 59(4): 650-660.

[30] 茆诗松, 王玲玲, 濮晓龙. 威布尔分布场合无失效数据的可靠性分析 [J]. 应用概率统计, 1996, 12(1): 95-107.

[31] 韩明. 双参数指数分布无失效数据的参数估计 [J]. 运筹与管理, 1998, 7(2): 29-36.

[32] 张义民. 机械动态与渐变可靠性理论与技术评述 [J]. 机械工程学报, 2013, 49(20): 101-114.

[33] 贡金鑫, 赵国藩. 国外结构可靠性理论的应用与发展 [J]. 土木工程学报, 2005, 38(2): 1-7.

[34] Crk V. Reliability assessment from degradation data[C].Proceedings Annual Reliability and Maintainability Symposium, 2000: 155-161.

[35] Park C, Padgett W. Accelerated degradation models for failure based on geometric Brownian motion and gamma processes[J]. Lifetime Data Analysis, 2005, 11(4): 511-527.

[36] Park C, Padgett W J. Stochastic degradation models with several accelerating variables[J]. IEEE Transactions on Reliability, 2006, 55(55): 379-390.

[37] Jayaram J S R, Girish T. Reliability prediction through degradation data modeling using a quasi-likelihood approach[C]. Proceedings Annual Reliability and Maintainability Symposium, 2005: 193-199.

[38] 邓爱民, 陈循, 张春华, 等. 基于性能退化数据的可靠性评估 [J]. 宇航学报, 2006, 27(3): 546-552.

[39] 徐安察, 汤银才. 退化数据分析的 EM 算法 [J]. 华东师范大学学报 (自然科学版), 2010, (5): 38-48.

[40] Wang Z L, Huang H Z, LI Y F. An approach to reliability assessment under degradation and shock process[J]. IEEE Transactions on Reliability, 2011, 60(4): 852-863.

[41] Peng H, Coit D W, Feng Q M. Component reliability criticality or importance measures for systems with degrading components[J]. IEEE Transactions on Reliability, 2012, 61(1): 4-12.

[42] Yuan R, Li H, Huang H Z, et al. A nonlinear fatigue damage accumulation model considering strength degradation and its applications to fatigue reliability analysis[J]. International Journal of Damage Mechanics, 2014, 24(5): 646-662.

[43] Yuan R, Li H Q, Huang H Z, et al. A new non-linear continuum damage mechanics model for fatigue life prediction under variable loading[J]. Mechanika, 2013, 19(5): 506-511.

[44] Wang X G, Zhang Y M, Yan Y F. Dynamic reliability-based robust optimization design for a torsion bar[J]. Journal of Mechanical Engineering Science, 2009, 223(2):483-490.

[45] Wang X G, Zhang Y M, Yan Y F. Dynamic reliability sensitivity analysis of torsion bar[J]. Advanced Materials Research, 2008, 44-46:275-282.

[46] 张社荣, 王超, 孙博. 退化结构时变可靠性分析的随机过程新模型 [J]. 四川大学学报 (工程科学版), 2013, 45(2): 28-32.

[47] Li Q W, Wang C, Ellingwood B R. Time-dependent reliability of aging structures in the presence of non-stationary loads and degradation[J]. Structural Safety, 2015, 52: 132-141.

[48] 吕大刚, 樊学平, 蒋伟. 结构时变可靠度方法的对比分析研究 [C]. 全国工程结构设计安全与持续发展研讨会, 2010: 84-89.

[49] Rice S O. Mathematical analysis of random noise[J].Bell System Technical Journal, 1944, 23(3): 282-332.

[50] Siegert A J F. On the first passage time probability problem[J]. Physical Review, 1951, 81: 617-623.

[51] Helstrom C, Isley C. Two notes on a Markoff envelope process (Corresp)[J]. Information Theory Ire Transactions on, 1959, 5(3): 139-140.

[52] Wang K S, Chen C S, Hung J J. Time-dependent reliability behavior of carburized steel sliding wear [J]. Reliability Engineering and System Safety, 1997, 58: 31-41.

[53] Beekera G, Camarinopoulos L, Kabranis D. Time-dependent reliability under random shocks [J]. Reliability Engineering and System Safety, 2002, 24: 239-251.

[54] Li J, Chen J B. Probability density evolution method for dynamic response analysis of structures with uncertain parameters[J]. Computational Mechanics, 2004, 34(5): 400-409.

[55] Li J, Chen J B. Probability density evolution method for dynamic response analysis of stochastic structures[J]. International Journal for Numerical Methods in Engineering, 2006, 65(6): 882-903.

[56] 刘令波. 基于概率密度演化的非线性随机结构可靠度分析 [D]. 大连理工大学硕士学位论文, 2013.

[57] 石博强, 闫永业, 范慧芳, 等. 时变不确定性机械设计方法 [J]. 北京科技大学学报, 2008, 30(9): 1050-1054.

[58] 闫永业, 石博强. 考虑不确定性因素的时变可靠度计算方法 [J]. 北京科技大学学报, 2007, 41(11): 1303-1306.

[59] 程士宏. 测度论与概率论基础 [M]. 北京: 北京大学出版社, 2004.

[60] 魏立力, 马江洪, 颜荣芳, 等. 概率统计引论 [M]. 北京: 科学出版社, 2012.

[61] 何书元. 随机过程 [M]. 北京: 北京大学出版社, 2008.

[62] Tsay R S, 金融时间序列分析 [M]. 王远林, 王辉, 潘家柱, 译. 北京: 人民邮电出版社, 2012.

[63] 陈浩, 邓茂云. 机械设计基础 [M]. 北京: 科学出版社, 2016.

[64] 成大先. 机械设计手册 (第 3 卷) [M]. 5 版. 北京: 化学工业出版社, 2008.

[65] 李育锡. 机械设计基础 [M]. 北京: 高等教育出版社, 2007.

[66] 孙志礼, 闫玉涛, 田万禄. 机械设计 [M]. 北京: 科学出版社, 2015.

[67] 李玉盛. V 带传动可靠性设计 [M]. 重庆: 重庆大学出版社, 1993.

[68] 朱孝录. 齿轮传动设计手册 [M]. 北京: 化学工业出版社, 2010.

[69] 成大先. 机械设计手册 (第 2 卷) [M]. 5 版. 北京: 化学工业出版社, 2008.

[70] 王少怀. 机械设计师手册 (上、中、下册)[M]. 北京: 电子工业出版社, 2006.

[71] 吴宗泽. 机械设计实用手册 [M]. 2 版. 北京: 化学工业出版社, 2002.